中等职业教育"十四五"技能人才培训教材

电子技术竞赛技能培训教程

主　编　盛宏兵　黄清锋　盛继华
副主编　王　鹏　徐　敏　柳和平　喻旭凌
参　编　楼　露　吴小燕　张　炜　张　可　徐振凯

西南交通大学出版社
·成　都·

图书在版编目（CIP）数据

电子技术竞赛技能培训教程 / 盛宏兵，黄清锋，盛继华主编. —成都：西南交通大学出版社，2023.6
ISBN 978-7-5643-9336-6

Ⅰ. ①电… Ⅱ. ①盛… ②黄… ③盛… Ⅲ. ①电子技术 – 竞赛 – 中等专业学校 – 教材 Ⅳ. ①TN

中国国家版本馆 CIP 数据核字（2023）第 104879 号

Dianzi Jishu Jingsai Jineng Peixun Jiaocheng
电子技术竞赛技能培训教程

主编　盛宏兵　黄清锋　盛继华

责任编辑	梁志敏
封面设计	GT 工作室
出版发行	西南交通大学出版社 （四川省成都市金牛区二环路北一段 111 号 西南交通大学创新大厦 21 楼）
发行部电话	028-87600564　028-87600533
邮政编码	610031
网址	http://www.xnjdcbs.com
印刷	成都蜀通印务有限责任公司
成品尺寸	185 mm × 260 mm
印张	17.5
字数	437 千
版次	2023 年 6 月第 1 版
印次	2023 年 6 月第 1 次
书号	ISBN 978-7-5643-9336-6
定价	48.00 元

课件咨询电话：028-81435775
图书如有印装质量问题　本社负责退换
版权所有　盗版必究　举报电话：028-87600562

前 言

本书是根据世界技能大赛电子技术项目的内容及相关知识点，按照工作过程系统化课程的开发理念编写而成的。

编写特点：

一、充分汲取了电子技术竞赛的内容，结合教学实践和教学成果，从分析典型工作任务入手，构建培养计划，确定课程教学目标。

二、以国家职业标准为依据，大力推进课程改革，创新实践教学模式，坚持"做中学、做中教、做中评"，将竞赛型内容变为项目型实训。

三、贯彻先进的教学理念，符合一体化教学要求，提炼电子产品装配、调试技术和电路印制板工作中的典型工作任务，采取项目教学。以技能训练为主线、相关知识为支撑，较好地处理了理论教学与技能训练的关系，切实落实"管用、够用、适用"的教学指导思想。

四、突出教材的先进性，较多地编入新技术、新材料、新设备、新工艺的内容，拓宽了学生的技能点和知识点，更好地满足电子技术竞赛人员培训的需要。

主要内容：

本教材为技工院校电子技术竞赛专业教材。主要内容包括三大项目 27 个典型工作任务：项目一，电子技术应用，包含 14 个电子技术类的工作任务，培养学生电子元器件的识别、原理及其安装调试；项目二，印制电路板的设计与制作，包含 8 个 Altium Designer15 软件学习工作任务，培养学生设计电子电路的印制板；项目三；软件的使用，包含 7 个 LabVIEW2018 软件使用工作任务，培养学生利用软件控制硬件学习过程。

本教材由盛宏兵、黄清锋、盛继华主编，王鹏、徐敏、柳和平、喻旭凌副主编，楼露、吴小燕、张炜、张可、徐振凯参加编写。

在此谨对为本书出版提供帮助的单位和个人表示衷心感谢。由于编者水平有限，书中难免有疏漏和不妥之处，恳请各位读者提出宝贵意见，以便修订时改正。

编 者
2022 年 10 月

目　录

项目一　电子技术应用 ... 1
  任务一　常用电子元器件的判别与简易测试 ... 1
  任务二　电烙铁钎焊使用 ... 31
  任务三　单相桥式整流滤波稳压电路的安装与调试 ... 42
  任务四　两级放大电路安装与调试 ... 54
  任务五　串联型可调稳压电源的安装与调试 ... 80
  任务六　三端集成稳压电源电路的安装与调试 ... 91
  任务七　简易函数信号发生器电路的安装与测试 ... 98
  任务八　单结晶体管调光电路的安装与调试 ... 107
  任务九　单稳态触摸开关电路的安装与调试 ... 116
  任务十　555 集成变音门铃电路的安装与调试 ... 123
  任务十一　数码显示电路的安装与测试 ... 133
  任务十二　四人抢答器电路的安装与调试 ... 145

项目二　印制电路板的设计与制作 ... 156
  任务一　认识 AD 软件 ... 156
  任务二　绘制串联负反馈稳压电源电路原理图 ... 164
  任务三　编辑、制作原理图元件 ... 170
  任务四　绘制较复杂电路原理图 ... 182
  任务五　编辑、制作 PCB 元件封装 ... 190
  任务六　单面 PCB 手动设计 ... 200

  任务七 双面 PCB 自动设计 …………………………………………………… 209

  任务八 电路原理图绘制后处理 ……………………………………………… 218

项目三 软件的使用 ………………………………………………………………… 223

  任务一 LABVIEW2018 程序开发环境 …………………………………………… 223

  任务二 虚拟温度计的设计 ………………………………………………………… 229

  任务三 布尔运算点操作 …………………………………………………………… 240

  任务四 数组函数的应用 …………………………………………………………… 250

  任务五 簇函数的应用 ……………………………………………………………… 258

  任务六 文件创建与调用 …………………………………………………………… 263

  任务七 数字信号发生器 …………………………………………………………… 267

参考文献 ………………………………………………………………………………… 274

项目一　电子技术应用

任务一　常用电子元器件的判别与简易测试

任务描述

1. 任务概述

（1）在一块电路板中，准确找出电阻器、电容器、电感器、二极管、三极管等常用电子元件。

（2）用学过的识别方法，识别电子元件参数。

（3）用万用表判别电子元件好坏。

2. 任务目标

（1）熟记常用电子元件的外观、符号等参数。

（2）了解常用电子元件的原理及基本应用。

（3）掌握常用电子元件的极性及判别。

3. 任务电路

本任务所用的电路板如图 1-1-1 所示。

图 1-1-1　识别电子元件电路板

知识链接

一、电阻器

（一）电阻的符号与单位

物理学中的符号，代指电阻器，或是作为物理量，表示电阻值，即导体对电流阻碍作用的大小，图形符号为 R。可变电阻符号图形符号为 R_P。

电阻的单位为欧姆（Ω），倍率单位有：千欧（kΩ），兆欧（MΩ）等。换算方法是：1 MΩ = 1 000 kΩ = 1 000 000 Ω

（二）电阻器分类

电阻器（Resistor）在日常生活中一般直接称为电阻。它是一个限流元件，将电阻接在电路中后，电阻器的阻值是固定的，电阻器一般有两个引脚，可限制通过它所连支路的电流大小。阻值不能改变的称为固定电阻器。阻值可变的称为电位器或可变电阻器。理想的电阻器是线性的，即通过电阻器的瞬时电流与外加瞬时电压成正比。可变电阻器通过外界环境的变化（如温度、湿度、光亮等）改变自身阻值的大小，称为敏感电阻器，通常用于传感器中。

1. 固定电阻器

固定电阻器的电阻值是固定不变的，阻值大小就是它的标称阻值。由于用途广泛，固定电阻器的产品类型繁多，一般按照其组成材料和结构形式进行分类。不同类型的固定电阻器既具有共同的电阻性能，又各有不同的特点。

1）碳质电阻器

碳质电阻器是把碳黑、树脂、黏土等混合物压制后经过热处理制成。在电阻器上用色环表示它的阻值。这种电阻器成本低阻值范围宽，但其阻值误差和噪声电压比较大，稳定性差，目前较少使用。

2）膜式电阻器

常见的膜式电阻器有碳膜电阻器、金属膜电阻器和金属氧化膜电阻器等。

（1）碳膜电阻器。

碳膜电阻器是用有机黏合剂将碳墨、石墨和填充料配成悬浮液涂覆于绝缘基体瓷棒或者瓷管上，经加热聚合而成。气态碳氢化合物在高温和真空中分解，碳沉积在瓷棒或者瓷管上，形成一层结晶碳膜。改变碳膜厚度或用刻槽的方法改变碳膜的长度，可以得到不同的阻值。其精度和稳定性一般，但其高频特性较好，受电压和频率影响和噪声电动势较小，脉冲负荷稳定，阻值范围较宽。因生产成本低，价格价廉，故目前在消费类电子产品中仍然应用广泛。

（2）金属膜电阻器。

金属膜电阻器就是以特种金属或合金作电阻材料，用真空蒸发或溅射工艺，在陶瓷或玻璃基体上形成电阻膜层的电阻器。真空蒸发就是在真空中加热合金使其蒸发后，在陶瓷或玻璃棒表面形成一层导电金属膜，可以通过调整合金材料的成分、改变膜的厚度或刻槽控制调整阻值，工艺比较灵活，因而可以制成性能良好，阻值范围较宽的电阻器。

金属膜电阻器的耐热性、噪声电势、温度系数、电压系数等电性能比碳膜电阻器优良，与碳膜电阻器相比，金属膜电阻器体积小、噪声低、稳定性好，但成本稍高。金属膜电阻器作为精密和高稳定性的电阻器获得广泛应用，通用于各种电子设备中。

（3）金属氧化膜电阻器。

金属氧化膜电阻器是由能水解的金属盐类溶液（如四氯化锡和氯化锑）在炽热的玻璃或陶瓷的表面分解沉积而成。随着制造条件的不同，电阻器的性能也有很大差异。这种电阻器的主要特点是耐高温，化学稳定性好。这种电阻器的电阻率较低，小功率电阻器的阻值不超过 100 kΩ，因此应用范围受到限制，但可用于补充金属膜电阻器的低阻部分。金属氧化膜电阻器本体多为灰色，小型的为绿色或浅粉色，为四色环电阻。允许误差等级 ±5%、±2%。

3）线绕电阻器

线绕电阻器是用康铜或者镍铬合金电阻丝绕制在陶瓷骨架上而成。这种电阻器分固定和可变两种。它的特点是工作稳定、耐热性能好、误差范围小，可以承受很大的瞬间峰值功率。其额定功率一般在 1W 以上，能承受高温，在环境温度 170 ℃ 下仍能正常工作。但它体积大、阻值较低，大多在 100 kΩ 以下。由于结构上的原因，其分布电容和电感系数都比较大，不能应用于高频电路。这类电阻器通常在大功率电路中作降压或负载等用。

4）水泥电阻器（见图 1-1-2）

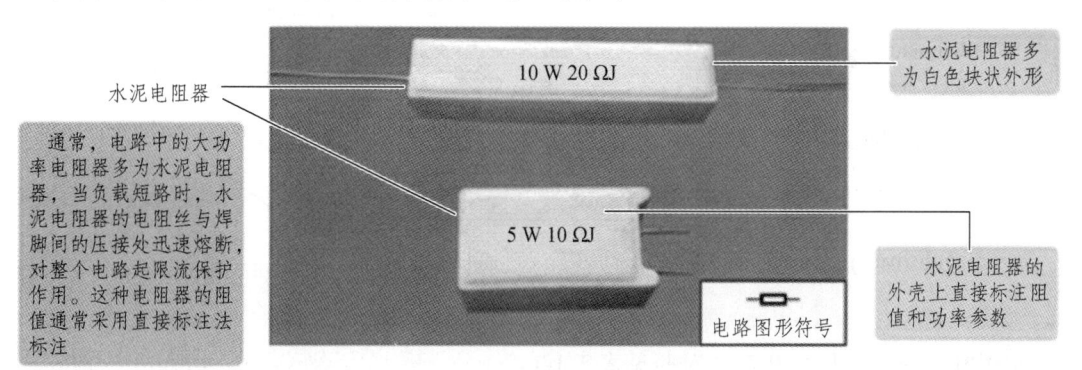

水泥电阻器的制作是将康铜、锰铜、镍铬等合金材料电阻丝绕在无碱性耐热陶瓷骨架上，外面加上耐热、耐湿、耐腐蚀材料保护固定形成线绕电阻体，将其放入方形陶瓷材质框内，用特殊的不燃性耐热水泥充填密封，最终制成水泥电阻器。线绕结构的水泥电阻器阻值一般不大，高电阻值采用金属氧化膜体代替绕线方式制成。

图 1-1-2 水泥电阻器

5）排电阻器（见图 1-1-3）

排电阻器简称排阻。这种电阻器是将多个分立的电阻器按照一定的规律排列集成为一个组合型电阻器，也称为集成电阻器电阻阵列或电阻器网络。

图 1-1-3 排电阻器

6）贴片式电阻器（见图 1-1-4）

贴片式电阻器指采用表面贴装技术安装的一种固定式电阻器，该类型电阻器体积小，机械安装方便，多运用于集成度高的电子产品中。

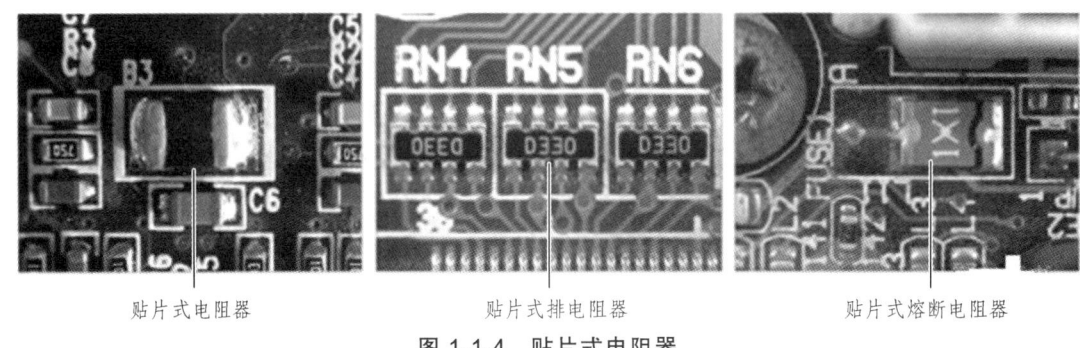

图 1-1-4 贴片式电阻器

常见贴片电阻封装有 9 种，尺码代号通常使用 4 位数字表示，前两位和后两位分别表示电阻的长度和宽度，通常采用英制单位 mil（1 mil = 0.025 mm），如 0402，代表电阻长度为 40 mil，宽度为 20 mil，如图 1-1-5 所示。

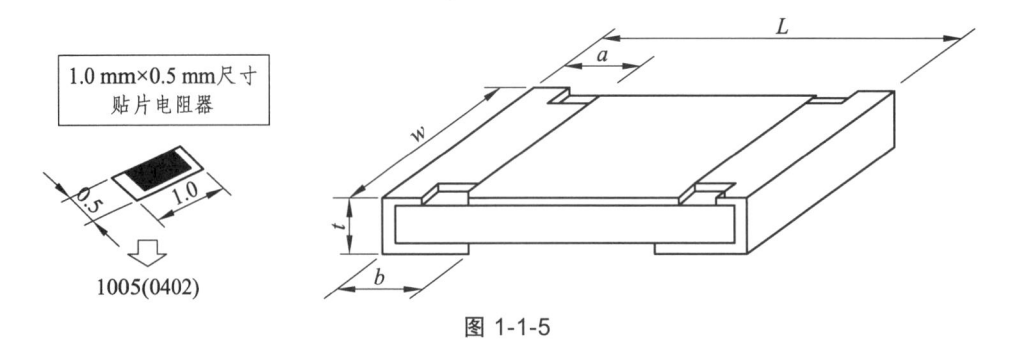

图 1-1-5

常用电阻封装的尺寸和功率对照见表 1-1-1。

表 1-1-1　常用电阻封装的尺寸和功率

封装	功率/W	长（L）/mm	宽（W）/mm	高（t）/nm	a/mm	b/mm
0201	1/20	0.60±0.05	0.30±0.05	0.23±0.05	0.10±0.05	0.15±0.05
0402	1/16	1.00±0.10	0.50±0.10	0.30±0.10	0.20±0.10	0.25±0.10
0603	1/10	1.60±0.15	0.80±0.15	0.40±0.10	0.30±0.20	0.30±0.20
0805	1/8	2.00±0.20	1.25±0.15	0.50±0.10	0.40±0.20	0.40±0.20
1206	1/4	3.20±0.20	1.60±0.15	0.55±0.10	0.50±0.20	0.50±0.20
1210	1/3	3.20±0.20	2.50±0.20	0.55±0.10	10.50±0.20	0.50±0.20
1812	1/2	4.50±0.20	3.20±0.20	0.55±0.10	0.50±0.20	0.50±0.20
2010	3/4	5.00±0.20	2.50±0.20	0.55±0.10	0.60±0.20	0.60±0.20
2512	1	6.40±0.20	3.20±0.20	0.55±0.10	0.60±0.20	0.60±0.20

2. 可调电阻器（见图 1-1-6）

可调电阻器是一种阻值可以改变的电阻器。这种电阻器的外壳上带有调节部位，可以手动调节阻值，也称为电位器。

图 1-1-6　可调电阻器

3. 敏感电阻器

常用的敏感电阻器主要有热敏电阻器（见图 1-1-7）、光敏电阻器（见图 1-1-8）、压敏电阻器（见图 1-1-9）、气敏电阻器（见图 1-1-10）、湿敏电阻器（见图 1-1-11）等。

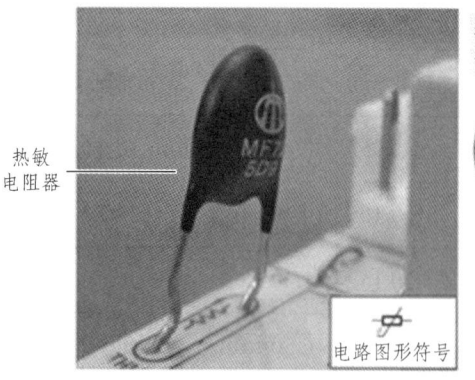

字母标识：MF，负温度系数热敏电阻器
字母标识：M2，正温度系数热敏电阻器

热敏电阻器

电路图形符号

图 1-1-7　热敏电阻器

感光面

电路图形符号

光敏电阻器

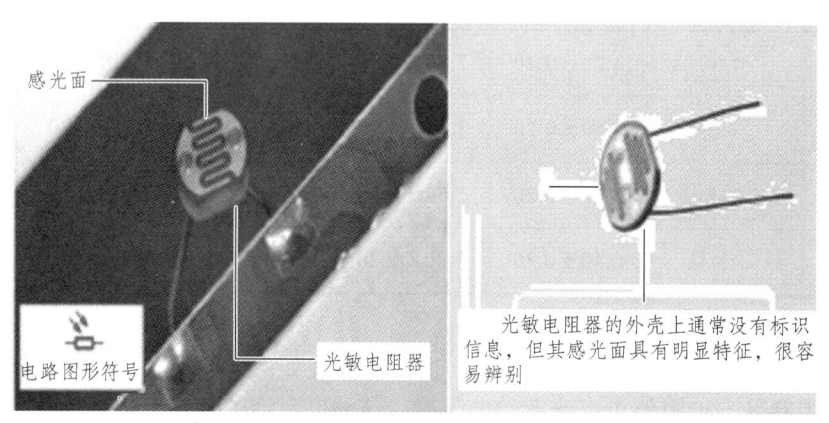

光敏电阻器的外壳上通常没有标识信息，但其感光面具有明显特征，很容易辨别

图 1-1-8　光敏电阻器

压敏电阻

字母标识:MY

电路图形符号

压敏电阻器的表面采用直标法标注参数信息

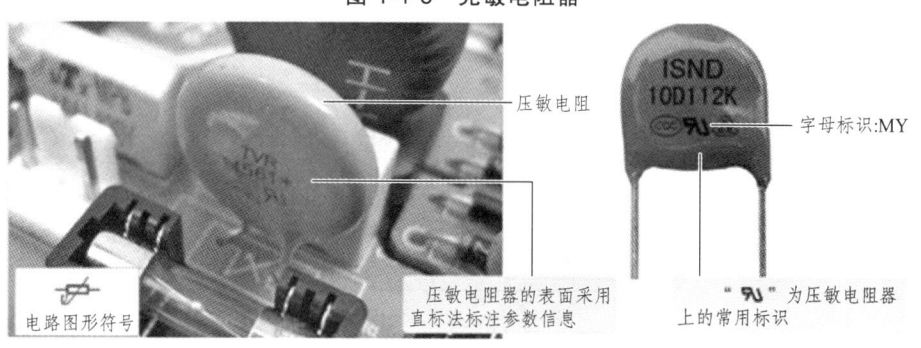

"ᴙ"为压敏电阻器上的常用标识

图 1-1-9　压敏电阻器

气敏电阻器

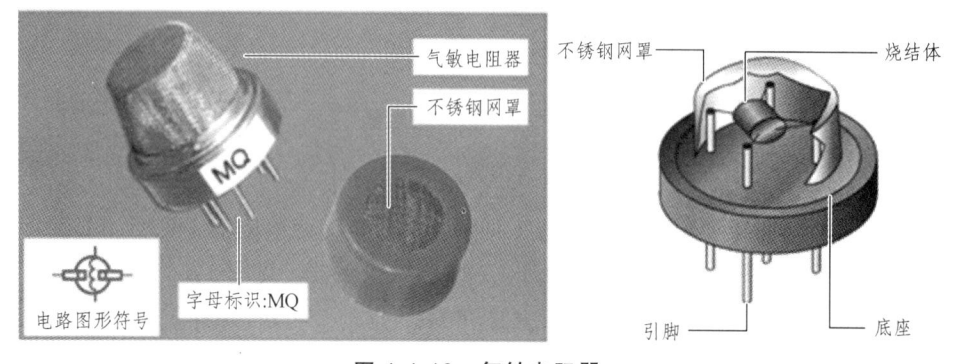

不锈钢网罩

不锈钢网罩　烧结体

电路图形符号　字母标识:MQ

引脚　底座

图 1-1-10　气敏电阻器

6

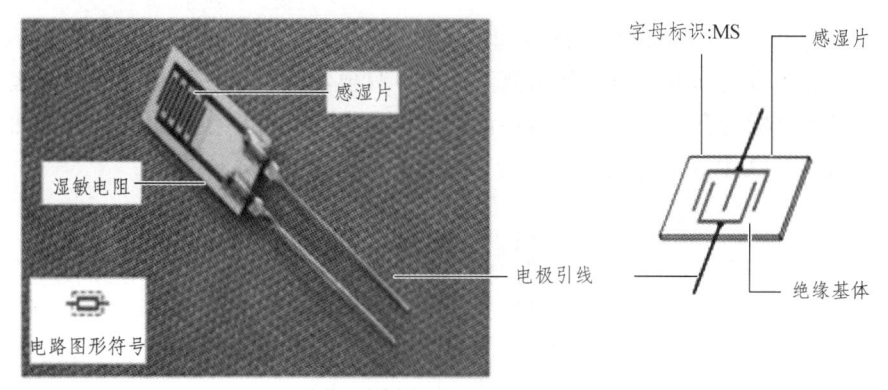

图 1-1-11 湿敏电阻器

（三）电阻器识别

电路板上有如此众多的电子元件，怎样寻找电阻器呢？首先，记住普通电阻器的外观，然后看该电子元件旁边是否标"R"；其次，在电阻器上可以看见一圈圈的色环以及数字。这又代表什么呢？识别电阻器标识信息是认识电阻器的重要环节，主要通过电阻器上的标识信息来了解该电阻器的阻值及参数，一般有直标法、数标法、色标法等。

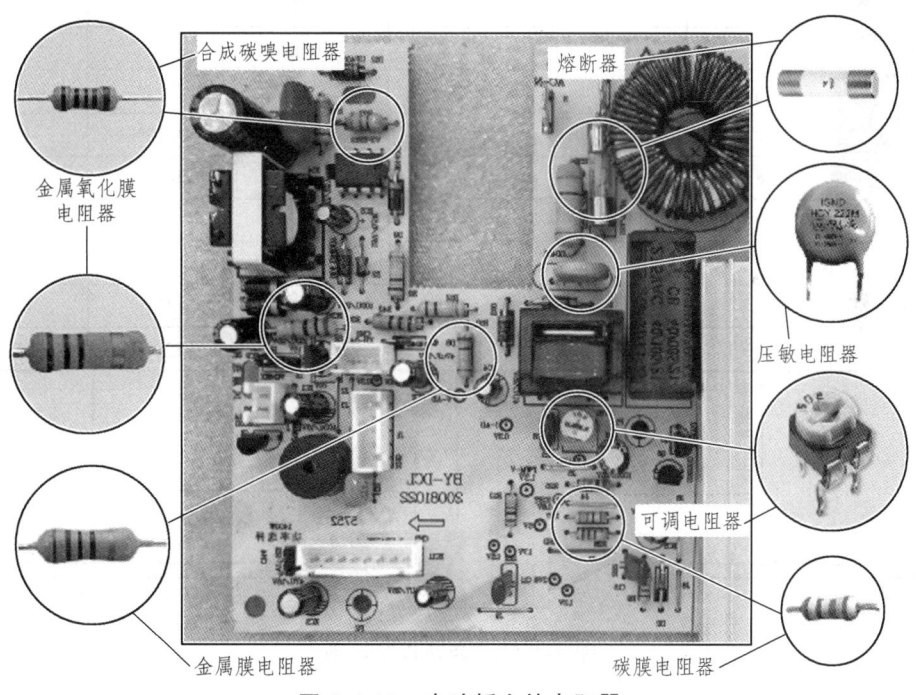

图 1-1-12 电路板上的电阻器

1. 色标法

常见的固定电阻器如碳膜电阻器、金属膜电阻器、金属氧化膜电阻器，多采用色标法。

色标法一般为四环或五环，以四环电阻为例，前两环颜色表示有效数字，第三环颜色为以十为倍乘数。以图 1-1-13 所示四环电阻为例，该电阻颜色为"红红黑金"四环颜色，查表

7

可得，其阻值为 $22 \times 10^0 = 22\ \Omega$。第四环颜色为金色，代表该电阻误差允许范围为 ±5%。所以我们用万用表测量实际电阻与标称阻值不一样，只要实际阻值在误差范围内就表示合格。五环色标前三环色标为有效数字，第四环色标为倍乘数，第五环为误差，计算方法与四环色标法一样。图 1-1-13 中五环电阻的阻值为 4.7 MΩ，误差范围为 ±1%。

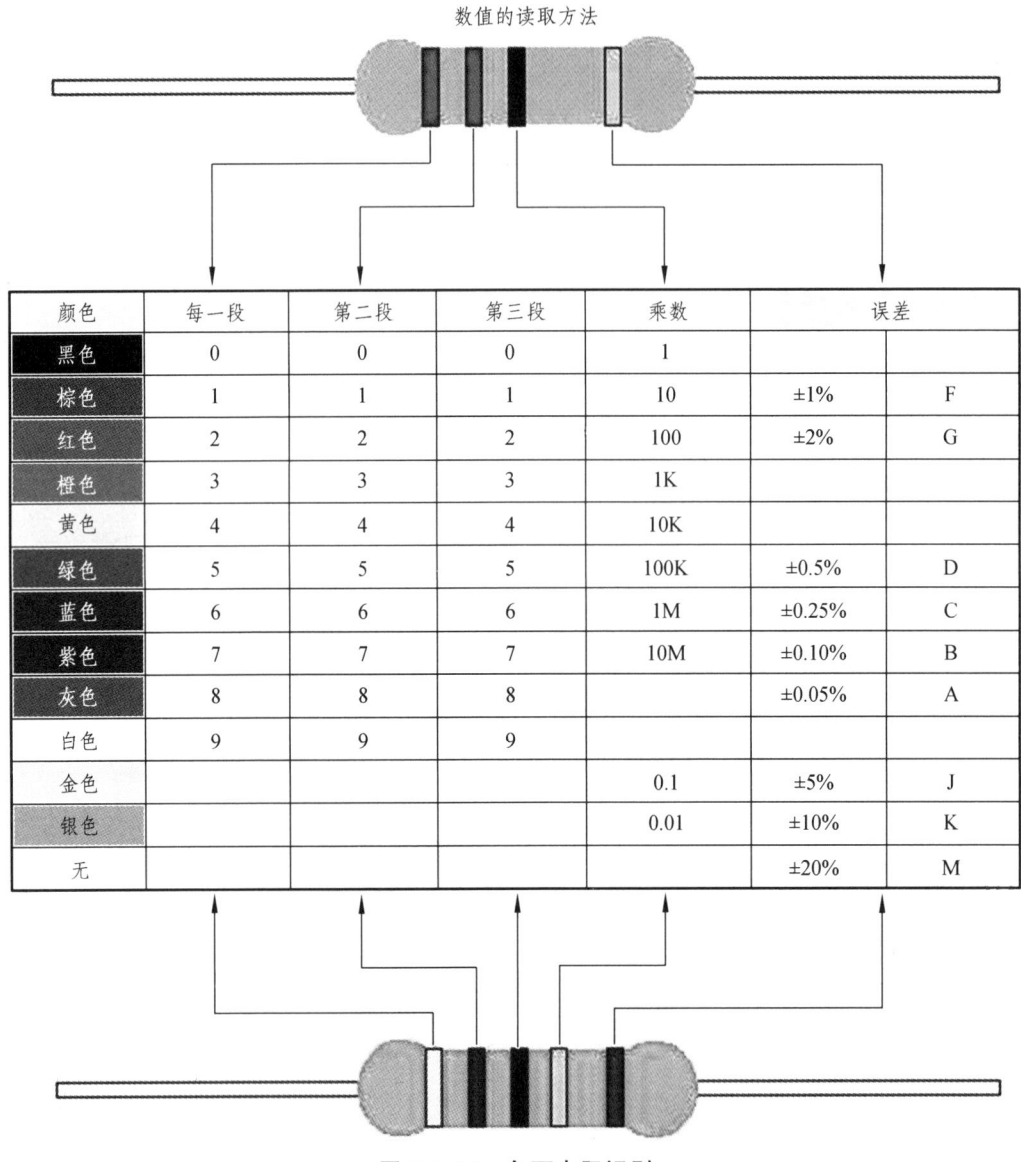

颜色	第一段	第二段	第三段	乘数	误差	
黑色	0	0	0	1		
棕色	1	1	1	10	±1%	F
红色	2	2	2	100	±2%	G
橙色	3	3	3	1K		
黄色	4	4	4	10K		
绿色	5	5	5	100K	±0.5%	D
蓝色	6	6	6	1M	±0.25%	C
紫色	7	7	7	10M	±0.10%	B
灰色	8	8	8		±0.05%	A
白色	9	9	9			
金色				0.1	±5%	J
银色				0.01	±10%	K
无					±20%	M

图 1-1-13 色环电阻识别

2. 数标法

数标法主要用于贴片等小体积的电路（见图 1-1-14），例如：103 表示 10 000 Ω（10 后面加 3 个 0），也就是 10 kΩ，小型可调电阻器也用数标法。图 1-1-14（b）中可调电阻器最大阻值为 5 000 Ω。

（a）贴片电阻器　　　　（b）可调电阻器

图 1-1-14　采用数标法的电阻器

（四）电阻器测量

1. 测量步骤

首先，将红表笔插入 VΩ 孔、黑表笔插入 COM 孔；其次，将量程旋钮打到"Ω"量程档适当位置，量程档要大于电阻器标称值，分别用红黑表笔接到电阻两端金属部分，手不能同时接触电阻两端金属脚；最后，读出显示屏上显示的数据，并带上量程单位。图 1-1-15 所示的测量阻值为 99.2 kΩ。

图 1-1-15　电阻器测量

2. 注意事项

注意量程的选择和转换。量程选小了显示屏上会显示"1"，此时应换用更大的量程；反之，量程选大了，显示屏上会显示一个接近于"0"的数，此时应换用更小的量程。如何读数呢？显示屏上显示的数字再加上挡位选择的单位就是实际读数。要注意的是，在"200"挡时单位是"Ω"，在"2 k～200 k"挡时单位是"kΩ"。如果被测电阻值超出所选择量程的最大值,将显示过量程"1",应选择更高的量程。对于大于 1 MΩ 的电阻,需要几秒钟后读数才能稳定,这是正常的。当没有连接好时(如开路情况),仪表显示为"1"。检查被测线路的阻抗时,要保证移开被测线路中的所有电源,将所有电容放电。被测线路中如果有电源和储能元件,会影响线路阻抗测试的正确性。

二、电容器

(一)电容器符号与单位

电容器是储存电量和电能(电势能)的元件。一个导体被另一个导体所包围,或者由一个导体发出的电场线全部终止在另一个导体的导体系,称为电容器。字母符号为"C",图形符号如表 1-1-2 所示。

表 1-1-2 电容器的图形符号

图形符号	名称
─┤├─	一般无极性电容器
─┤⎪─	有极性电解电容器
─┤⎪├─	无极性电解电容器
─⩘─	微调电容器
─⩘─	可变电容器
双联符号	双联可变电容器

(1)电容量的基本单位为法拉(F),在实际应用中,电容器的电容量往往比 1 F 小得多,常用较小的单位,如毫法(mF)、微法(μF)、纳法(nF)、皮法(pF)等,它们的关系是:

1 法拉(F) = 1 000 毫法(mF);1 毫法(mF) = 1 000 微法(μF);1 微法(μF) = 1 000 纳法(nF);1 纳法(nF) = 1 000 皮法(pF);

即:1F = 1 000 000 μF;1 μF = 1 000 000 pF。

(2)额定电压:在最低环境温度和额定环境温度下可连续加在电容器的最高直流电压。如果工作电压超过电容器的耐压,电容器将被击穿,造成损坏。在实际中,随着温度的升高,耐压值将会变低。

(3)绝缘电阻:直流电压加在电容上,产生漏电电流,两者之比称为绝缘电阻。当电容较小时,其值主要取决于电容的表面状态;容量大于 0.1 μF 时,其值主要取决于介质。通常情况下,绝缘电阻越大越好。

（4）损耗：电容在电场作用下，在单位时间内因发热所消耗的能量称作损耗。损耗与频率范围、介质、电导、电容金属部分的电阻等有关。

（5）频率特性：随着频率的上升，一般电容器的电容量呈现下降的规律。当电容工作在谐振频率以下时，表现为容性；当超过其谐振频率时，表现为感性，此时就不是一个电容而是一个电感了。所以一定要避免电容工作于谐振频率以上。

（二）电容器分类

由于电容器种类很多（见图1-1-16），这里主要介绍常用的电容器，归纳为普通电容器（无极性电容器）、电解电容器（有极性电容器）、可变电容器。

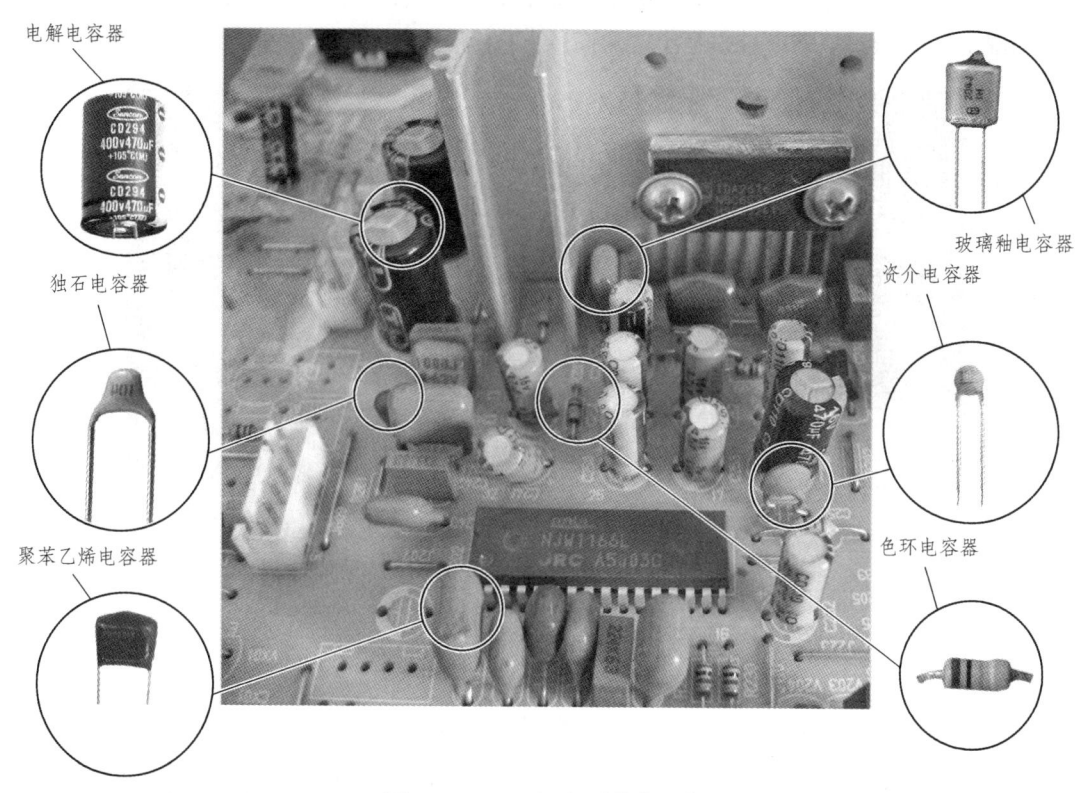

图 1-1-16　不同类型的电容器

1. 普通电容器

常见的普通电容器主要为纸介电容器、瓷介电容器、涤纶电容器、聚苯乙烯电容器等。

1）纸介电容器

纸介电容器是以纸为介质的电容器，如图1-1-17所示，它用两层带状的铝或锡箔中间垫上浸过石蜡的纸卷成筒形，再装入外壳中，引出引脚。该电容容量大，受高压，广泛应用于各类家用电器及自动控制设备中。

图 1-1-17 纸介电容器

2）瓷介电容器

瓷介电容器以陶瓷材料为介质，在外面涂各种颜色的保护漆，并在陶瓷片上覆银制成电极，如图 1-1-18 所示。该电容损耗小，耐高压，耐高温，是应用最广泛的一种电容器。

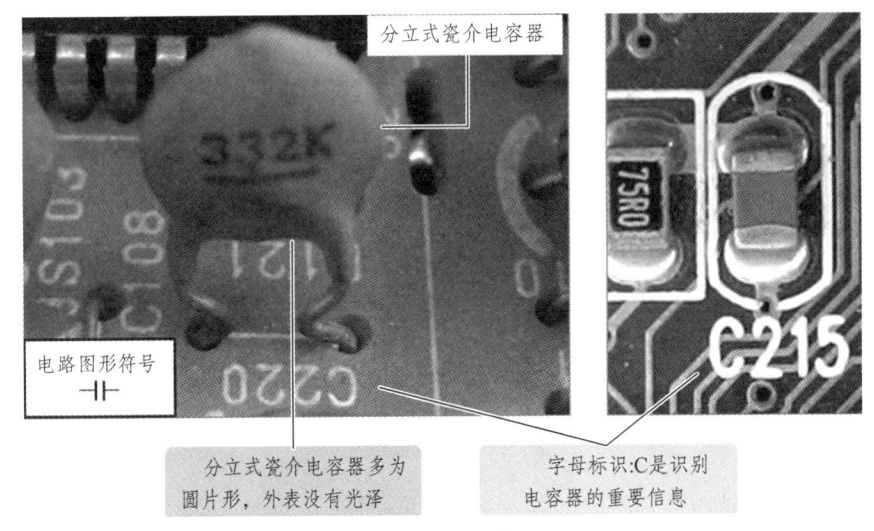

图 1-1-18 瓷介电容器

3）涤纶电容器

涤纶电容器是采用涤纶薄膜为介质的电容器，又称为聚酯电容器，如图 1-1-19 所示。

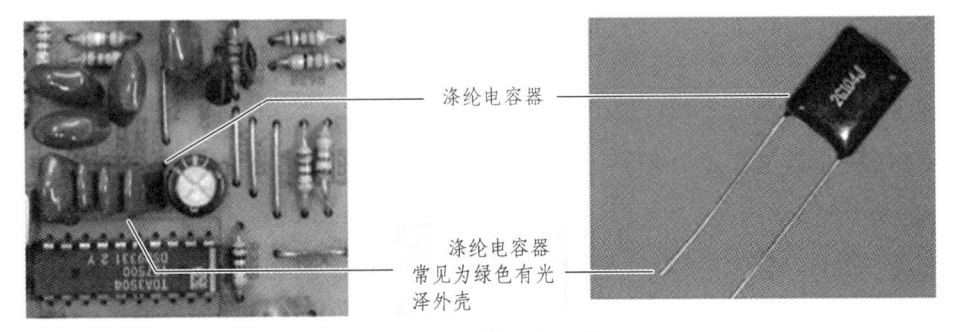

图 1-1-19 涤纶电容器

4）聚苯乙烯电容器

聚苯乙烯电容器是以非极性的聚苯乙烯薄膜为介质制成的电容器,内部通常用2～3层薄膜与金属电极交叠绕制,如图1-1-20所示。该电容器成本低、损耗小、电容容量稳定,多用于精密的电路中。

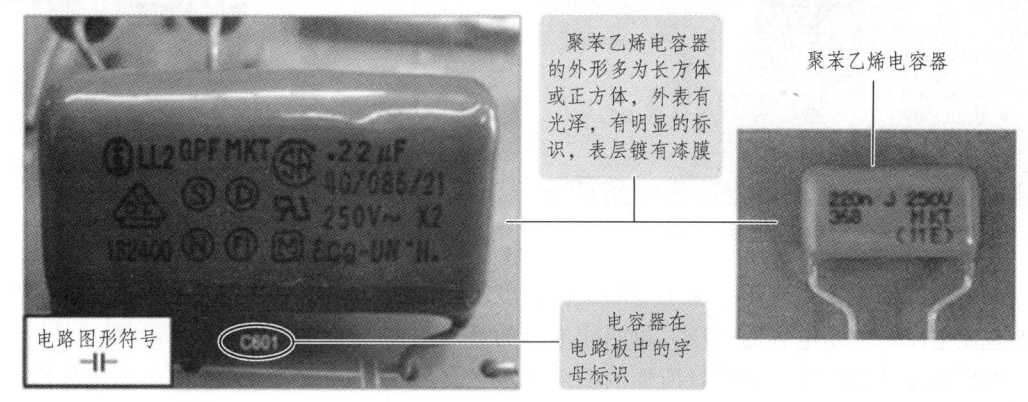

图 1-1-20 聚苯乙烯电容器

2. 电解电容器

常用电解电容器的引脚有正负极之分,称为有极性电容器,因此电解电容正负不可接错。电解电容是电容的一种,金属箔为正极（铝或钽）,与正极紧贴金属的氧化膜（氧化铝或五氧化二钽）是电介质,阴极由导电材料、电解质（电解质可以是液体或固体）和其他材料共同组成,因电解质是阴极的主要部分,电解电容因此而得名。

1）铝电解电容器

铝电解电容器是由铝圆筒做负极,里面装有液体电解质,插入一片弯曲的铝带做正极而制成的电容器。它的特点是容量大,但是漏电大、误差大、稳定性差,常用作交流旁路和滤波,在要求不高时也用于信号耦合（见图1-1-21）。铝电解电容器可以分为固态铝电解电容器（见图1-1-22）和贴片铝电解电容器（见图1-1-23）。

图 1-1-21 铝电解电容器

13

图 1-1-22　固态铝电解电容器 　　　　　　　图 1-1-23　贴片铝电解电容器

电容器的额定工作电压：在规定的工作温度范围内，电容长期可靠地工作，它能承受的最大直流电压，就是电容的耐压，也叫作电容的直流工作电压。

如果在交流电路中，要注意所加的交流电压最大值不能超过电容的直流工作电压值。常用的固定电容工作电压有：6.3 V、10 V、16 V、25 V、50 V、63 V、80 V、100 V、120 V、160 V、200 V、250 V、300 V、350 V、400 V、450 V、500 V、550 V、600 V、630 V、700 V、800 V、1000 V。

2）钽电解电容器

钽电解电容器的工作介质是在钽金属表面生成的一层极薄的五氧化二钽膜。烧结型固体电解质柱状树脂包封钽电容器此层氧化膜介质完全与组成电容器的一端极结合成一个整体，不能单独存在。因此单位体积内所具有的电容量特别大，即比容量非常高，因此特别适宜于小型化的应用（见图 1-1-24）。

钽电解电容器具有单向导电性，即所谓有"极性"，应用时应按电源的正、负方向接入电流，电容器的阳极（正极）接电源"+"极，阴极（负极）接电源的"-"极。如果接错不仅电容器发挥不了作用，而且漏电流很大，短时间内芯子就会发热，破坏氧化膜导致失效。

图 1-1-24　钽电解电容器

3. 可变电容器

电容量可在一定范围内调节的电容器称为可变电容器。

可变电容器一般由相互绝缘的两组极片组成：固定不动的一组极片称为定片，可动的一组极片称为动片。几只可变电容器的动片可合装在同一转轴上，组成同轴可变的电容器（俗称双联、三联等）。可变电容器都有一个长柄，可装上拉线或拨盘调节。可变电容器是一种电容量可以在一定范围内调节的电容器，通常在无线电接收电路中作调谐电容器用。

可变电容器按结构分为微调可变电容器（见图 1-1-25）、单联可变电容器（见图 1-1-26）、双联可变电容器（见图 1-1-27）等。

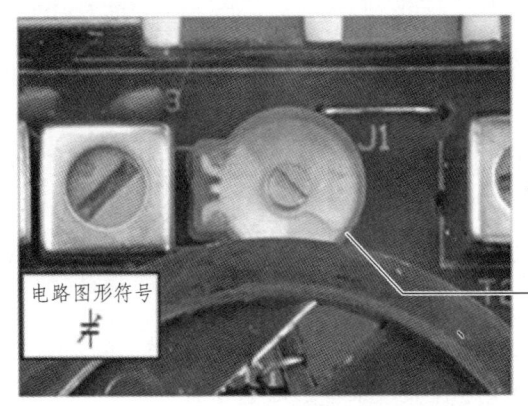

图 1-1-25 微调可变电容器

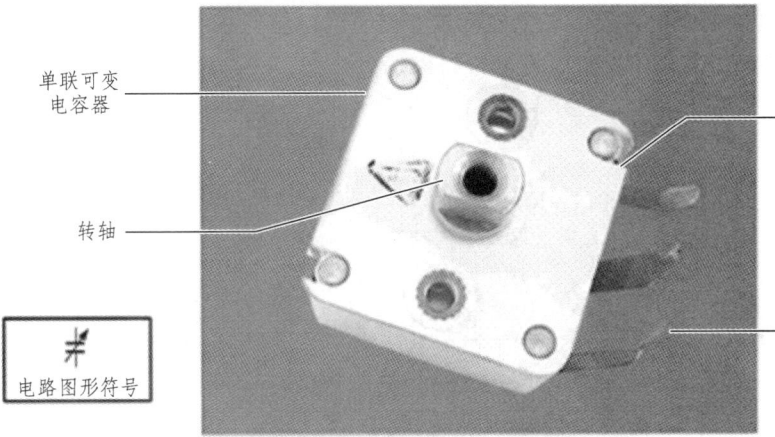

图 1-1-26 单联可变电容器

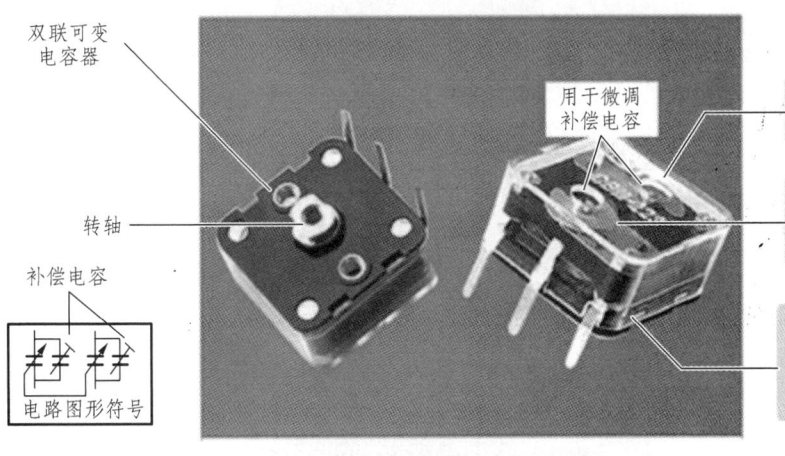

图 1-1-27 双联可变电容器

根据分析统计，电容器主要有以下分类：
（1）按照结构分三大类：固定电容器、可变电容器和微调电容器。

（2）按电解质分类：有机介质电容器、无机介质电容器、电解电容器、电热电容器和空气介质电容器等。

（3）按用途分有：高频旁路、低频旁路、滤波、调谐、高频耦合、低频耦合、小型电容器。

（4）按制造材料的不同可以分为：瓷介电容、涤纶电容、电解电容、钽电容、聚丙烯电容，等等。

（5）高频旁路：陶瓷电容器、云母电容器、玻璃膜电容器、涤纶电容器、玻璃釉电容器。

（6）低频旁路：纸介电容器、陶瓷电容器、铝电解电容器、涤纶电容器。

（7）滤波：铝电解电容器、纸介电容器、复合纸介电容器、液体钽电容器。

（8）调谐：陶瓷电容器、云母电容器、玻璃膜电容器、聚苯乙烯电容器。

（9）低耦合：纸介电容器、陶瓷电容器、铝电解电容器、涤纶电容器、固体钽电容器。

（10）小型电容：金属化纸介电容器、陶瓷电容器、铝电解电容器、聚苯乙烯电容器、固体钽电容器、玻璃釉电容器、金属化涤纶电容器、聚丙烯电容器、云母电容器。

（三）电容器识别

1. 普通电容器识别

普通电容器的识别方式如图 1-1-28 所示。

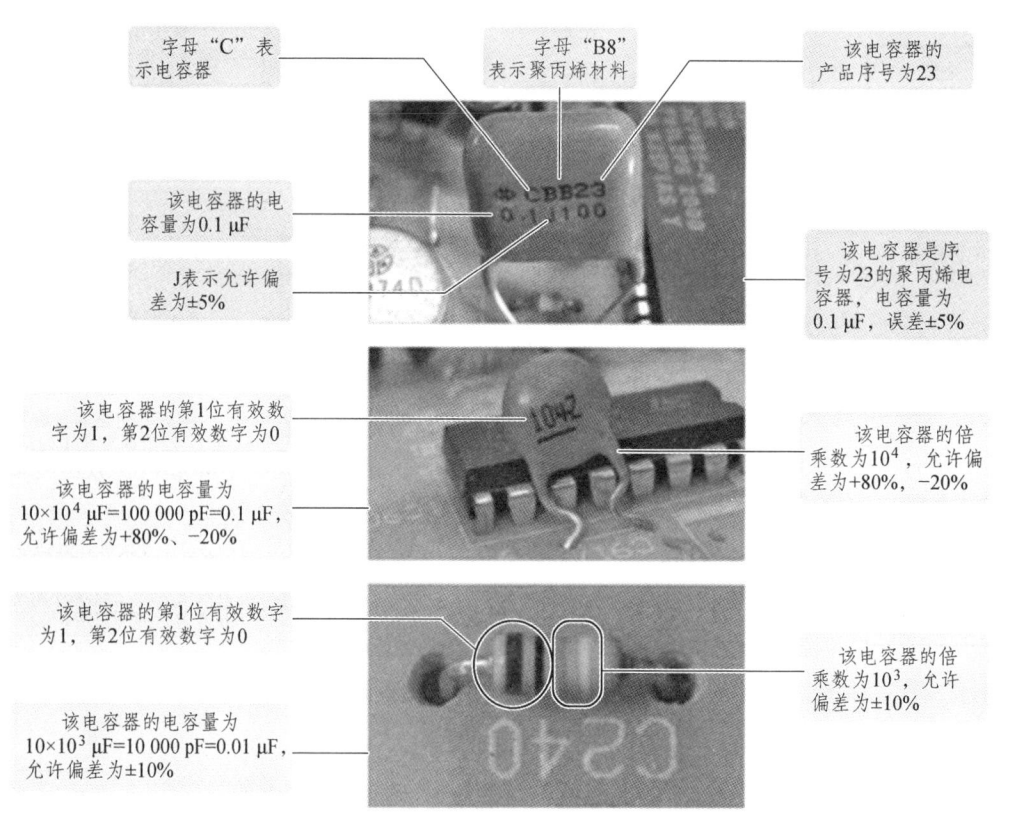

图 1-1-28　普通电容器的识别

2. 电解电容器识别

1）铝电解电容器

铝电解电容器正负极识别：新的固态铝电解电容器长脚为正极，短脚为负极。固态铝电解电容器外壳标有"﹣"号，以及贴片铝电解电容器有黑色标记的引脚为负极，另一只引脚为正极（见图1-1-29）。

图 1-1-29　铝电解电容器识别

安装在电路板上的电容器识别方法如图 1-1-30 所示。

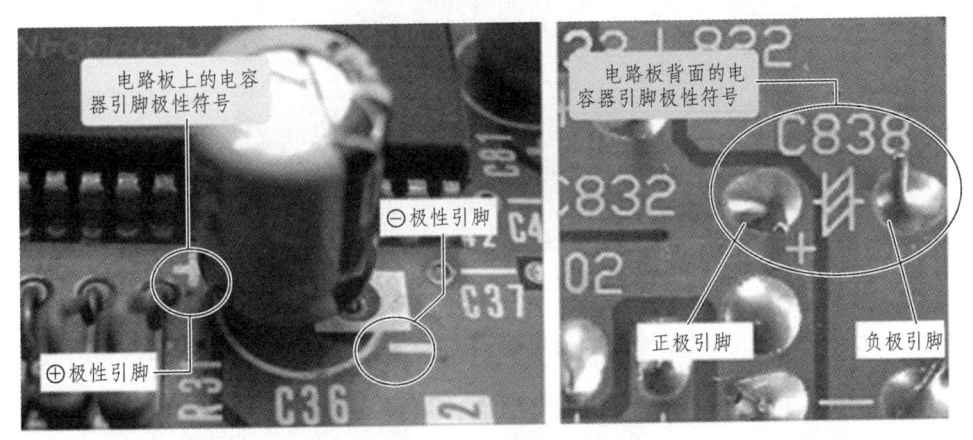

图 1-1-30　电路板上电容器的识别

2）钽电解电容器识别

钽电解电容器识别：如图 1-1-31 所示，长脚为正极，短脚为负极，标"＋"号对应的为正极。"6.3"代表额定电压为 6.3 V。"336"代表容量为 33×10^6 PF $= 33$ μF。

图 1-1-31　钽电解电容器识别

（四）电容器测量

检测普通电容器时，先根据普通电容器的标识信息识读出待测普通电容器的标称电容量，然后用数字万用表电容档测量待测普通电容器的实际电容量，最后将实际测量值与标称值比较，从而判别出普通电容器的好坏。

识别普通电容器的容量，如图 1-1-32 所示。

该电容器采用直接标识法，通过标识即可知道该无极性电容器的电容量为 220 nF

普通电容器标识

普通电容器的引脚

普通电容器的电路图形符

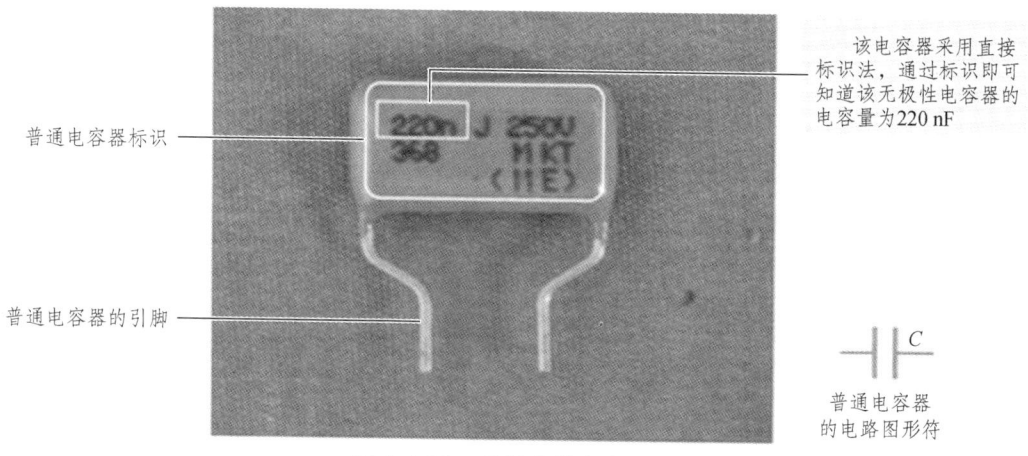

图 1-1-32　普通电器容量识别

使用数字万用表附加测试器检测普通电容器的电容量，如图 1-1-33 所示。

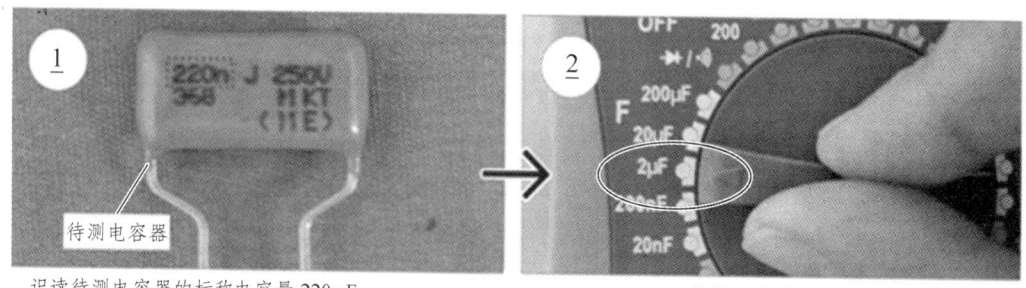

待测电容器

识读待测电容器的标称电容量：220 nF。

根据识读的标称电容量，将万用表的量程调整至"2 μF"挡。

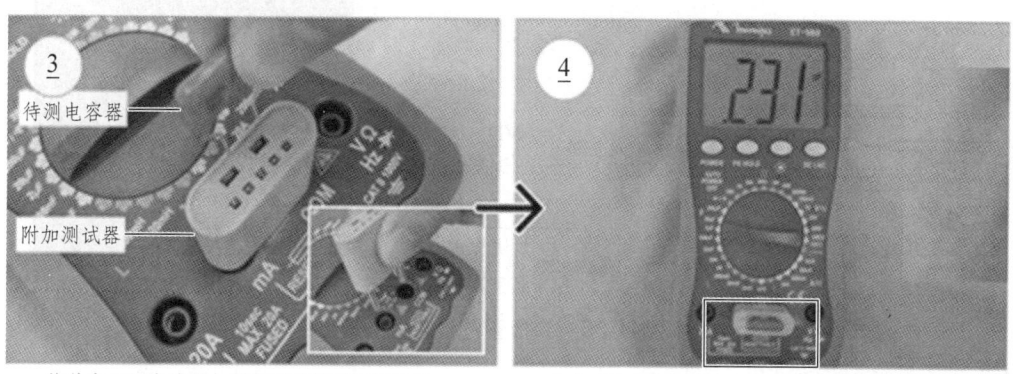

将数字万用表的附加测试器连接到万用表的相应插孔上,将待测电容器插接到万用表附加测试器的电容插孔中。

观察万用表表盘读出实测数值为0.231 μF~231 nF,与标称值基本相符,表明性能良好。

图 1-1-33　用万用表检测普通电容器容量

铝电解电容器测量分两种:一种为电容量测量;另一种为直流电阻的测量(即检测充、放电状态)。测量大容量、高电压的电解电容器时,都需要对电容器进行放电。如果不放电将产生火花,烧毁仪表,如图 1-1-34 所示。

未放电检测导致电击引发的火花

待测的电解电容器

将电阻器的引脚与电容器的引脚相连进行放电

图 1-1-34　铝电解电容器测量

三、半导体元件

(一)二极管识别

1. 半导体二极管的结构及符号

二极管是由一个 PN 结构成的,从 P 区引出的电极为正极(或阳极),N 区引出的电极为负极(或阴极),用管壳封装而成[见图 1-1-35(a)]。二极管的电路符号如图 1-1-35(b)所示,用 VD 表示,图中箭头所指方向是二极管正向电流方向。二极管实物如图 1-1-35(c)所示。

(a) PN 结　　(b) 电路符号　　(c) 实物图

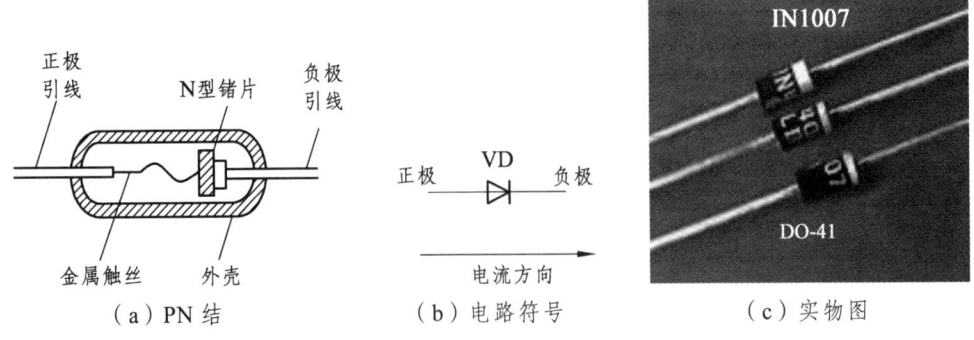

图 1-1-35　二极管符号与实物图

2. 半导体二极管的伏安特性

二极管的伏安特性是指加在二极管两端的电压与流过二极管的电流之间的关系，由此得到的曲线，称为二极管的伏安特性曲线，如图 1-1-36 所示。

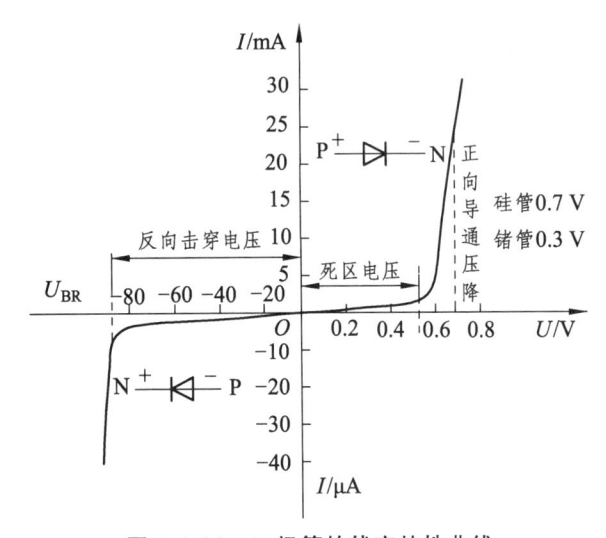

图 1-1-36　二极管的伏安特性曲线

1）正向特性

图 1-1-36 中第一象限的图形为二极管的正向特性。由特性曲线可知，二极管具有非线性，并且正向电压较小时，正向电流很小，几乎为零，这段电压称为"死区电压"，通常硅管约为 0.5 V，锗管约为 0.2 V。当所加电压超过"死区电压"后，正向电流开始显著增加，二极管处于导通状态，这时，二极管的正向电流在较大的范围内变化时，其两端的电压变化却不大。二极管正向导通时的管压降为：硅管 0.6 ~ 0.8 V，锗管 0.2 ~ 0.4 V。

2）反向特性

图 1-1-36 中第三象限的图形为二极管的反向特性。当二极管加上反向电压时，由于反向电流很小，可认为二极管反向截止。但当反向电压增大到某一值时，其反向电流会突然增大，这种现象称为反向击穿，相应的电压叫反向击穿电压，用 U_{BR} 表示。二极管被反向击穿后将会损坏。

3. 半导体二极管的开关特性

二极管加正向电压时导通，其导通电阻很小，管压降也很小（硅管为 0.7 V，锗管为 0.3 V），所以可以看成短路。二极管加反向电压时截止，其反向截止电阻很大，理想情况下为无穷大，可以看成开路。这就是二极管的开关特性。又由于二极管从导通到截止，再从截止到导通的时间很短，所以可在脉冲数字电路中应用，二极管还可在限幅、极性保护电路中得到应用。

4. 半导体二极管的主要参数

（1）最大整流电流 I_{FM}：二极管长期工作时允许通过的最大正向平均电流，使用中电流超过此值，管子会因过热而永久损坏。

（2）最高反向工作电压 U_{RM}：二极管正常工作时可以承受的最高反向电压，一般为反向击穿电压 U_{BR} 的一半左右。

（3）反向电流 I_{RM}：二极管未被击穿时的反向电流，其值越小，则二极管的单向导电性越好。

（4）最高工作频率 f_M：保证二极管正常工作的最高频率，否则会使二极管失去单向导电性。

5. 发光二极管

发光二极管（简称 LED）是一种光发射元件（见图 1-1-37），当发光二极管的 PN 结加上正向电压时，会产生发光现象。它是一种冷光源，具有功耗低、体积小、寿命长、工作可靠等特点，目前在汽车仪表、汽车灯光、照明显示等领域应用广泛。

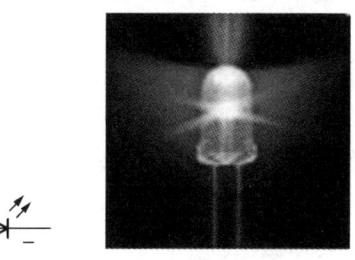

图 1-1-37　发光二极管符号及实物

6. 稳压管

稳压二极管是利用二极管的反向击穿特性来实现稳压的。

稳压二极管总是工作在反向击穿状态，当其击穿后，只要限制其工作电流，使稳压二极管始终工作在允许功耗内，就不会损坏管子。所以，稳压二极管的反向击穿是可逆的，而普通二极管的反向击穿是不可逆的。

稳压二极管的动态电阻 R_Z 实际上反映了稳压二极管的稳压特性，R_Z 越小越好。利用稳压二极管给负载提供稳定电压时，一般要设限流电阻。稳压管的伏安特性曲线和电气符号如图 1-1-38 所示。

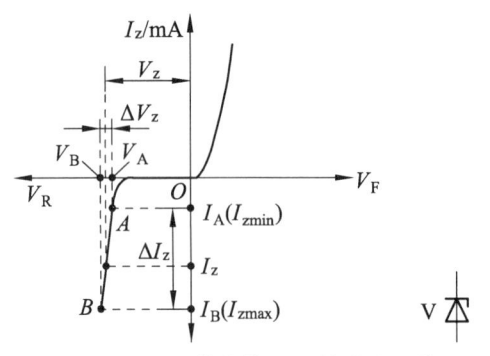

图 1-1-38　稳压管的伏安特性曲线及符号

7. 光电二极管

光电二极管又称光敏二极管，其 PN 结工作在反向偏置状态，它是利用半导体的光敏特性制造的光接收器件。当受到光线照射时，反向电阻显著变化，正向电阻不变（见图 1-1-39）。

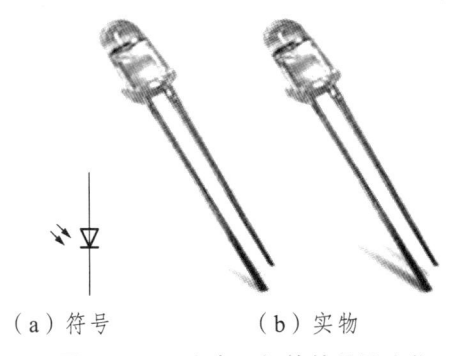

（a）符号　　（b）实物

图 1-1-39　光电二极管符号及实物

8. 半导体二极管的识别、检测和选用

1）普通二极管的检测

借助万用表的欧姆挡做简单判别。万用表正极（+）红表笔接表内电池的负极，而负极（-）黑表笔接表内电池的正极。根据 PN 结正向导通电阻值小、反向截止电阻值大的原理来简单确定二极管好坏和极性。具体做法：

（1）万用表欧姆挡置"R x 100"或"R x 1 k"处，将红、黑两表笔接触二极管两端，表头有一指示。

（2）将红、黑两表笔反过来再次接触二极管两端，表头又将有一指示。

（3）若两次指示的阻值相差很大，说明该二极管单向导电性好，并且阻值大（几千欧以上）的那次红笔所接的为二极管正极。

（4）若两次指示的阻值相差很小，说明该二极管已失去单向导电性。

（5）若两次指示的阻值均很大，说明该二极管已经开路。

2）发光二极管（LED）的检测

发光二极管和普通二极管一样具有单向导电性，正向导通时才能发光。发光二极管在出厂时，一根引线做得比另一根引线长，通常，较长引线表示正极（+），另一根为负极（-）。

发光二极管正向工作电压范围一般为 1.5~3 V，允许通过的电流范围为 2~20 mA。电流的大小决定发光的亮度。电压、电流的大小依器件型号不同而稍有差异。若与 TTL 组件相连接使用时，一般需串接一个 470 Ω 的降压电阻，以防止器件的损坏。

3）整流二极管的检测

（1）将万用表选择开关置于测量二极管挡位，测整流二极管。

（2）红表笔在黑色端，黑表笔在白色端，测量得 553 Ω，表示正向导通（见图 1-1-40）。

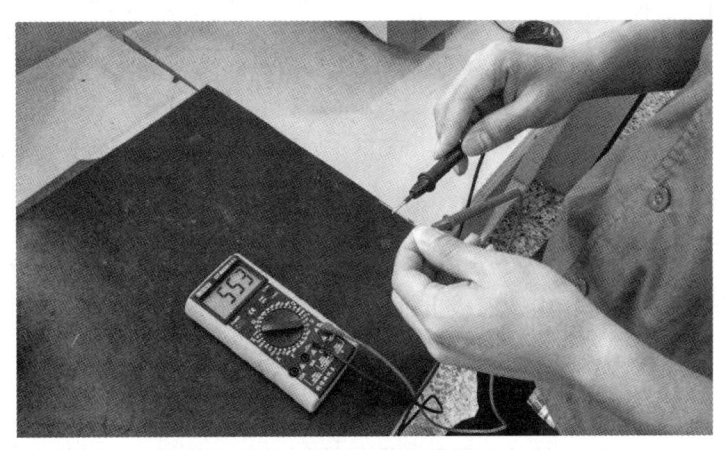

图 1-1-40　整流二极管检测（一）

（3）黑表笔在黑色端，红表笔在白色端，测量结果为 1，表示反向断开（见图 1-1-41）。

图 1-1-41　整体二极管检测（二）

（4）以上测量结果表示整流二极管正常。

（二）三极管识别

1. 三极管分类

三极管又称晶体管，它由 2 个 PN 结构成，有 NPN 型和 PNP 型两类，其结构如图 1-1-42 所示。

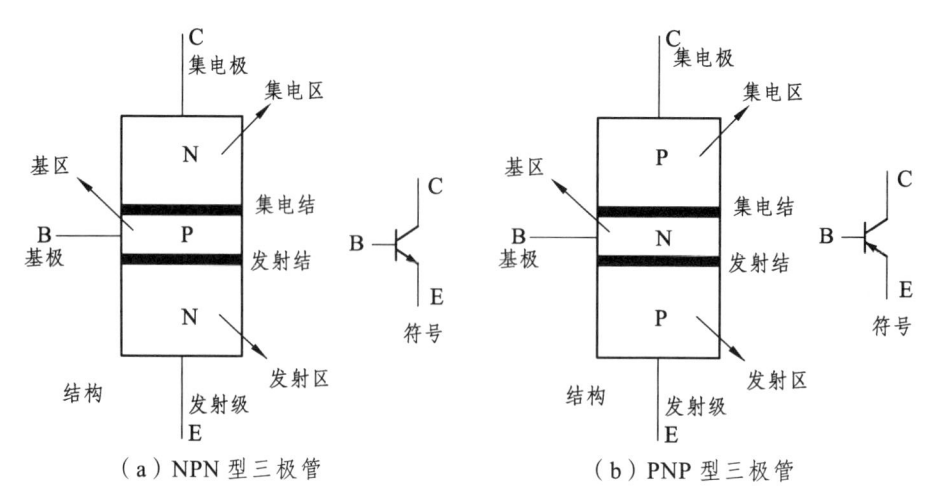

（a）NPN 型三极管　　　　（b）PNP 型三极管

图 1-1-42　三极管结构图

三极管有 2 个 PN 结、3 个区，分别为基区、集电区和发射区。三个极分别为发射极、集电极和基极。在三极管的符号中，射极上标有箭头，代表电流方向。

2. 三极管的电流放大作用

三极管的基本特性是电流放大性。

三极管具有电流放大能力的基本条件：发射结处于正向偏置状态，集电结处于反偏状态，基极电流有一个很小的变化，集电极电流就有一个较大的变化，这就是三极管的交流电流放大性。

3. 三极管的电流放大倍数

$$\overline{\beta} = \frac{I_C}{I_B}, \quad \beta = \frac{\Delta I_C}{\Delta I_B}$$

对于一般三极管而言，在低频状态运用时，其 $\overline{\beta} \approx \beta$，因而没有必要区分 $\overline{\beta}$ 和 β。

4. 三极管的偏置电路

为三极管的各极提供工作电压的电路叫偏置电路，它由电源和电阻构成。NPN 管和 PNP 管的基本偏置电路分别如图 1-1-43（a）（b）所示。

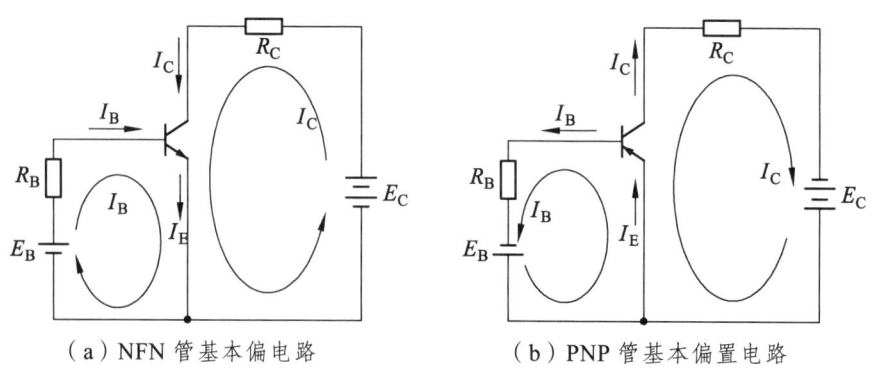

（a）NFN 管基本偏电路　　　　（b）PNP 管基本偏置电路

图 1-1-43　三极管偏置电路

5. 常见三极管管脚识别

常见三极管管脚识别如图 1-1-44 所示。

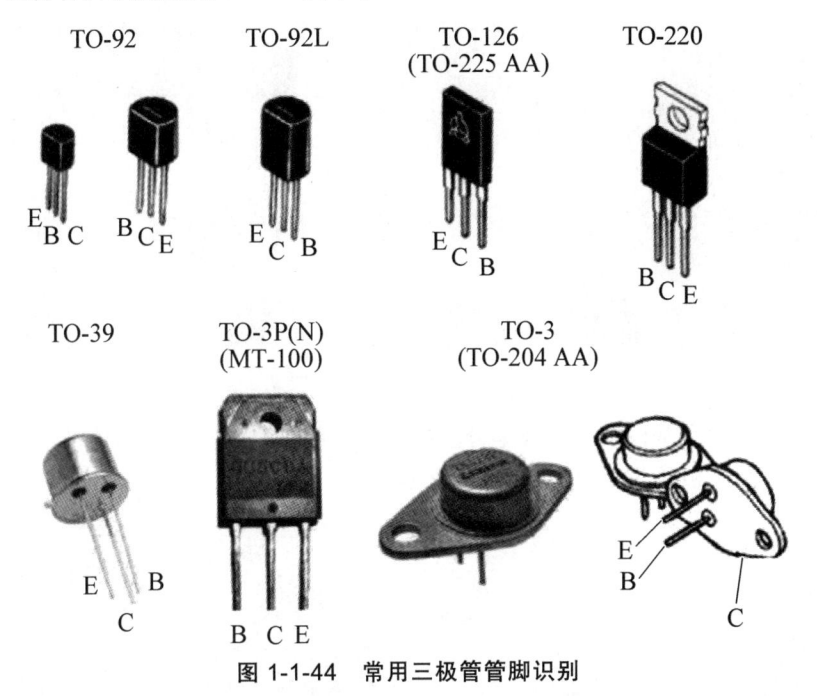

图 1-1-44 常用三极管管脚识别

根据型号标识查阅引脚功能识别三极管引脚的方法如图 1-1-45 所示。

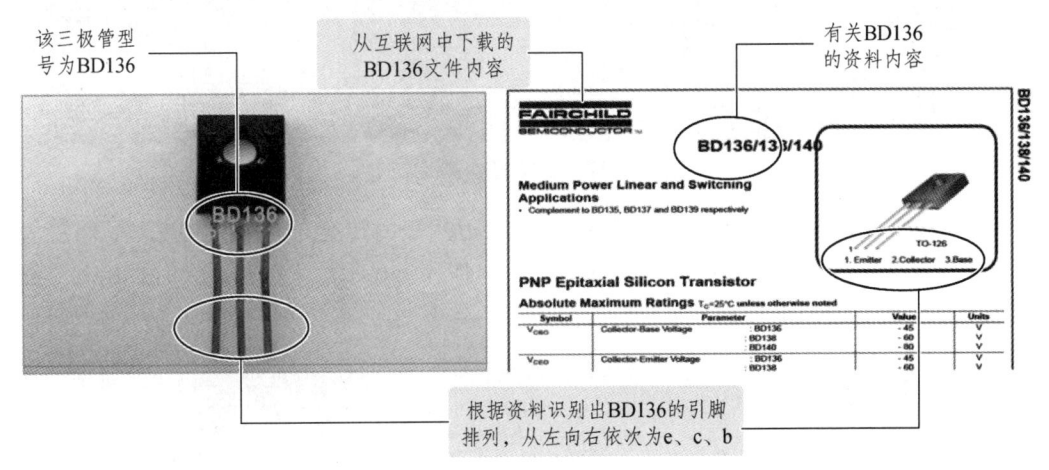

图 1-1-45 根据型号标识查阅三极管引脚

6. 三极管的检测

具体步骤：

（1）判定基极：用数字万用表二极管挡测量三极管三个电极中每两个极之间的正、反向电阻值。当用第一根表笔接某一电极，而第二表笔先后接触另外两个电极均测得低阻值时，则第一根表笔所接的那个电极即为基极 b。

（2）判定三极管类型：注意万用表表笔的极性，如果红表笔接的是基极 b，黑表笔分别接在其他两极时,测得的阻值都较小,则可判定基极假设正确,被测三极管为 NPN 型管(见图 1-1-46)。

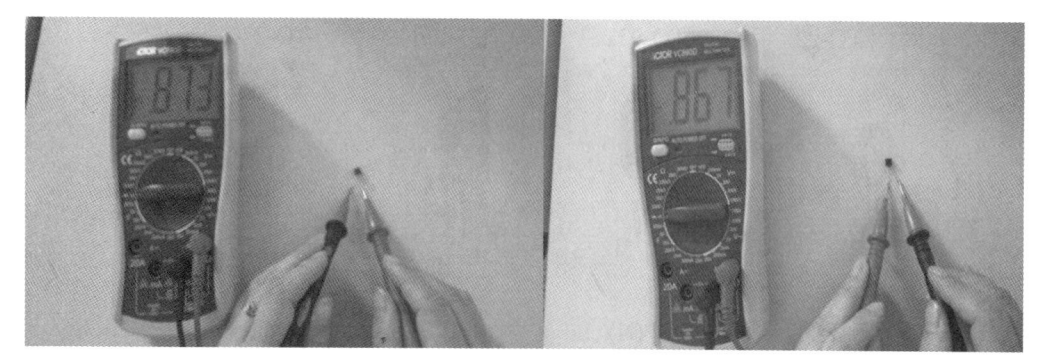

图 1-1-46　三极检测(一)

如果黑表笔接的是基极 b,红表笔分别接触其他两极时,测得的阻值较小,则可判定基极假设正确,被测三极管为 PNP 型管(见图 1-1-47)。

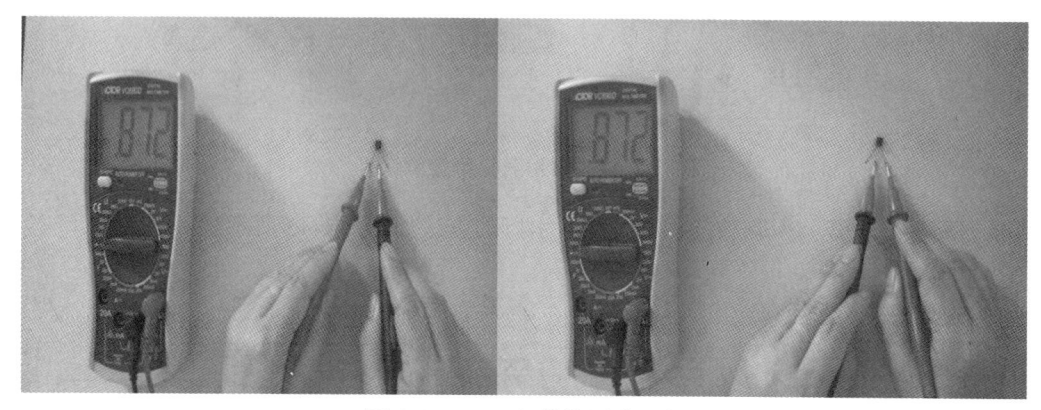

图 1-1-47　三极管检测(二)

(3)在确定了三极管的基极和管型后,将数字万用表的转换开关打到 HFE 挡,将三极管的基极按照基极的位置和管型插入万用表右上脚的插孔,显示放大倍数最大时,相对应插孔的电极即是三极管的集电极和发射极管(见图 1-1-48)。

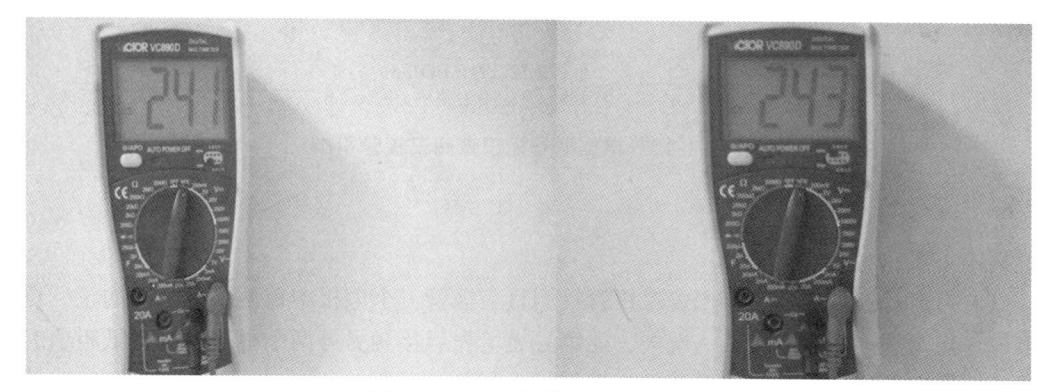

图 1-1-48　三极管检测(三)

26

常用三极管引脚的排列方式具有一定的规律，对于中小功率塑封式三极管，使其平面朝向自己，三个引脚朝下放置，则从左到右依次为 e、b、c。

任务实施

一、电路板及元件

从图 1-1-49 电路板上找出色环电阻、可调电阻器、电解电容器、无极性电容器、发光二极管、普通二极管、三极管。

图 1-1-49　电路板

二、元器件识别与测量（见表 1-1-3）

表 1-1-3　常用电子元器件识别与测量

项目	步骤	识别与测量
电阻器	1. 找到一只五环色标电阻器； 2. 用色环识别方法识别出该电阻的标称阻值及误差值； 3. 用万用表欧姆挡测量实际电阻值； 4. 识别该电阻器实际电阻值是否在标称阻值范围内，判别该电阻器是正常、短路、断路还是阻值偏离	黄 紫 黑 黄 棕　——　470×10 000 误差±1% =4.7 MΩ
可调电阻器	1. 找到一只标 502 的可调电阻器； 2. 用数标识别方法识别出该可调电阻器的标称阻值； 3. 用万用表欧姆挡测量实际电阻值和可变电阻值； 4. 识别该可调电阻器实际电阻值是否在标称阻值范围内，判别该可调电阻器正常、短路、断路还是阻值偏离、抖动	可调电阻器　调整旋钮　动片引脚　定片引脚 502 代表 50×100 = 5 kΩ

27

名称	步骤	图示
电解电容器	1. 找到一只电解电容器； 2. 用数标识别方法识别出该电解电容器的标称容量和耐压值； 3. 用万用表电容挡测量实际容量值，用万用表欧姆挡测量充放电现象； 4. 识别该电解电容器实际容量值是否在标称值范围内，判别该电解电容器是正常、短路、断路还是容值偏离、漏电	标称电容量为2 200 μF；正极引脚；电容器的额定工作电压值为25 V；负极引脚；允许偏差为±20%；最高工作温度为+85 ℃
普通电容器	1. 找到一只普通电容器； 2. 用数标识别方法识别出该电容器的标称容量和耐压值； 3. 用万用表电容挡测量实际容量值，用万用表欧姆挡测量充放电现象； 4. 识别该电容器实际容量值是否在标称值范围内，判别该电解电容器正常、短路、断路还是容值偏离、漏电	瓷介电容器；102（10×100 PF）=1 000 PF=0.001 μF
发光二极管	1. 找到一只发光二极管； 2. 用识别方法识别出该发光二极管的正负极； 3. 用万用表二极管挡测量出发光二极管的正负极； 4. 识别该发光二极管是否符合二极管的单向导电性，判别该发光二极管正常、短路、断路、漏电	小块为正极；大块为负极；短脚为负极；长脚为正极
普通二极管	1. 找到一只普通二极管； 2. 用识别方法识别出该普通二极管的正负极； 3. 用万用表二极管挡测量出普通二极管的正负极； 4. 识别该普通二极管是否符合二极管的单向导电性，判别该普通二级管是正常、短路、断路还是漏电	IN1007；白色环为负极，另一边为正极；DO-41
NPN型三极管	1. 找到一只三极管； 2. 用识别方法识别出该三极管的参数； 3. 用万用表二极管挡测量出三极管的基极和NPN，测量出集电极和发射极； 4. 识别该三极管是否符合三极管的放大特性，判别该三极管是正常、短路、断路还是漏电	9013为NPN型；e b c
PNP型三极管	1. 找到一只三极管； 2. 用识别方法识别出该三极管的参数； 3. 用万用表二极管挡测量出三极管的基极和PNP，测量出集电极和发射极； 4. 识别该三极管是否符合三极管的放大特性，判别该三极管是正常、短路、断路还是漏电	e b c；9012为PNP型

任务评价

序号	主要内容		考核要求	评分标准	配分	自我评价	小组互评	教师评价
1	职业素质	劳动纪律	按时上下课,遵守实训现场规章制度	上课迟到、早退、不服从指导老师管理,或不遵守实训现场规章制度扣1~5分	5			
		工作态度	认真完成学习任务,主动钻研专业技能	上课学习不认真,不能按指导老师要求完成学习任务扣1~7分	5			
		职业规范	遵守电工操作规程及规范	不遵守电工操作规程及规范扣1~5分	5			
2	明确任务		填写工作任务相关内容	工作任务内容填写有错扣1~5分	5			
3	工作准备		按考核图提供的电路元器件,查出单价并计算元器件的总价,填写在元器件明细表中	元件选择错误扣1~5分	5			
4	任务实施	万用表使用	1.能准确检查万用表; 2.能正确使用欧姆挡、电容挡、二极管挡	1.检查万用表不正确扣2分; 2.万用表挡位不会调每处扣0.5分; 3.表棒使用不规范扣2分; 4.万用表挡位测量不准确每处扣1分,扣完为止	10			
		选择正确及填写	1.各元器件的选择正确、分类正确、填写资料正确、无安全隐患; 2.美观度要求	1.电阻器元件选择不对、填写不对,每处扣2分; 2.电容器元件选择不对、填写不对,每处扣2分; 3.二极管元件选择不对、填写不对,每处扣2分; 4.三极管元件选择不对、填写不对,每处扣2分	20			
		计算分析及测量	分析计算思路正确,能正确测量,能准确使用仪器测量元件	1.计算错误每处扣1分,测量错误每处扣5分; 2.万用表使用错误每次扣3分,损坏仪器本项目0分	40			
5	创新能力		工作思路、方法有创新	工作思路、方法没有创新扣5分	5			
				合计	100			
备注				指导教师 签字		年 月 日		

【任务测评】

1. 用万用表的欧姆挡对二极管进行正反两次测量，若两次读数都为∞，则此二极管（　　）；若两次读数都接近于零，则此二极管（　　）。

   A. 短路　　　　　　B. 完好　　　　　　C. 开路　　　　　　D. 无法判断

2. 用万用表 R×1k 电阻挡测某一个二极管时，发现其正、反电阻均近于 1000 kΩ，这说明该二极管（　　）。

3. 稳压二极管电路如图 1-1-50 所示，稳压二极管的稳压值 U_Z = 6.3 V，正向导通压降 0.7 V，则 U_o 为（　　）。

   A. 6.3 V　　　　　B. 0.7 V　　　　　C. 7 V　　　　　　D. 14 V

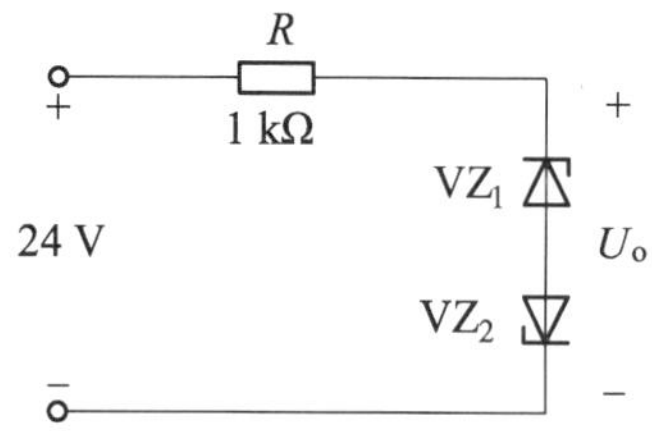

图 1-1-50　题 3 图

4. 电容器的作用是（　　）。

   A. 隔直通交　　　　B. 隔交通直　　　　C. 以上均不正确

5. 三极管基本放大电路三种接法中，电压放大倍数最小的是（　　）。

   A. 共发射极电路　　B. 共集电极电路　　C. 共基极电路　　D. 无法判断

6. NPN 型三极管和 PNP 三极管的区别为（　　）。

   A. 由两种不同材料组成　　　　　　　　B. 掺入杂质不同

   C. P 区和 N 区的位置不同　　　　　　　D. 工作特性不同

7. 发光二极管的开启电压与击穿电压同普通二极管的开启电压与击穿电压相比（　　）。

   A. 开启电压低些，击穿电压低些　　　　B. 开启电压低些，击穿电压高些

   C. 开启电压高些，击穿电压低些　　　　D. 开启电压高些，击穿电压高些

8. 可调电阻器电阻体上标"502"，则该可调电阻器标称阻值为（　　）。

   A. 502 Ω　　　　　B. 5 000 Ω　　　　C. 50 Ω　　　　　D. 500 Ω

9. 四环电阻器电阻体上色环为"棕 红 红 金"，则该电阻器标称阻值为（　　）。

   A. 102 Ω，±5%　　　　　　　　　　　B. 1 200 Ω，±10%

   C. 1 200 Ω，±5%　　　　　　　　　　D. 122 Ω，±5%

10. 瓷片无极性电容器标"102"，则该电容器标称容量为（　　）。

    A. 102 F　　　　　B. 1 000 μF　　　　C. 1 000 nF　　　　D. 1 000 pF

任务二　电烙铁钎焊使用

任务描述

1. 任务概述

在电路板制作过程中,元器件的连接处需要焊接。焊接的质量对制作的质量影响极大,所以,学习电子电路制作技术,必须掌握焊接技术,练好焊接基本功。

2. 任务目标

(1) 掌握手工焊接的基本工具知识。
(2) 练习电子元件安装焊接实践技能。
(3) 熟练掌握手工电烙铁焊接五步骤。

3. 任务电路

本任务所用的贴片焊接电路板如图 1-2-1 所示。

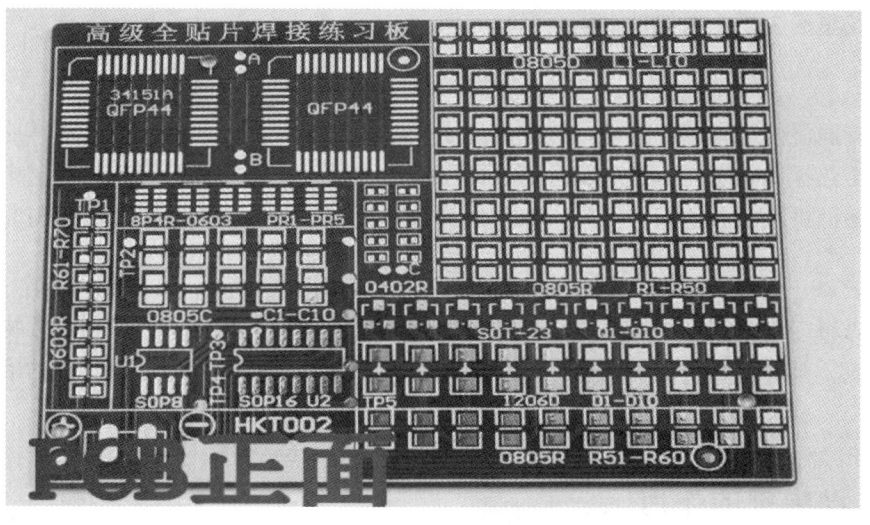

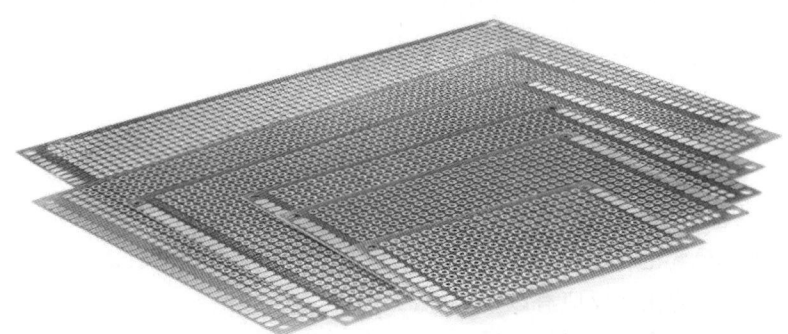

图 1-2-1　多孔单面焊接电路板

知识链接

一、焊接原理

锡焊是一门科学，其原理是通过加热的烙铁将固态焊锡丝加热熔化，再借助于助焊剂的作用，使其流入被焊金属之间，待冷却后形成牢固可靠的焊接点。

当焊料为锡铅合金，焊接面为铜时，焊料先对焊接表面产生润湿，伴随着润湿现象的发生，焊料慢慢向金属铜扩散，在焊料与金属铜的接触面形成附着层，使两则牢固地结合起来。所以焊锡是通过润湿、扩散和冶金结合这三个物理、化学过程来完成的。

1. 润　湿

润湿过程是指已经熔化了的焊料借助毛细管力沿着母材金属表面细微的凹凸和结晶的间隙向四周漫流，从而在被焊母材表面形成附着层，使焊料与母材金属的原子相互接近，达到原子引力起作用的距离。

引起润湿的环境条件：被焊母材的表面必须是清洁的，不能有氧化物或污染物。

形象比喻：把水滴到荷花叶上形成水珠，就是水不能润湿荷花。把水滴到棉花上，水就渗透到棉花里面去了，也就是水能润湿棉花。

2. 扩　散

伴随着润湿的进行，焊料与母材金属原子间的相互扩散现象开始发生。通常原子在晶格点阵中处于热振动状态，一旦温度升高，原子活动加剧，使得熔化的焊料与母材中的原子相互越过接触面进入对方的晶格点阵。原子的移动速度与数量取决于加热的温度与时间。

3. 冶金结合

由于焊料与母材相互扩散，在两种金属之间形成了一个中间层——金属化合物，要获得良好的焊点，被焊母材与焊料之间必须形成金属化合物，从而使母材达到牢固的冶金结合状态。

二、助焊剂的作用

助焊剂（FLUX）这个字来自拉丁文"流动"（Flow in Soldering）。助焊剂主要功能如下。

1. 化学活性（Chemical Activity）

要达到一个好的焊点，被焊物必须要有一个完全无氧化层的表面，但金属一旦暴露于空气中会生成氧化层，这种氧化层无法用传统溶剂清洗，此时必须依赖助焊剂与氧化层起化学作用，当助焊剂清除氧化层之后，干净的被焊物表面才可与焊锡结合。

助焊剂与氧化物的化学反应有以下几种：

（1）相互化学作用形成第三种物质。

（2）氧化物直接被助焊剂剥离。

（3）上述两种反应并存。

松香助焊剂去除氧化层，即是第一种反应。松香主要成分为松香酸（Abietic Acid）和异构双萜酸（Isomeric diterpene acids），当助焊剂加热后与氧化铜反应，形成铜松香（Copper abiet），这是呈绿色透明状的物质，易溶入未反应的松香内与松香一起被清除，即使有残留，也不会腐蚀金属表面。

氧化物暴露在氢气中的反应，即是典型的第二种反应，在高温下氢与氧发生反应成水，减少氧化物，这种方式常用在半导体零件的焊接上。

几乎所有的有机酸或无机酸都有能力去除氧化物，但大部分都不能用来焊锡，助焊剂除了具有去除氧化物的功能外还有其他功能，这些功能是焊锡作业时必须考虑的。

2. 热稳定性（Thermal Stability）

当助焊剂在去除氧化物反应的同时，必须还要形成一个保护膜，防止被焊物表面再度氧化，直到接触焊锡为止。所以助焊剂必须能承受高温，在焊锡作业的温度下不会分解或蒸发，如果分解则会形成溶剂不溶物，难以用溶剂清洗。W/W级的纯松香在280℃左右会分解，此应特别注意。

3. 助焊剂在不一样温度下的活性

好的助焊剂不只是要求热稳定性，在不一样温度下的活性亦应考虑。助焊剂的功能即是去除氧化物，通常在某一温度下效果较佳，例如RA的助焊剂，除非温度达到某一程度，氯离子不会解析出来清理氧化物，当然此温度必须在焊锡作业的温度范围内。

当温度过高时，亦可能降低其活性。如松香在超过600 ℉（315℃）时，几乎无任何反应。也可以利用此特点，将助焊剂活性纯化以防止腐蚀现象，但在使用时要特别注意受热时间与温度，以确保活性纯化。

三、焊锡丝的组成与结构

我们运用的有铅SnPb(Sn63%，Pb37%)的焊锡丝和无铅SAC(sn96.5%，ag3.0%，cu0.5%)的焊锡丝里面是空心的，这是为了储存助焊剂（松香），以便在加焊锡的同时能均匀的加上助焊剂。对于有铅锡丝来说，根据SnPb的成分比率不一样，其主要用途也不一样。

焊锡丝的作用：达到元件在电路上的导电要求和元件在PCB板上的固定要求。

四、电烙铁的基本结构

电烙铁包括：手柄、发热丝、烙铁头、电源线、恒温控制器、烙铁头清洗架。

电烙铁的作用：焊接电子原件、五金线材及其他一些金属物体。

使用重点：电烙铁头的形状直接影响到焊接效果，针对不同的焊点，电烙铁头的形状与尺寸的选择也不相同。

1. 工作面形状选择

铜烙铁头有斜面、凿式和尖凿式、楔式和半楔式以及斜面复合式几种基本形状（见图1-2-2）。烙铁头的形状要适应被焊物件面要求和产品装配的密度，应使它尖端的接触面积小于焊接处（焊盘）的面积。

（1）斜面形式的铜头只有一个平面，通常在焊接导线和接线柱的时候使用，焊接单面和双面印制电路板上不太密集的焊点，也适用于焊接 SMT 贴片元器件中的电容、电阻等引线间距大的元器件。

（2）圆锥式和尖锥式烙铁头常用于孔眼和杯状物焊接，适用于 PCB 焊接高密度的焊点和小而怕热的元器件，以及一些 DIP 封装的元器件；凿式和尖凿式烙铁头多用于电器维修中。

（3）当焊接对象变化大时，可选用适合于大多数情况的斜面复合式烙铁头。

（4）元器件密度大，需要选用尖细的铁合金头，避免烫伤和搭锡；装拆 IC 块，常使用特殊形状的烙铁头。

（5）有时因为焊接不到，以及在需要避免烫坏塑料元器件的情况下选用弯烙铁头。

各种铜烙铁头的形状选择还要依据个人的使用习惯而定。

图1-2-2　各种类型电烙铁头

2. 铜烙铁头直径、工作面尺寸及烙铁头的长度选择

铜烙铁头工作面的尺寸直接影响到焊接质量的好坏。由于铜烙铁头的温度受工作面尺寸影响，工作面要在考虑元器件材料、引线、元器件的大小和体积之后再做选择。铜烙铁头的工作面不是越大越好，适宜的尺寸为 2/3 倍于焊盘尺寸。

铜烙铁头的直径直接决定了烙铁头的热容量，一般对于处于同一温度下的两个烙铁头，直径较大的烙铁头的热容量比较大，热存储比较大；直径小的烙铁头的热容量比较小，热存储比较小。焊接较大焊点时需要选择直径大的电烙铁，一般来说合格的烙铁头的直径尺寸大小应该是能满足在其温度下降到低于产生良好焊点温度前能焊接好数个焊点的尺寸。一般铜头的直径应为焊盘尺寸的1.5倍。

铜头长度选择：铜头的长度指的是铜头伸出套筒的距离，伸出距离越短，温度越高。一般来说，烙铁头越长、越尖，热含量越低，焊接所需的时间越长；反之，烙铁头越短、越粗，则热含量越高，焊接所需的时间越短。烙铁头大的烙铁一般体积也大。要根据电子元器件的实际情况选择铜烙铁头。

如果仅使用一把电烙铁进行焊接，而且还需要不同温度，可以利用烙铁头插入烙铁芯深浅不同的方法调节烙铁头的温度。烙铁头从烙铁芯拉出的距离越长，烙铁头的温度相对来说越低，反之温度就越高。也可以利用更换烙铁头的大小及形状来达到调节烙铁头温度的目的，烙铁头越长越细，相对温度越低；烙铁头越粗越短，相对温度越高。根据所焊接元器件种类可以选择适当形状的烙铁头。

任务实施

一、焊接电路板

1. 实物图（见图1-2-3）

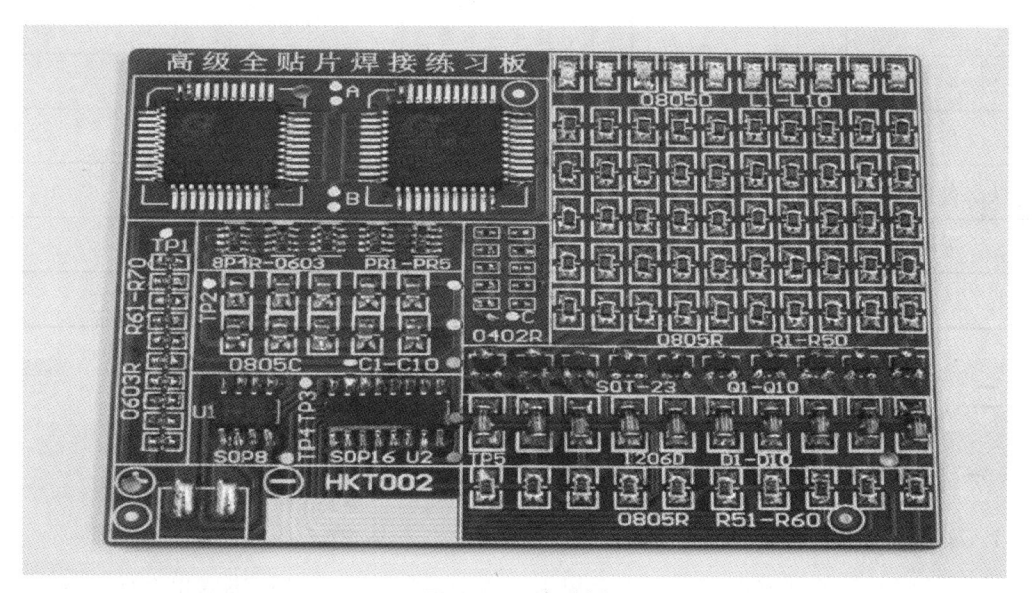

图1-2-3 电路板

2. 焊接原理

（1）准备。将被焊件、电烙丝、焊锡丝、烙铁架等准备好，并放置在便于操作的地方。焊接前将加热到能熔锡的烙铁头放在松香或蘸水海绵上轻轻擦拭，以除去氧化物残渣；然后把少量的焊料和助焊剂加到清洁的烙铁头上，让烙铁随时处于可焊接状态。

（2）加热被焊件。将烙铁头放置在被焊件的焊接点上，使接点升温。若烙铁头上带有少量焊料（在准备阶段时带上），可使烙铁头的热量较快地传到焊点上。

（3）熔化焊料。将焊接点加热到一定温度后，用焊锡丝触到焊接处，熔化适量的焊料。焊锡丝应从烙铁头的对称侧加入，而不是直接加在烙铁头上。

（4）移开焊锡丝。当焊锡丝适量熔化后，应迅速移开焊锡丝。

（5）移开烙铁。当焊接点上的焊料流散接近饱满，助焊剂尚未完全挥发，也就是焊接点上的温度最适当、焊锡最光亮、流动性最强的时候，迅速拿开烙铁头。移开烙铁头的时机、方向和速度，决定着焊接点的焊接质量。正确的方法是先慢后快，烙铁头沿45°角方向移动，并在将要离开焊接点时快速往回一带，然后迅速离开焊接点。

注：对热容量小的焊件，可以用三步焊接法，即焊接准备 → 加热被焊部位并熔化焊料 → 撤离烙铁和焊料。

3. 元件清单（见表1-2-1）

表1-2-1 元件清单

编号	名称	规格	数量	单价
1	万能板	8 mm×8 mm	1块	
2	贴片焊接训练板	8 mm×8 mm	1块	
3	焊接材料	焊锡丝、松香助焊剂、连接导线等	1套	
4				
5				
6				
7				

二、焊接步骤与评判

（一）直插式电子元件焊接步骤

1. 清除焊接部位的氧化层

（1）可用断锯条制成小刀。刮去金属引线表面的氧化层，使引脚露出金属光泽（见图1-2-4）。

（2）印刷电路板可用细纱纸将铜箔打光后，涂上一层松香酒精溶液。

2. 元件镀锡

在刮净的引线上镀锡。可将引线蘸一下松香酒精溶液后，将带锡的热烙铁头压在引线上，并转动引线，即可使引线均匀地镀上一层很薄的锡层。导线焊接前，需将绝缘外皮剥去，再经过上面两项处理,才能正式焊接。若是多股金属丝的导线,打光后应先拧在一起,然后再镀锡(见图 1-2-5)。

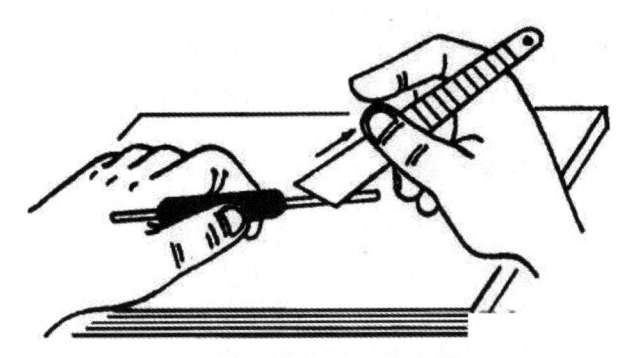

图 1-2-4　刮光金属引线表面的氧化层

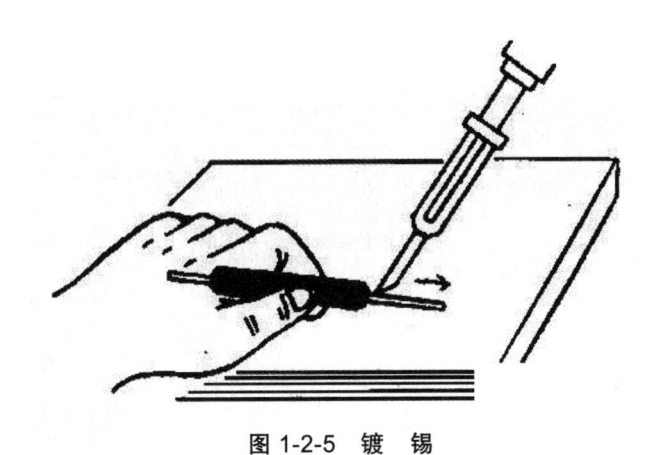

图 1-2-5　镀　锡

3. 焊接方法(见图 1-2-6)

做好焊前处理之后,就可正式进行焊接。

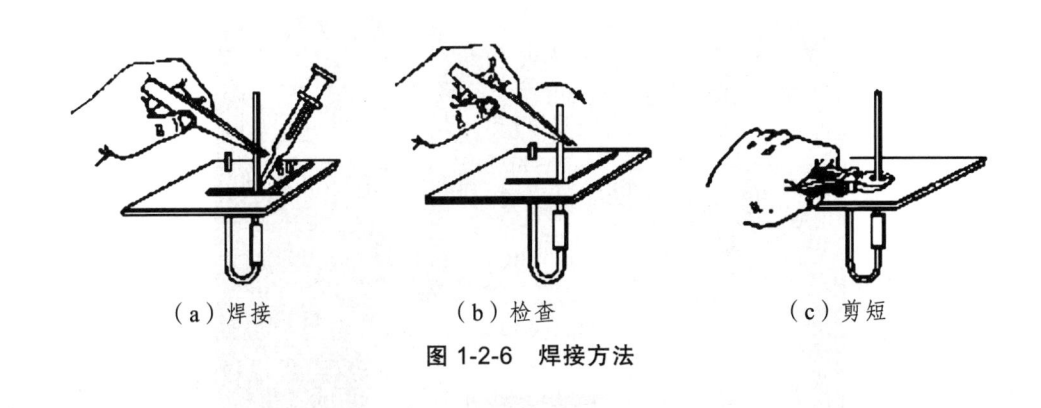

(a)焊接　　　　　　(b)检查　　　　　　(c)剪短

图 1-2-6　焊接方法

（1）右手持电烙铁，左手用尖嘴钳或镊子夹持元件或导线。焊接前，电烙铁要充分预热。烙铁头刃面上要"吃锡"，即会带上一定量的焊锡。

（2）将烙铁头刃面紧贴在焊点处，与水平面大约呈 60°角，以便熔化的锡从烙铁头上流到焊点上。烙铁头在焊点处停留的时间控制在 2~3 s。

（3）抬起烙铁头，左手仍持元件不动，待焊点处的锡冷却凝固后，方可松开左手。

（4）用镊子转动引线，确认不松动，然后用偏口钳剪去多余的引线。

（二）普通贴片元件焊接步骤

对于普通贴片电容器（表面颜色为灰色、棕色、土黄色、淡紫色和白色等），焊接的方法与焊接贴片电阻器相同，可参考贴片电阻器的焊接方法，这里不再赘述。对于上表面为银灰色、侧面为多层深灰色的涤纶贴片电容器和其他不耐高温的电容器，不能用热风枪加热，而要用电烙铁进行焊接，因为用热风枪加热可能会损坏电容器。

具体焊接方法：

（1）在电路板的两个焊点上涂上少量焊锡，用电烙铁加热焊点，当焊锡熔化时迅速移开电烙铁，这样可以使焊点光滑，如图 1-2-7 所示。

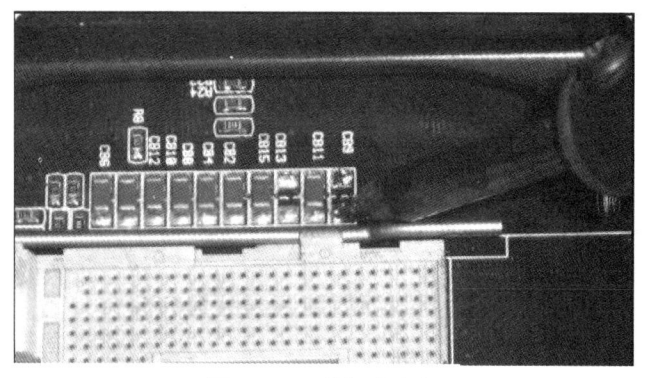

图 1-2-7　给焊点上锡

（2）用镊子夹住电容器放正并下压，再用电烙铁加热一端焊好，然后用电烙铁加热另一个焊点，这时不要再下压电容器以免损坏第一个焊点，如图 1-2-8 所示。

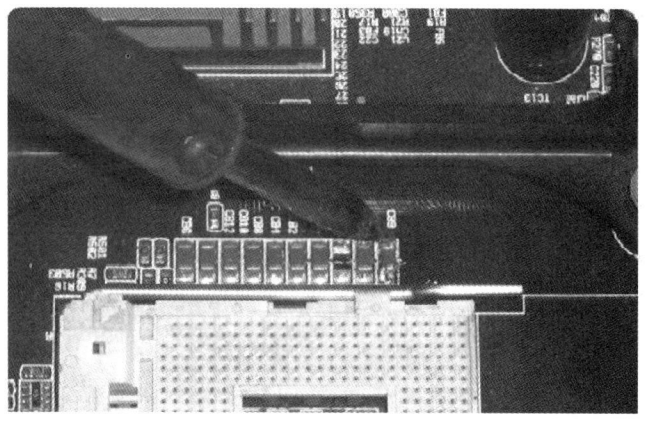

图 1-2-8　给焊点加热

提示：采用上述方法焊接的电容器一般不太美观，如果要焊得漂亮，可以将电路板上的焊点用吸锡线将锡吸净，再分别焊接。如果焊锡少可以用电烙铁尖从焊锡丝上带一点锡补上；如果体积小，不要把焊锡丝放到焊点上，用电烙铁加热取锡，以免焊锡过多引起连锡。

（三）焊接四面引脚贴片集成电路步骤

四面引脚贴片集成电路的焊接方法：
（1）选择刀口电烙铁将电烙铁的温度调至 350 ℃。
（2）向贴片集成电路的引脚上蘸少许焊锡膏。
（3）用镊子将集成电路放在电路板中的焊接位置并按紧，然后用电烙铁将集成电路4个面各焊一个引脚，如图 1-2-9 所示。

图 1-2-9　固定集成电路

（4）焊接采用拖焊技术，焊好四个面。检查一下有无焊接短路的引脚，如果有，用电烙铁修复，同时为贴片集成电路加补焊锡，如图 1-2-10 所示。

图 1-2-10　给集成电路加补焊锡

（四）焊点评价

1. 焊接质量

焊接时，要保证每个焊点焊接牢固、接触良好。好的焊点如图 1-2-11（a）所示，锡点应光亮、圆滑而无毛刺，锡量适中，锡和被焊物融合牢固，不应有虚焊和假焊。虚焊是焊点处只有少量锡焊住，造成接触不良，时通时断。假焊是指表面上好像焊住了，但实际上并没有焊上，有时用手一拨，引线就可以从焊点中拔出。这两种情况将给电路的调试和检修带来极大的困难。只有经过大量的、认真的焊接实践，才能避免这两种情况。焊接电路板时，一定要控制好时间，时间太长，会造成焊锡过量、电路板被烧焦或铜箔脱落；时间太短，焊锡过少，焊点易虚焊。

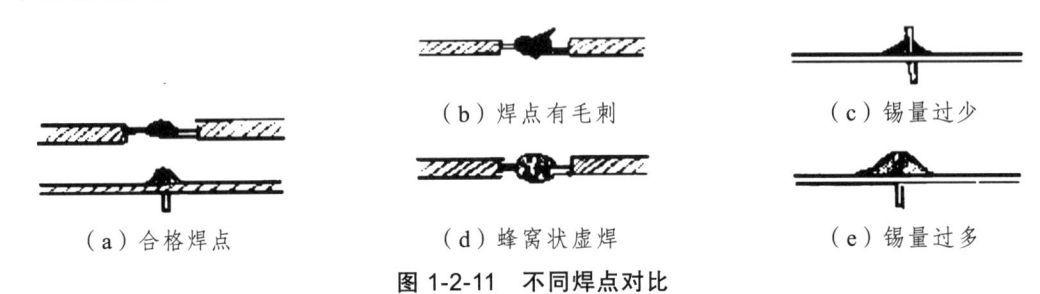

（a）合格焊点　　（b）焊点有毛刺　　（c）锡量过少
（d）蜂窝状虚焊　　（e）锡量过多

图 1-2-11　不同焊点对比

2. 焊接任务清单（见表 1-2-2）

表 1-2-2　焊接任务清单

任务电路		第　　组	组长		完成时间	
基本焊接任务	根据所给电路板，绘制焊接实物图					
电路板焊接要求	1. 用多孔板焊接					
		单个焊盘训练		直插元件焊接训练		
		多个焊盘连接焊接训练		直插集成块焊接训练		
	2. 贴片元件焊接					
		贴片电阻焊接训练		贴片电容焊接训练		
		贴片二极管焊接训练		四面集成块焊接训练		
	3. 焊接结果小结					

任务评价

序号	主要内容	考核要求	评分标准	配分	自我评价	小组互评	教师评价
1	职业素质	劳动纪律：按时上下课，遵守实训现场规章制度	上课迟到、早退、不服从指导老师管理，或不遵守实训现场规章制度扣1~5分	5			
		工作态度：认真完成学习任务，主动钻研专业技能	上课学习不认真，不能按指导老师要求完成学习任务扣1~7分	5			
		职业规范：遵守电工操作规程及规范	不遵守电工操作规程及规范扣1~5分	5			
2	明确任务	填写工作任务相关内容	工作任务内容填写有错扣1~5分	5			
3	工作准备	1. 按考核图提供的PCB板，准备相应的电烙铁 2. 检测设备的安全	1. 正确识别和使用电烙铁1~5分； 2. 使用时违反安全操作该项得零分	5			
4	任务实施	安装工艺：1. 按焊接操作工艺要求进行，会正确使用工具 2. 焊点应美观、光滑牢固、锡量适中匀称、万能板的板面应干净整洁，引脚高度基本一致	1. 电烙铁温度使用不正确扣5分； 2. 焊点不符合要求每处扣1分； 3. 桌面凌乱扣2分； 4. 电路板面有溅锡、有脏物每处扣1分	40			
		安装正确及美观：1. 各元器件的排列应牢固、规范、端正、整齐、布局合理、无安全隐患； 2. 美观度要求	1. 元件布局不合理安装不牢固，每处扣2分； 2. 元件安装不合理不规范，每处扣2分； 3. 元件引脚不一致每个扣0.5分； 4. 元件排列方向不一致每处扣1分； 5. 连接导线不是横平竖直每处扣1分	20			
		填写表格及展示：能正确填写表格，能正确表达自己的作品成果	1. 填写错误每处扣1分； 2. 小结不到位相应扣1~5分； 3. 展示作品不规范扣1~5分	10			
5	创新能力	工作思路、方法有创新	工作思路、方法没有创新扣5分	5			
备注			合计	100			
			指导教师签字			年　月　日	

任务测评

1. 根据作业指导书或样板的要求，该焊元件没焊，焊成其他元件叫（　　）。
   A. 焊反　　　　　　B. 漏焊　　　　　　C. 错焊
2. 加锡的顺序是（　　）。
   A. 先加热后放焊锡　B. 先放锡后焊　　　C. 锡和烙铁同时加入
3. 根据作业指导书或样板的要求，不该断开的地方断开叫（　　）。
   A. 短路　　　　　　B. 开路　　　　　　C. 连焊
4. 二极管在电路板上用（　　）表示。
   A. C　　　　　　　B. D　　　　　　　C. R
5. 电烙铁焊接完成后与被焊体约（　　）度角移开。
   A. 30　　　　　　　B. 45　　　　　　　C. 60

任务三　单相桥式整流滤波稳压电路的安装与调试

任务描述

1. 任务概述

用学过的电路知识，通过整流二极管、电容器、电阻器、稳压二极管、发光二极管等普通电子元件，组装成单相桥式整流滤波稳压电路。并能通过电路调试，测量电路的波形验证电路的原理。

2. 任务目标

（1）掌握整流电路、滤波电路、电阻降压电路的工作原理。
（2）练习电子元件安装焊接实践技能。
（3）熟练掌握常用仪器测量参数实践技能。

3. 任务电路

本任务所用的原理图与电路板如图 1-3-1 所示。

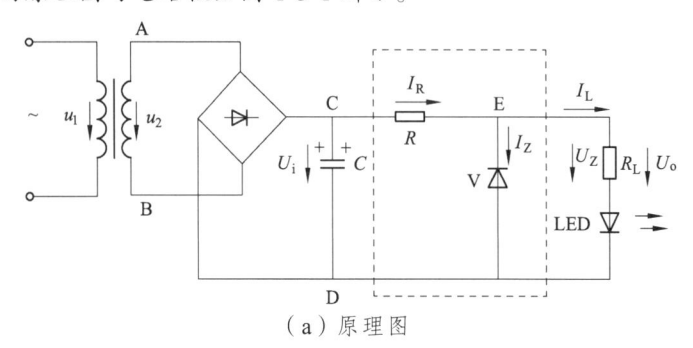

（a）原理图

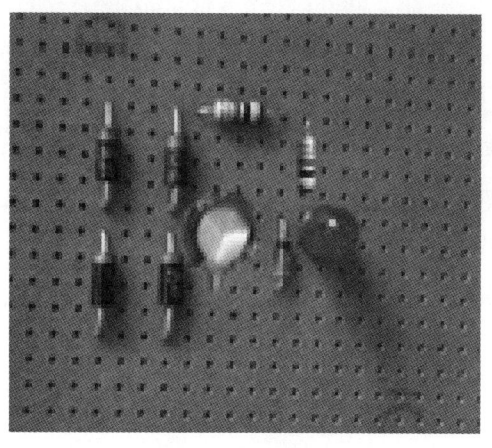

（b）电路板

图 1-3-1　单相桥式整流滤波稳压电路原理图与电路板

知识链接

一、单相桥式整流电路

整流电路的定义：整流电路是将交流电变为脉动直流电的电路。

整流电路的分类：整流电路分为单相整流电路和三相整流电路。单相整流电路常见的有单相半波整流电路、全波桥式整流电路

1. 半波整流电路

半波整流电路如图 1-3-2（a）所示，图（b）是它的整流波形。

整流二极管 VD 只让半周通过，在 R 上获得一个单向电压，实现了整流的目的。

半波整流方式的特点是：削掉半周、保留半周。若用 U_o 表示 u_o 的平均值，用 U_2 表示 u_2 的有效值，则 $U_o = 0.45 U_2$。

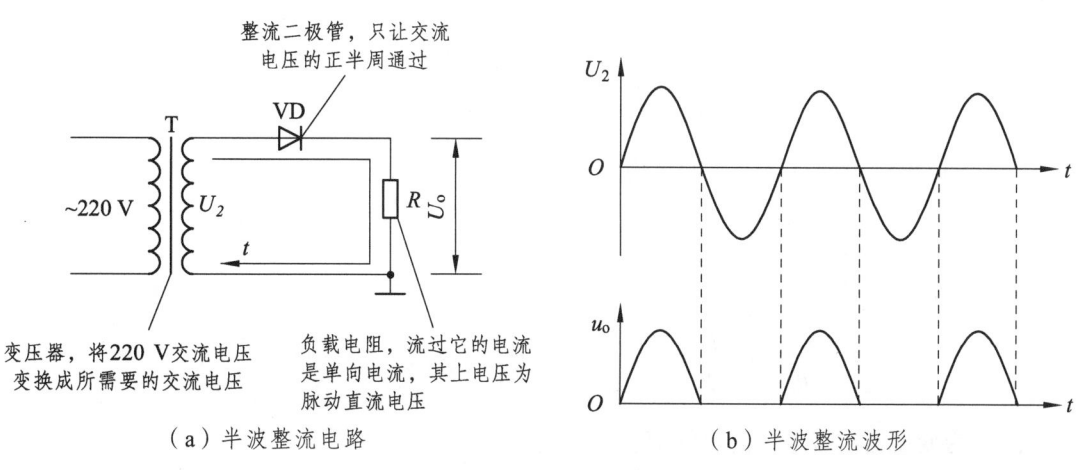

（a）半波整流电路　　（b）半波整流波形

图 1-3-2　半波整流电路

2. 桥式整流电路

用 4 只整流二极管按一定规律组成桥式电路。

1）单相桥式全波整流工作原理

（1）u_2 正半周时，如图 1-3-3（a）所示，a 点电位高于 b 点电位，则 VD_1、VD_3 导通（VD_2、VD_4 截止），电流自上而下流过负载 R_L。

（2）u_2 负半周时，如图 1-3-3（b）所示，a 点电位低于 b 点电位，则 VD_2、VD_4 导通（VD_1、VD_3 截止），电流自上而下流过负载 R_L。

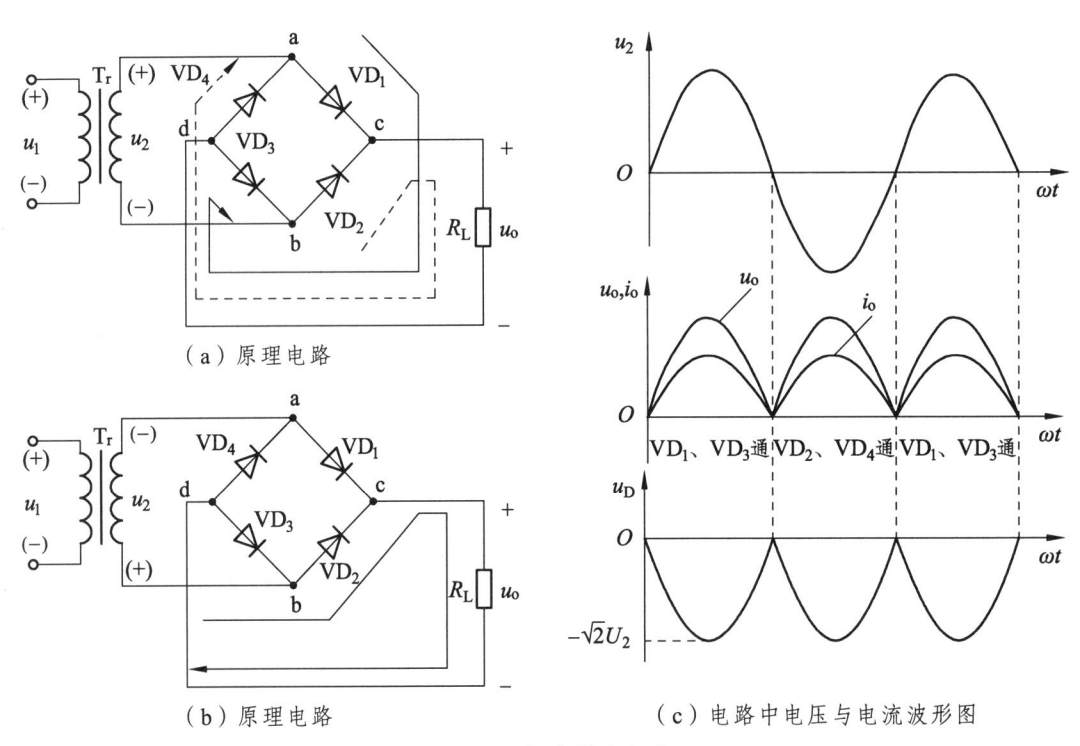

（a）原理电路

（b）原理电路

（c）电路中电压与电流波形图

图 1-3-3 桥式整流电路

2）负载获得的直流电压和电流

该直流电路输出的直流电压的平均值为

$$U_o \approx 0.9 U_2$$

负载电流的平均值为

$$I_o = \frac{U_o}{R_L} = 0.9 \frac{U_2}{R_L}$$

式中，U_2 为变压器次级电压的有效值。

3）整流二极管的选择原则

（1）流过二极管的平均电流。

$$\overline{I_\mathrm{V}} = \frac{1}{2}\overline{I_0} = \frac{0.45U_2}{R_\mathrm{L}}$$

（2）最大反向电压 U_RM

$$U_\mathrm{RM} = \sqrt{2}U_2$$

【例 1-3-1】 有一直流负载，需要直流电压 $U_\mathrm{L} = 60\,\mathrm{V}$，直流电流 $I_\mathrm{L} = 4\,\mathrm{A}$。若采用桥式整流电路，求电源变压器次级电压 U_2，并选择整流二极管。

解：因为 $U_\mathrm{L} = 0.9U_2$

所以 $U_2 = \dfrac{U_\mathrm{L}}{0.9} = \dfrac{60\,\mathrm{V}}{0.9} \approx 66.7\,\mathrm{V}$

流过二极管的平均电流

$$I_\mathrm{V} = \frac{1}{2}I_\mathrm{L} = \frac{1}{2}\times 4\,\mathrm{A} = 2\,\mathrm{A}$$

二极管承受的反向峰值电压

$$U_\mathrm{RM} = \sqrt{2}U_2 = 1.41\times 66.7 \approx 94\,\mathrm{V}$$

查晶体管手册，可选用整流电流为 3 A、额定反向工作电压为 100 V 的整流二极管 2CZ12A（3A/100 V）4 只。

二、滤波电容器

滤波电容器是一种储能器件，它常安装在整流电路输出的两端用以降低交流脉动波纹系数以提升高效平滑直流输出。

1. 滤波电容器的极性

滤波电容具有电极性，我们称其为电解电容。电解电容的一端为正极，另一端为负极，正极端连接在整流输出电路的正端，负极连接在电路的负端。在所有需要将交流电转换为直流电的电路中，设置滤波电容会使电子电路的工作性能更加稳定，同时也降低了交变脉动波纹对电子电路的干扰。

2. 滤波电路原理

滤波电路一般由电抗元件组成，如在负载电阻两端并联电容器 C 组成滤波电路（见图 1-3-4）。

1）电容滤波的特点

（1）R_L 越大，电容放电越慢，输出直流电压平均值越大，滤波效果也越好；反之，输出电压低且滤波效果差。

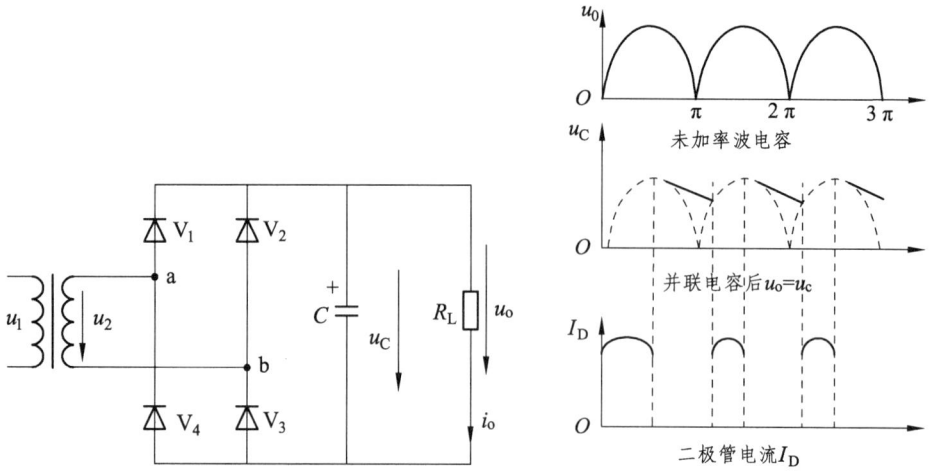

图 1-3-4　桥式整流滤波电路

（2）当滤波电容较大时，在接通电源的瞬间会有很大的充电电流，称为浪涌电流。

（3）电容滤波适用于负载电流较小且变化不大的场合。

2）电容滤波整流电路负载电压的估算

单相桥式整流电容滤电路输入交流电压有效值为 U_2 时，负载两端电压平均值，空载时为 $\sqrt{2}U_2$。带负载时约为 $1.2U_2$，整流二极管上的最大反向工作电压 $U_{RM} = \sqrt{2}U_2$，通过的平均电流为 $\frac{1}{2}I_L$。

【例1-3-2】 单相桥式整流电容滤波电路，要求输出直流电压为12 V，负载电流为50 mA，试选用合适的整流二极管和滤波电容容量。

解：（1）整流二极管的选择。

电源变压器二次侧绕组电压有效值为

$$U_2 = \frac{U_L}{1.2} = \frac{12}{1.2} = 10\ (\text{V})$$

流过每只二极管的平均电流为

$$I_F = \frac{1}{2}I_L = \frac{1}{2} \times 50 = 25\ (\text{mA})$$

每只二极管承受的最大反向电压为

$$U_{RM} = \sqrt{2}U_2 \approx 1.4 \times 10 \approx 14\ (\text{V})$$

查晶体管手册，可选用整流二极管 2CZ52B（$I_F = 100$ mA，$U_{RM} = 50$ V）。

（2）滤波电容的选择。

参考表1-3-1，可选用容量为220 μF，耐压为25 V 的电解电容。

表 1-3-1　滤波电容容量选取的参数值

输出电流	2 A	1 A	0.5~1 A	0.1~0.5 A	100 mA 以下	50 mA 以下
电容的容量 /μF	4000	2000	1000	470	220~470	220

三、并联型简单稳压电路

1. 电路组成

由稳压二极管 Dz 和限流电阻 R 所组成的稳压电路是一种最简单的直流稳压电源（见图 1-3-5）。从该稳压管稳压电路可以得到两个基本关系式：

$$U_i = U_r + U_o$$

$$I_r = I_{dz} + I_L$$

图 1-3-5　稳压电路

2. 稳压管的伏安特性

在稳压管稳压电路中，只要能使稳压管始终工作在稳压区，即保证稳压管的电流 $I_z < I_{dz} < I_{zm}$，输出电压 U_o 就基本稳定（见图 1-3-6）。

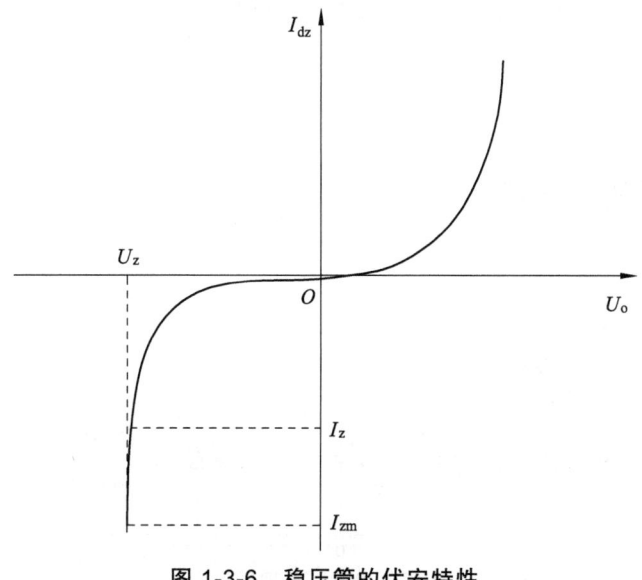

图 1-3-6　稳压管的伏安特性

3. 稳压原理

对于任何稳压电路都应该从两方面考察其稳压特性：电网电压波动和负载变化

1）电网电压波动

当电网电压升高时，稳压电路的输入电压 U_i 随之增大，输出电压 U_o 也随之按比例增大，由于 $U_o = U_z$，根据稳压管的伏安特性，U_z 的增大将使 I_{dz} 急剧增大，I_r 必然随之急剧增大，U_r 会同时随着 I_r 而急剧增大，而 U_r 增大必将会使输出电压 U_o 减少。因此，只要参数选择合适，R 上的电压增量就可以与 U_i 的增量近似相等，从而使 U_o 基本不变。简单描述如下：

$$电网电压\uparrow \to U_i\uparrow \to U_o(U_z)\uparrow \to I_{dz}\uparrow \to I_r\uparrow \to U_r\uparrow \to U_o\downarrow$$

当电网电压下降时，各电量的变化与上述过程相反。

可见，当电网电压变化时，稳压电路通过限流电阻 R 上电压的变化来抵消 U_i 的变化，即 $\Delta U_r \approx \Delta U_i$，从而使 U_o 不变。

（2）负载变化。

当负载电阻 RL 减少即负载电流 I_L 增大时，I_r 增大，U_r 也随之增大，U_o 必然下降，即 U_z 下降，根据稳压管的伏安特性，U_z 的下降使 I_{dz} 急剧减小，从而 I_r 随之急剧减小，从而 I_r 随之急剧减小。如果参数选择恰当，可使 $\Delta I_{dz} \approx -\Delta I_L$，使 I_r 基本不变，从而 U_o 也就基本不变。简单描述如下：

$$R_L\downarrow \to U_o(U_z)\downarrow \to I_{dz}\downarrow \to I_r\downarrow \to \Delta I_z \approx -\Delta I_L$$
$$\longrightarrow I_L\uparrow \longrightarrow I_r\uparrow \longrightarrow$$

显然，在电路中只要使 $\Delta I_z \approx -\Delta I_L$，就可以使 I_r 基本不变，从而保证 U_o 基本不变。

综上所述，在稳压二极管所组成的稳压电路中，利用稳压管所起的电流调节作用，通过限流电阻 R 上电压或电流的变化进行补偿来达到稳压目的。限流电阻 R 既限制稳压管中的电流使其正常工作，又与稳压管相配合以达到稳压的目的。

任务实施

一、原理图及工作原理

1. 原理图（见图 1-3-7）

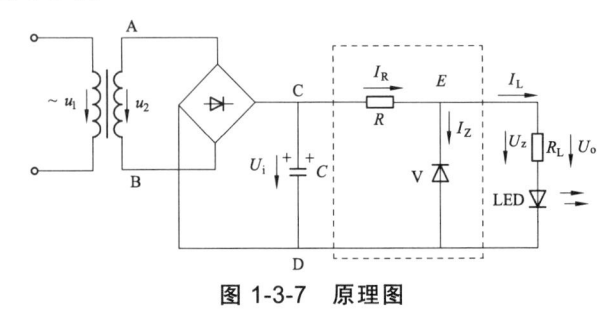

图 1-3-7 原理图

2. 工作原理

（1）交流电经降压变压器降压输出需要的交流电压，再经桥式整流电路将交流电转变为脉动直流电，脉动直流电经滤波电容器滤波，得到较平缓的直流电，再经稳压二极管稳压，输出一个稳定的直流电压。

（2）示波器如图 1-3-8 所示，其使用方法如下。

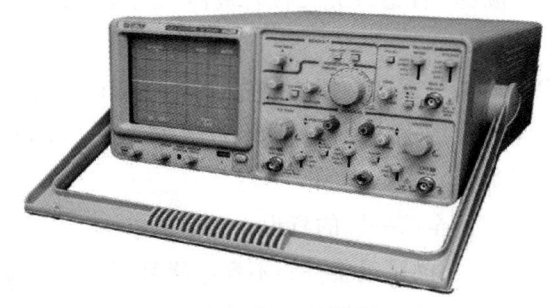

图 1-3-8 示波器

① 接通电源，电源指示灯亮，约 20 s 后屏幕光迹出现。如果 60 s 后还没有出现光迹，请重新检查控制旋钮的设置。

② 分别调节亮度、聚焦旋钮，使光迹亮度适中、清晰。

③ 调节通道 1 位移旋钮与光迹旋钮，使光迹与水平刻度平行。

④ 用探头将校正信号输入至通道 1（CH1）输入端。

⑤ 将 AC-GND-DC 开关设置在 AC 状态，此时屏幕上将出现校正方波。

3. 元件清单（见表 1-3-2）

表 1-3-2 元件清单

编号	名称	规格	数量	单价
1	万能板	8 mm×8 mm	1 块	
2	二极管	IN4007	4 只	
3	电阻	390 Ω、1 kΩ	2 只	
4	发光二极管	高亮白色	1 只	
5	稳压管	6.2 V	1 只	
6	电容器	220 μF	1 只	
7	焊接材料	焊锡丝、松香助焊剂、连接导线等	1 套	

二、安装与调试

1. 安装步骤

（1）4只二极管的负极在上、正极在下，安装滤波电容器，电解电容器正、负极不要接错，水平安装1 kΩ电阻，再安装稳压二极管，稳压二极管负极接电源正极、正极接电源负极，接上390 Ω的电阻与发光二极管。注意发光二极管极性。二极管安装时，呈90°角，悬空卧式垂直安装板面便于散热，间距为1~2 mm。

（2）连接线可用多余引脚或细铜丝，使用前先进行上锡处理，增强黏合性。

（3）连接线应遵循横平竖直的连线原则，同一焊点连接线不应超过2根。

（4）电路各焊接点应可靠、光滑、牢固。

（5）安装过程必须要有"安全第一"的意识，具体要求：

① 进入实训室前应将劳保用品穿戴整齐，不穿绝缘鞋一律不准进入实训场地。

② 电烙铁插头最好使用三极插头，使外壳妥善接地。

③ 电烙铁使用前应仔细检查电源线是否有破损现象，电源插头是否损坏，并检查烙铁头有无松动。

④ 焊接过程中，电烙铁不能随处乱放。不焊时，应放在烙铁架上。注意烙铁头不可碰到电源线，以免烫坏绝缘层发生短路事故。

⑤ 使用结束后，应及时切断电源，拔下电源插头，待烙铁冷却后放入工具箱。

⑥ 实训过程应执行7S管理标准，安全有序进行实训。

2. 调试步骤

（1）接入交流电源前，先用万用表欧姆挡测量"A和B""C和D""E和D"3点的阻值，有阻值代表正常。如果为0 Ω，代表短路，不能通电，必须排除短路点再通电。

（2）用前面学过的理论知识计算"A和B""C和D""E和D"3点电压值，并记录。

（3）接上合适的交流电源，用万用表合适的交流电压挡测量"AB"两端，测出输入电压值。并用示波器测出交流电源波形。

（4）用万用表直流电压挡测量CD两端，红表棒接E点，黑表棒接D点，测出直流电压值，并用示波器测量CD两点，记录波形。

（5）把滤波电容器断开，再用万用表和示波器分别用前面方法重新测量一遍，记下直流电压值和波形，与前面进行比较，得出结果。

（6）接上滤波电容器，用万用表直流电压挡测量ED两点，测出电压值，用示波器测量波形。

（7）用万用表测量发光二极管两端电压，并记录。

（8）如果通电时发光二极管正常发亮，所有测试点电压和波形与理论数值接近，则代表正常。

填写任务清单（见表1-3-3）。

表 1-3-3 任务清单

任务电路			第　　组 组长		完成时间	
基本电路安装	1. 根据所给电路原理图，绘制电路实物接线图。					
电路调试	1. 用万用表检测电路。 	A、B 两端计算电压		A、B 两端测量电压	
---	---	---	---
C、D 两端计算电压		C、D 两端测量电压	
断开电容 C、D 两端计算电压		断开电容 C、D 两端测量电压	
E、D 两端计算电压		E、D 两端计算电压	
发光二极管两端理想电压		发光二极管两端测量电压	| 2. 画出示波器，测出 A、B 两端和 C、D 两端的波形。 1）SEC/DIV： 2）VOLTS/DIV： 3）U_2： 4）U_z： 3. 测量结果小结：					

任务评价

序号	主要内容		考核要求	评分标准	配分	自我评价	小组互评	教师评价
1	职业素质	劳动纪律	按时上下课,遵守实训现场规章制度	上课迟到、早退、不服从指导老师管理,或不遵守实训现场规章制度扣1~5分	5			
		工作态度	认真完成学习任务,主动钻研专业技能	上课学习不认真,不能按指导老师要求完成学习任务扣1~7分	5			
		职业规范	遵守电工操作规程及规范	不遵守电工操作规程及规范扣1~5分	5			
2	明确任务		填写工作任务相关内容	工作任务内容填写有错扣1~5分	5			
3	工作准备		1. 按考核图提供的电路元器件,查出单价并计算元器件的总价,填写在元器件明细表中; 2. 检测元器件	正确识别和使用万用表检测各种电子元器件。 元件检测或选择错误扣1~5分	5			
4	任务实施	安装工艺	1. 按焊接操作工艺要求进行操作,会正确使用工具; 2. 焊点应美观、光滑牢固、锡量适中匀称,万能板的板面应干净整洁,引脚高度基本一致	1. 电烙铁使用不正确扣2分; 2. 焊点不符合要求每处扣0.5分; 3. 桌面凌乱扣2分; 4. 电路板面有溅锡、有脏物每处扣1分	10			
		安装正确及美观	1. 各元器件的排列应牢固、规范、端正、整齐、布局合理、无安全隐患; 2. 美观度要求	1. 元件布局不合理、安装不牢固,每处扣2分; 2. 元件安装不合理、不规范,每处扣2分; 3. 元件引脚不一致每个扣0.5分; 4. 元件排列方向不一致每处扣1分; 5. 连接导线不是横平竖直每处扣1分	20			
		计算分析及调试测量	分析计算思路正确,能正确调试,准确使用仪器测量电路	1. 计算错误每处扣1分,测量错误每处扣5分; 2. 测量波形错误每处扣5分; 3. 万用表使用错误每次扣3分,损坏仪器本项目0分; 4. 示波器使用错误每次扣3分,损坏仪器本项目0分; 5. 电路功能不完整少一处扣10分	40			
3	创新能力		工作思路、方法有创新	工作思路、方法没有创新扣5分	5			
备注				合计	100			
				指导教师签字		年 月 日		

任务测评

1. 利用稳压二极管给负载提供稳定电压时，一般要设_____。

2. 打开示波器后，应分别调节_____、旋钮_____，使光迹亮度适中、清晰。

3. 有一直流负载，需要直流电压 U_L = 50 V，直流电流 I_L = 2A。若采用桥式整流电路，则电源变压器次级电压 U_2 的电压为_____ V。

4. 在桥式整流电阻负载时，理想二极管承受的最高反压是_____。

5. 在单相桥式整流电容滤波电路中，若有一只整流管断开，输出电压平均值变为_____。

6. 稳压二极管电路如图 1-3-9 所示，稳压二极管的稳压值 U_Z = 6.3 V，正向导通压降 0.7 V，则 U_o 为（　　）。

    A. 6.3 V   B. 0.7 V   C. 7 V   D. 14 V

图 1-3-9 题 6 图

7. 单相桥式整流电容滤波电路输出电压平均值 U_o =（　　）U_2

    A. 0.45   B. 0.9   C. 1.2

8. 整流的目的是（　　）。

    A. 将交流变为直流   B. 将高频变为低频

    C. 将正弦波变为方波

9. 在单相桥式整流电路中，若有一只整流管接反，则（　　）。

    A. 输出电压约为 $2U_D$ B. 变为半波直流

    C. 整流管将因电流过大而烧坏

10. 直流稳压电源中滤波电路的目的是（　　）。

    A. 将交流变为直流   B. 将高频变为低频

    C. 将交、直流混合量中的交流成分滤掉

任务四　两级放大电路安装与调试

任务描述

1. 任务概述

当物品太微小而无法看清楚时，就需要用到放大镜放。在电子电路中，放大更是无处不在。若电子电路或设备具有把外界送给它的弱小电信号不失真地放大至所需数值并送给负载的能力，那么这个电路或设备就称为放大器。最典型的例子就是音响，它可以将微不可闻的声音进行放大。

本任务用三极管和电阻电容制作简单的语音放大电路，并练习基本的调试技能。

2. 任务目标

（1）掌握三极管的结构、符号、特性。

（2）会检测三极管的好坏，能用三极管设计放大电路。

（3）掌握基本放大电路的工作原理、主要特性和基本分析方法，能计算基本放大电路的静态工作点。

（4）掌握语音输入放大电路的原理，并能进行组装、调试和故障检修。

3. 任务电路

本任务所用的原理图与电路板如图 1-4-1 所示。

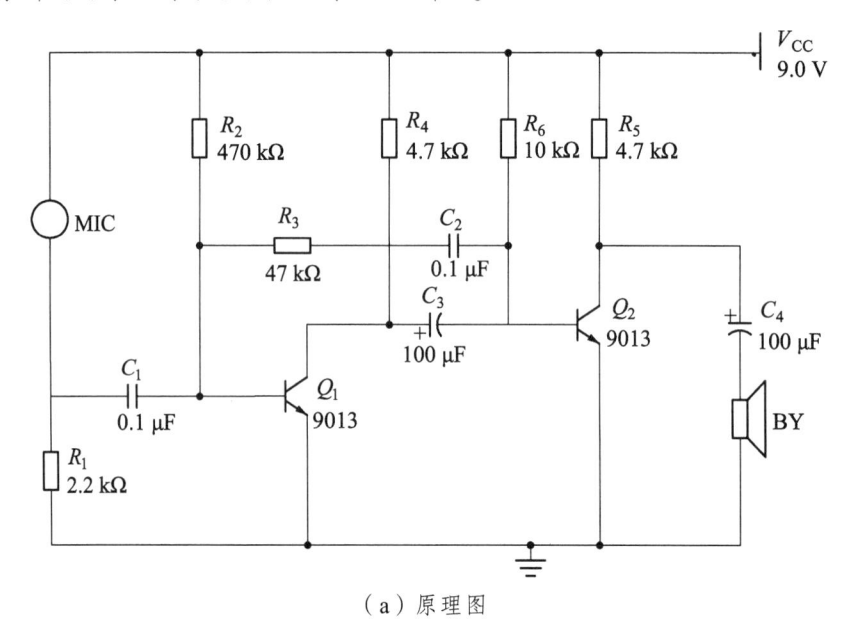

（a）原理图

（b）电路板

图 1-4-1　语音两级放大电路原理图与电路板

知识链接

一、三极管的应用

1. 三极管电流放大原理

三极管是一种电流放大器件，可制成交流或直流信号放大器，由基极输入一个很小的电流从而控制集电极输出很大的电流，如图 1-4-2 所示。

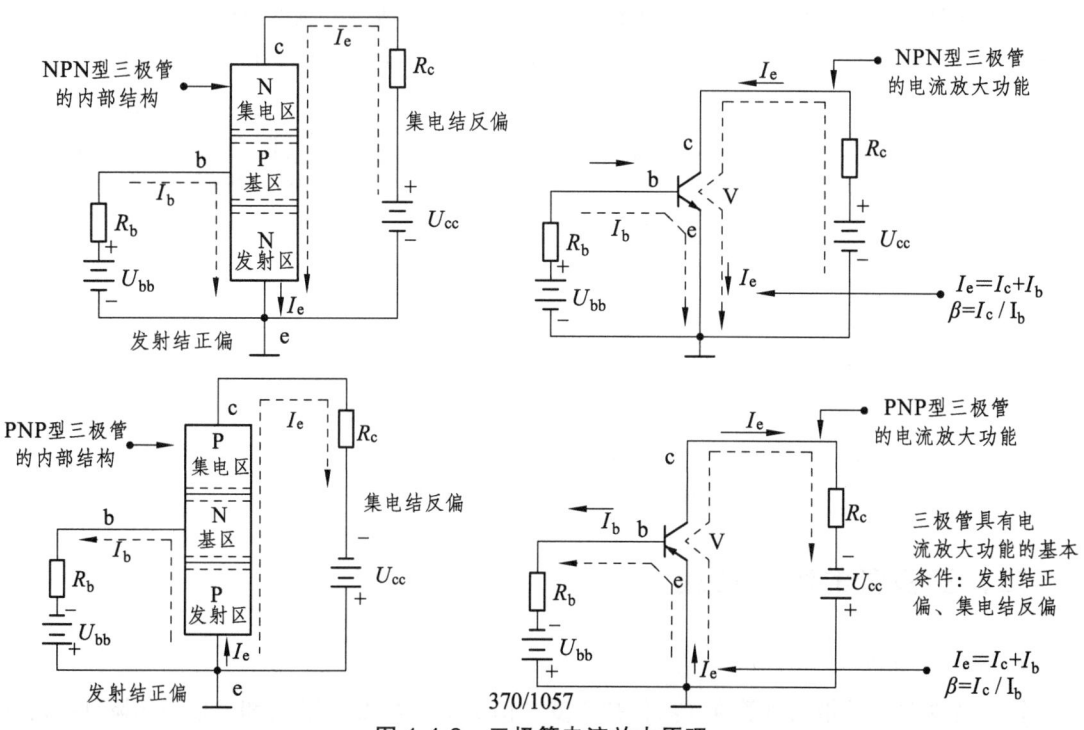

图 1-4-2　三极管电流放大原理

三极管的放大作用可以理解为一个水闸。水闸上方储存有水，存在水压，相当于集电极上的电压。水闸侧面流入的水流称为基极电流 I_b。当 I_b 有水流流过，冲击闸门时，闸门便会开启，这样水闸侧面很小的水流流量（相当于电流 I_b）与水闸上方的大水流流量（相当于电流 I_c）就汇集到一起流下（相当于发射极 e 的电流 I_e），发射极便产生放大的电流。这就相当于三极管的放大作用，如图 1-4-3 所示。

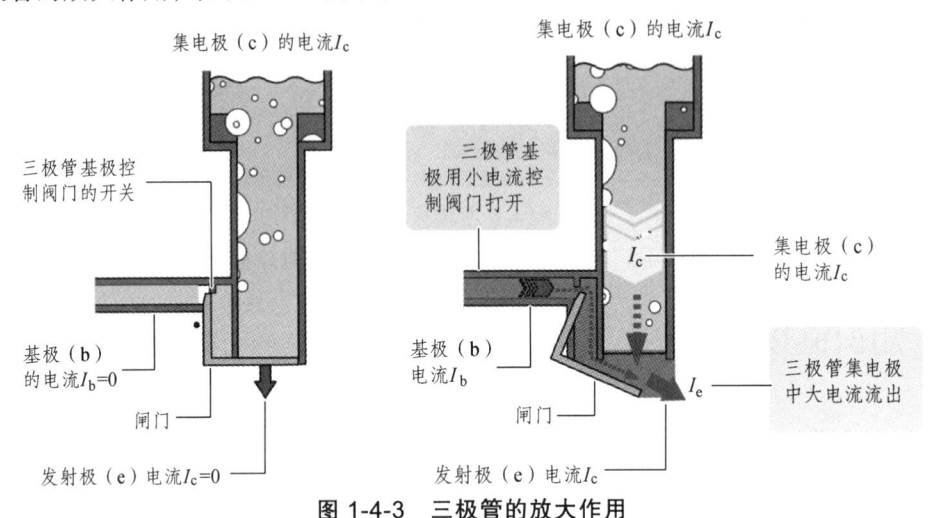

图 1-4-3 三极管的放大作用

2. 三极管的开关功能

三极管的集电极电流在一定范围内随基极电流呈线性变化，这就是放大特性。当基极电流高过此范围时，三极管集电极电流会达到饱和值（导通）；基极电流低于此范围时，三极管会进入截止状态（断路）。这种导通或截止的特性在电路中还可起到开关作用，如图 1-4-4 所示。

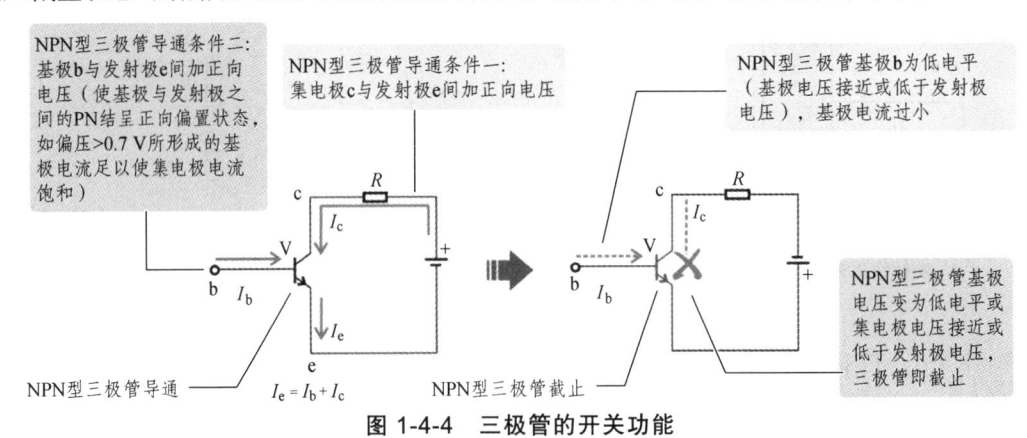

图 1-4-4 三极管的开关功能

二、三极管的特性曲线

1. 输入特性曲线

输入特性曲线是指三极管在 V_{CE} 保持不变的前提下，基极电流 I_B 和发射结压降 V_{BE} 之间的关系。

由于发射结是一个 PN 结，具有二极管的属性，所以三极管的输入特性与二极管的伏安特性非常相似。一般说来，硅管的门坎电压约为 0.5 V，发射结充分导通时，V_{BE} 约为 0.7 V；锗管的门坎电压约为 0.2 V，发射结充分导通时，V_{BE} 约为 0.3 V。

2. 输出特性曲线

输出特性曲线是指三极管在输入电流 I_B 保持不变的前提下，集电极电流 I_C 和 V_{CE} 之间的关系如图 1-4-5 所示。由图可见，当 I_B 不变时，I_C 不随 V_{CE} 的变化而变化；当 I_B 改变时，I_C 和 V_{CE} 的关系是一组平行的曲线族，并有截止、放大、饱和 3 个工作区。

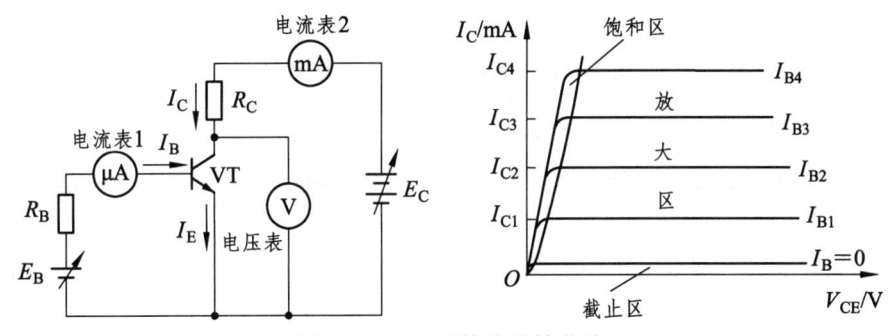

图 1-4-5 三极管的特性曲线

1）截止区

$I_B = 0$ 特性曲线以下的区域称为截止区。此时，三极管的发射结电压小于门坎电压，三极管截止。

2）放大区

当 E_B 增大而使三极管的发射结导通时，就会出现 I_B。此时，若 I_B 增大，I_C 按 $I_C = \beta I_B$ 的关系进行增大，三极管进入放大区。在放大区，三极管具有电流放大作用，此时三极管的发射结处于正偏，集电结处于反偏。

3）饱和区

对于硅管来说，当 V_{CE} 降低到小于 0.7 V 时，集电结也进入正向偏置状态，集电极收集电子的能力将下降。此时 I_B 再增大，I_C 几乎不再增大了，三极管失去了电流放大作用，此时，称三极管饱和，这种工作状态称为饱和状态。

在饱和状态下，三极管集电极电流为

$$I_{CS} = \frac{E_C - V_{CES}}{R_C} = \frac{E_C - 0.3}{R_C} \approx \frac{E_C}{R_C}$$

在饱和状态下，集电极电流不受基极电流控制，$I_C = \beta I_B$ 的关系也不再成立。

3. 三极管的开关作用

如图 1-4-6 所示，当基极 b 输入一个高电位控制信号时，三极管 VT 饱和导通，C、E 间相当于闭合的开关。

当基极 b 高电位控制信号撤离后（输入低电位），管子截止，C、E 间相当于断开的开关。

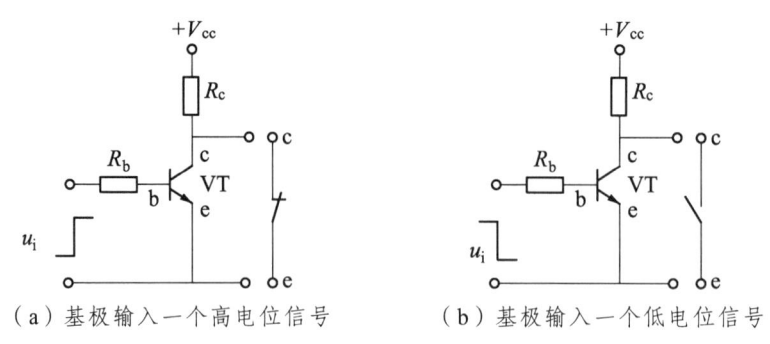

（a）基极输入一个高电位信号　　（b）基极输入一个低电位信号

图 1-4-6　NPN 三极管的开关状态

4. 三极管工作状态的判别（见表 1-4-1）

对 NPN 型三极管，基极电压大于发射极电压，集电极电压大于基极，就是发射结正偏，集电结反偏，处于放大状态，$U_c>U_b>U_e$。

对 PNP 型三极管，基极电压小于发射极电压，集电极电压小于基极，就是发射结正偏，集电结反偏，处于放大状态，$U_e>U_b>U_c$。

表 1-4-1　三极管工作状态的判别

工作状态	发射结	集电结
放大状态	正偏	反偏
饱和状态	正偏	正偏或零偏
截止状态	反偏或零偏置	反偏

三、基本共射放大器的组成

（一）认识共射放大器

基本共射放大器如图 1-4-7 所示，射极作为参考点，定义为"地"，用符号"⊥"表示。并规定地线的电位为 0 V，电路中其他各点的电压都是指该点对地的电压。

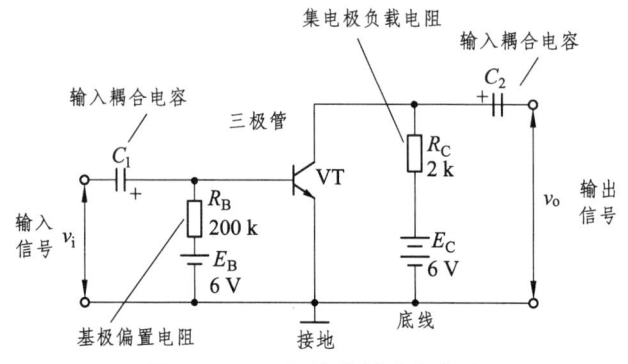

图 1-4-7　三极管共射放大电路

58

三极管：电路中的核心元件，起电流放大作用。

E_C：集电极回路的直流电源，为三极管集电极提供偏置电压。

R_C：集电极电阻，又称集电极负载电阻，它的作用是将集电极电流 I_C 的变化转变为集电极电压 V_{CE} 的变化。

E_B：基极回路的直流电源，为 B_E 提供正偏电压。

R_B：基极偏置电阻，E_B 经 R_B 向基极提供一个合适的基极电流，该电流称为基极偏置电流：

$$I_B = \frac{E_B - V_{BE}}{R_B} = \frac{E_B - 0.7}{R_B}$$

电容 C_1 和 C_2：耦合电容。它们在电路中的作用是"隔直通交"，即只让交流信号通过，而阻止直流通过。

（二）基本共射放大器的基本形式

如果将 R_B 的一端接在三极管的 B 极，另一端接在 E_C 的正端，就可以将 E_B 省略。变形后的电路如图 1-4-8（a）所示。在画电路图时，电源符号通常不必画出，只需加以标记即可，这样电路可进一步变形为图 1-4-8（b）所示的形式。

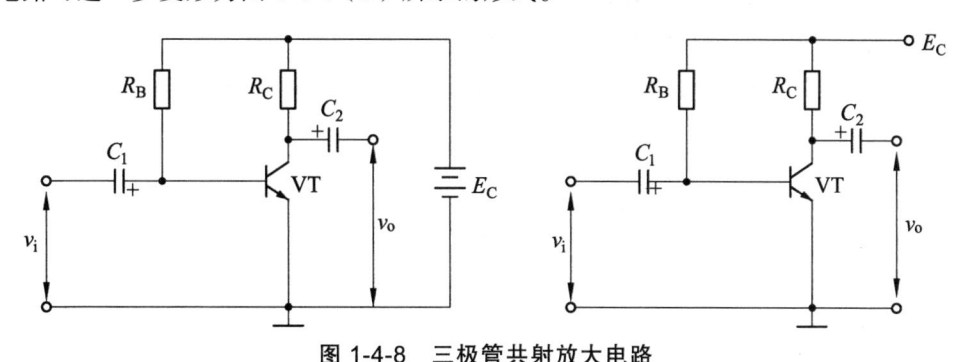

图 1-4-8 三极管共射放大电路

（三）基本共射放大器的分析

1. 放大器中有关符号的规定

直流分量：用大写字母带大写下标符号来表示。

交流（即信号）分量：用小写字母带小写下标符号来表示。

交流、直流叠加后的电流或电压：用小写字母带大写下标符号来表示。

2. 直流通路与交流通路

直流通路：直流成分所通过的路径。

交流通路：交流成分所通过的路径。

画直流通路时，将电容视为开路；画交流通路时，电容和直流电源均视为短路。例如，画图 1-4-9（a）所示放大器的直流通路和交流通路。根据画直流通路和交流通路的方法，可画出直流通路和交流通路，如图（b）(c）所示。

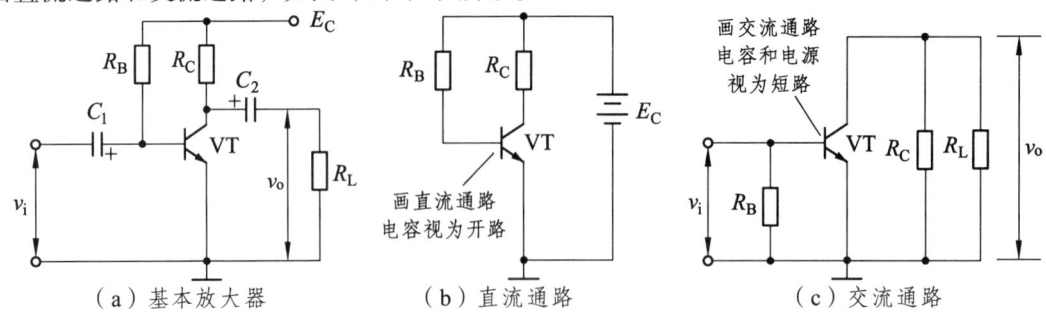

（a）基本放大器　　（b）直流通路　　（c）交流通路

图 1-4-9　共射放电路的直流通路交流通路

对于直流而言，R_B 相当于串联在三极管的基极，R_C 相当于串联在三极管的集电极。对于交流而言，R_B 相当于并联在三极管的 B、E 之间，R_C 相当于并联在三极管的 C、E 之间。

3. 静态工作点的计算

静态：无信号输入时，放大器所处的状态。

动态：有信号输入时，放大器所处的状态。

在静态时，三极管各极电流和电压值称为静态工作点。

对于基本共射放大器来说，静态工作点常用 I_{BQ}、V_{BQ}、I_{CQ} 及 V_{CQ} 来描述。

计算静态工作点时，先画出直流通路，再根据直流通路来计算。

对于图 1-4-9（a）所示的放大器，其直流通路如图 1-4-9（b）所示。下面来推导静态工作点的计算公式。

$$I_{BQ} = \frac{E_C - V_{BQ}}{R_B} = \frac{E_C - 0.7}{R_B} \approx \frac{E_C}{R_B} \quad (当 E_C \gg V_{BQ} 时, V_{BQ} 可忽略)$$

$$I_{CQ} = \beta I_{BQ}$$

$$V_{CQ} = E_C - I_{CQ} \cdot R_C$$

若三极管的 β 值为 50，将 R_B、R_C 及 β 值代入上述公式，可得

$$I_{BQ} = \frac{E_C - V_{BQ}}{R_B} = \frac{E_C - 0.7}{R_B} \approx \frac{E_C}{R_B} = \frac{12}{240} = 0.05 \text{ mA}$$

$$I_{CQ} = \beta I_{BQ} = 50 \times 0.05 = 2.5 \text{ mA}$$

$$V_{CQ} = E_C - I_{CQ} \cdot R_C = 12 - 2.5 \times 2 = 7 \text{ V}$$

故电路的工作点为：$I_{BQ} = 0.05$ mA，$I_{CQ} = 2.5$ mA，$V_{CQ} = 7$ V。

1）用图解法计算 Q 点

三极管的电流、电压关系可用输入特性曲线和输出特性曲线表示，我们可以在特性曲线上直接用作图的方法来确定静态工作点。用图解法的关键是正确地作出直流负载线，通过直流负载线与 $i_B = I_{BQ}$ 的特性曲线的交点，即为 Q 点，读出它的坐标即得 I_C 和 U_{CE}。

图解法求 Q 点的步骤：

（1）通过直流负载方程画出直流负载线（直流负载方程为 $U_{CE} = U_{CC} - i_C R_C$）。

（2）由基极回路求出 I_B。

（3）找出 $i_B = I_B$ 这一条输出特性曲线与直流负载线的交点就是 Q 点。读出 Q 点的坐标即为所求。

【例 1-4-1】 如图（1-4-10）所示电路，已知 $R_B = 280 \text{ k}\Omega$，$R_C = 3 \text{ k}\Omega$，$U_{CC} = 12 \text{ V}$，三极管的输出特性曲线如图（a）所示，试用图解法确定静态工作点。

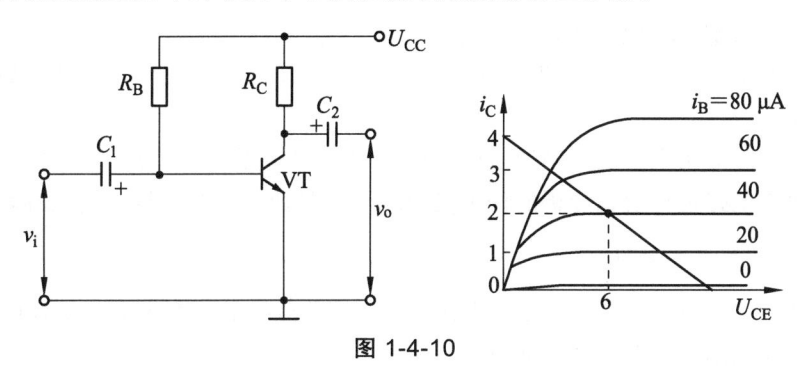

图 1-4-10

解：（1）画直流负载线：因直流负载方程为 $U_{CE} = U_{CC} - i_C R_C i_C = 0$，$U_{CE} = U_{CC} = 12 \text{ V}$；$I_{CE} = 4 \text{ mA}$，$i_C = U_{CC}/R_C = 4 \text{ mA}$，连接这两点，即得直流负载线，如图 1-4-10（b）中的斜线所示。

（2）通过基极输入回路，求得 $I_B = (U_{CC} - U_{BE})/R_C = 40 \text{ μA}$。

（3）找出 Q 点，如图 1-4-10（b）所示，因此 $I_C = 2 \text{ mA}$，$U_{CE} = 6 \text{ V}$。

2）电路参数对静态工作点的影响

静态工作点的位置在实际应用中很重要，它与电路参数有关。下面我们分析一下电路参数 R_B、R_C、U_{CC} 对静态工作点的影响（见表 1-4-2）。

表 1-4-2 电路参数对静态工作点的影响

改变 R_B	改变 R_C	改变 U_{CC}
R_B 变化，只对 I_B 有影响。R_B 增大，I_B 减小，工作点沿直流负载线下移	R_C 变化，只改变负载线的纵坐标，R_C 增大，负载线的纵坐标上移，工作点沿 $i_B = I_B$ 这条特性曲线右移	U_{CC} 变化，I_B 和直流负载线同时变化。U_{CC} 增大，I_B 增大，直流负载线水平向右移动，工作点向右上方移动
R_B 减小，I_B 增大，工作点沿直流负载线上移	R_C 减小，负载线的纵坐标下移，工作点沿 $i_B = I_B$ 这条特性曲线左移	U_{CC} 减小，I_B 减小，直流负载线水平向左移动，工作点向左下方移动

【例 1-4-2】 如图 1-4-11 所示：要使工作点由 Q_1 变到 Q_2 点应使（　　）。

A. R_C 增大　　　　B. R_B 增大　　　　C. U_{CC} 增大　　　　D. R_C 减小

答案：A。

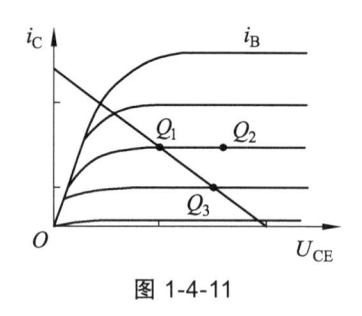

图 1-4-11

要使工作点由 Q_1 变到 Q_3 点应使（　　）。

　　A. R_B 增大　　　　　　B. R_C 增大　　　　　　C. R_B 减小　　　　D. R_C 减小

答案：A。

注意：在实际应用中，主要是通过改变电阻 R_b 来改变静态工作点。

我们对放大电路进行动态分析的任务是求出电压的放大倍数、输入电阻和输出电阻。

3）图解法分析动态特性

交流负载线的特点：必须通过静态工作点，交流负载线的斜率由 R''_L 表示（$R''_L = R_C // R_L$）。

交流负载线的画法（有两种）如下。

（1）先作出直流负载线，找出 Q 点。

　　作出一条斜率为 R''_L 的辅助线，然后过 Q 点作它的平行线即得。（此法为点斜式。）

（2）先求出 U_{CE} 坐标的截距（通过方程 $U''_{CC} = U_{CE} + I_C R''_L$）

　　连接 Q 点和 U''_{CC} 点即为交流负载线。（此法为两点式）

【例 1-4-3】　作出图 1-4-12（a）所示电路的交流负载线。已知特性曲线如图 1-4-12（b）所示，$U_{CC} = 12\ \text{V}$，$R_C = 3\ \text{k}\Omega$，$R_L = 3\ \text{k}\Omega$，$R_B = 280\ \text{k}\Omega$。

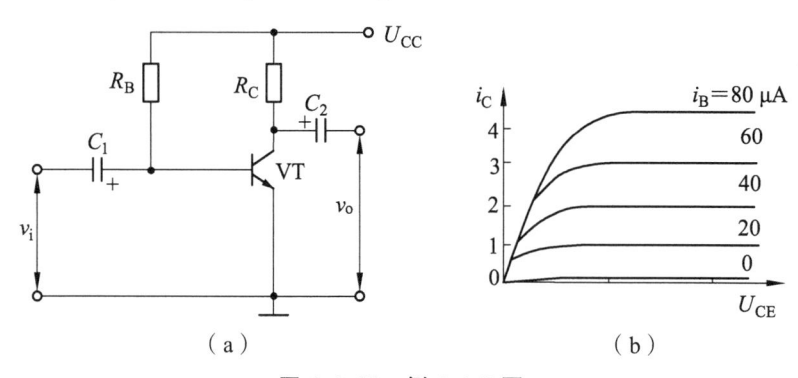

图 1-4-12　例 1-4-3 图

解：（1）作出直流负载线，求出点 Q（见图 1-4-13）。

（2）求出点 U''_{CC}，$U''_{CC} = U_{CE} + I_C R''_L = 6 + 1.5 \times 2 = 9\ \text{V}$。

（3）连接点 Q 和点 U''_{CC} 即得交流负载线（见图 1-4-14 中斜线）。

交流负载线表示动态时工作点移动的轨迹，它是反映交流电流、电压的一条直线，因此也称交流负载线上的点为放大电路的动态工作点。

图 1-4-13

图 1-4-14

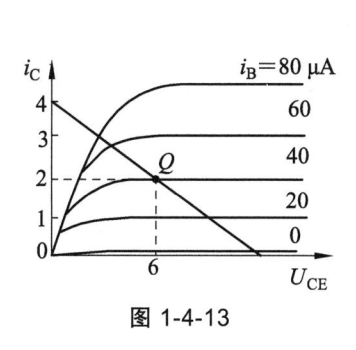

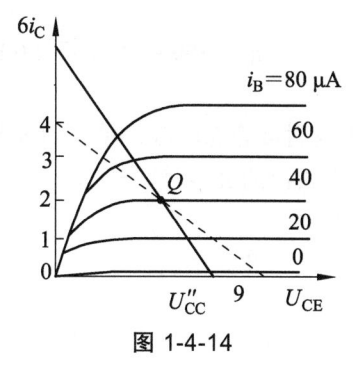

4. 放大器的放大原理

对于图 1-4-15（a）所示的放大器来说，其放大原理可用图 1-4-15（b）中的波形来解释。由波形图可见，输出波形 v_o 比 v_i 的幅度大得多，即信号得到了放大，且 v_o 与 v_i 相位相反。

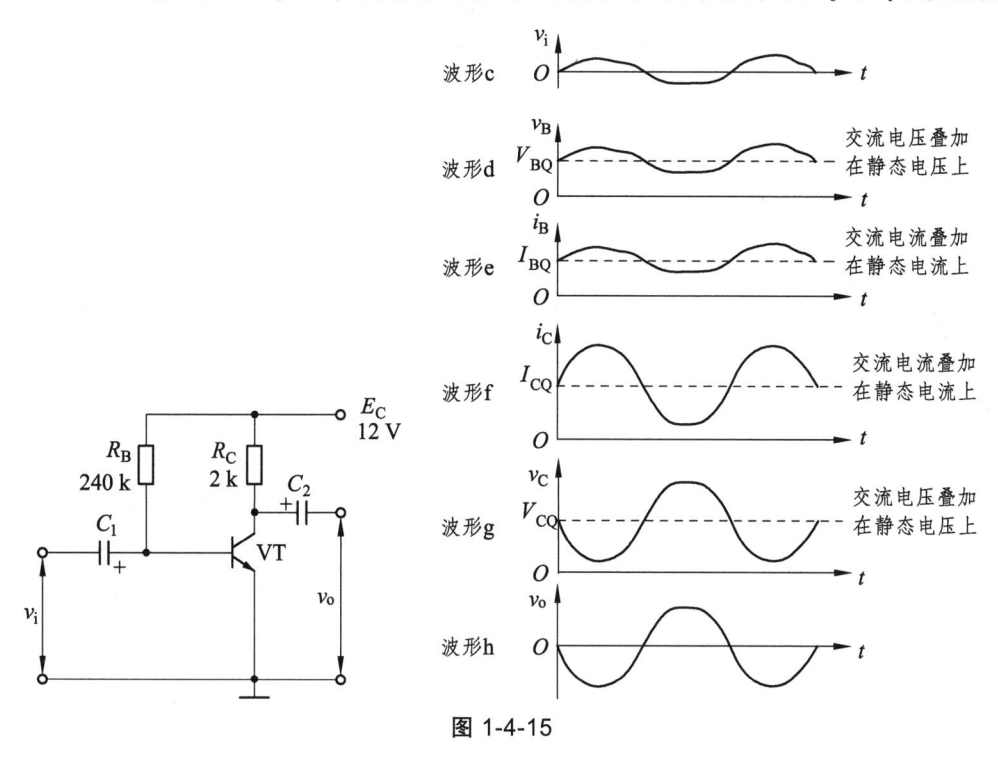

图 1-4-15

5. 电压放大倍数（A_V）

输出信号电压 v_o 的幅度与输入信号电压 v_i 的幅度的比值称为电压放大倍数，用 A_V 表示。应根据交流通路来计算电压放大倍数，对于图 1-4-15（a）所示电路，有

$$A_V = \frac{v_o}{v_i} = \frac{i_c \cdot R_L'}{i_b \cdot r_{be}} = \beta \frac{R_L'}{r_{be}}$$

式中，$R_L' = R_C // R_L = \dfrac{R_C \cdot R_L}{R_C + R_L}$（"//"号表示并联）；$r_{be}$ 为三极管基极与发射极之间的等效电阻。r_{be} 可用下式进行估算：

$$r_{be} = 300 + (\beta+1)\frac{26}{I_{EQ}} \ (\Omega)$$

式中，I_{EQ} 为发射极静态电流，单位为 mA。

许多书上给出的 A_V 计算公式为

$$A_V = -\beta \frac{R'_L}{r_{be}}$$

式中，"－"号仅表示输出信号电压与输入信号电压相位相反。

6. 输入电阻和输出电阻

输入电阻 r_i：指放大器输入端对地的交流等效电阻。

输出电阻 r_o：指放大器在空载时，输出端对地的交流等效电阻。由交流通路可知。

$$r_i = R_B // r_{be} = \frac{R_B \cdot r_{be}}{R_B + r_{be}}$$

$$r_o = R_C // r_{ce} \approx R_C$$

基本共射放大器的特点：

（1）既有电流放大能力又有电压放大能力。

（2）输出电压与输入电压相位相反。

（3）放大器的输入电阻值由基极偏置电阻与 r_{be} 的并联值来决定，输出电阻值由三极管集电极电阻来决定。

7. 基本共射放大器分析举例

【例 1-4-4】 基本共射放大器的电路如图 1-4-16 所示，三极管 $\beta = 50$。试求：（1）静态工作点；（2）未接负载电阻时的电压放大倍数及接上 4 kΩ 负载电阻时的电压放大倍数。

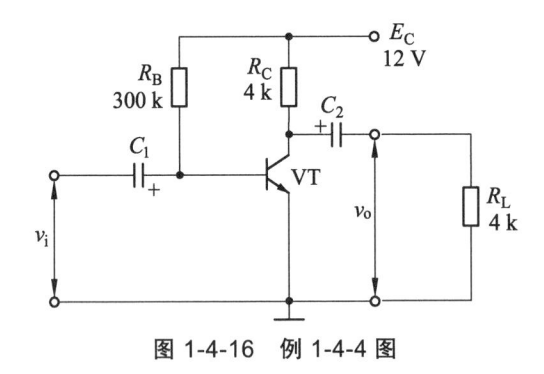

图 1-4-16 例 1-4-4 图

解：（1）求静态工作点。

$$I_{BQ} = \frac{E_C - V_{BQ}}{R_B} = \frac{E_C - 0.7}{R_B} \approx \frac{E_C}{R_B} = \frac{12}{300} = 0.04 \ (mA)$$

$$I_{CQ} = \beta I_{BQ} = 50 \times 0.04 = 2 \ (mA)$$

$$V_{CQ} = E_C - I_{CQ} \cdot R_C = 12 - 2 \times 4 = 4 \text{ (V)}$$

（2）求电压放大倍数 A_V。

$$r_{be} = 300 + (\beta+1)\frac{26}{I_{EQ}} \approx 300 + (\beta+1)\frac{26}{I_{CQ}} = 300 + (50+1)\frac{26}{2} = 963 \text{ (}\Omega\text{)} = 0.963 \text{ (k}\Omega\text{)}$$

未接负载时的电压放大倍数为 A_{V1}，接 4 kΩ 负载时的电压放大倍数为 A_{V2}：

$$A_{V1} = \beta\frac{R'_L}{r_{be}} = \beta\frac{R_C}{r_{be}} = 50 \times \frac{4}{0.963} \approx 200$$

$$A_{V2} = \beta\frac{R'_L}{r_{be}} = \beta\frac{R_C // R_L}{r_{be}} = 50 \times \frac{4 // 4}{0.963} \approx 100$$

可见，放大器在空载时，电压放大倍数比带负载时要大。

四、基极分压式共射放大器

（一）基极分压式共射放大器的结构

基极分压式共射放大器如图 1-4-17 所示，R_{B1} 接在基极与电源之间，称为上偏电阻；R_{B2} 接在基极与地之间，称为下偏电阻。射极接有电阻 R_E，常称该电阻为射极电阻。电路要求满足 $I_2 \gg I_{BQ}$。

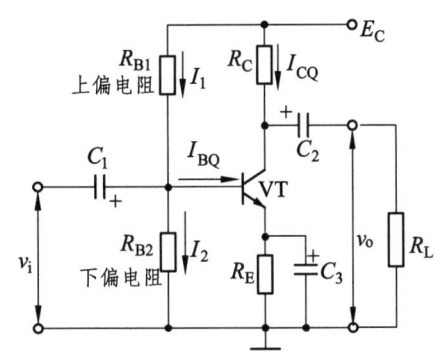

图 1-4-17 基极分压式共射放大器

在基极分压式共射放大器中，三极管 B、E 之间的静态电压用 V_{BEQ} 表示，射极对地的静态电压用 V_{EQ} 表示，C、E 之间的静态电压用 V_{CEQ} 表示，其他静态量的表示方法仍同基本共射放大器。

R_E 能稳定静态工作点。例如，当温度 T 上升而起 I_{CQ} 上升时，电路稳定工作点的过程如下：

$$T \uparrow \to I_{CQ} \uparrow \to I_{EQ} \uparrow \to V_{EQ} \uparrow \to V_{BEQ}(V_{BQ} - V_{EQ}) \downarrow \to I_{BQ} \downarrow \to I_{CQ} \downarrow$$

因此电压放大倍数下降。解决方法：在 R_E 旁边并联一个大电容 C_3，常称 C_3 为旁路电容。

（二）基极分压式共射放大器的定量分析

1. 静态工作点的计算

基极分压式共射放大器如图 1-4-18（a）所示，直流通路如图 1-4-18（b）所示，交流通路如图 1-4-18（c）。这种电路的静态工作点包含 V_{BQ}、I_{BQ}、I_{CQ}、V_{CEQ} 4 个量，计算步骤为：

（1）求出 V_{BQ}。

（2）求出 I_{EQ}，再通过 I_{EQ} 求出 I_{CQ} 及 V_{CEQ}。

（3）利用 I_{CQ} 求出 I_{BQ}。

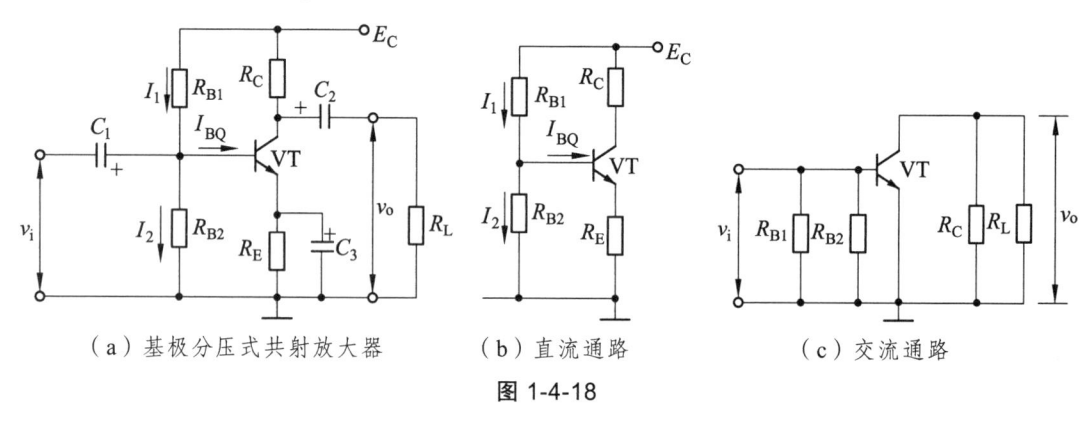

（a）基极分压式共射放大器　　（b）直流通路　　（c）交流通路

图 1-4-18

$$V_{BQ} = \frac{E_C}{R_{B1} + R_{B2}} R_{B2} = \frac{R_{B2}}{R_{B1} + R_{B2}} E_C$$

$$I_{CQ} \approx I_{EQ} = \frac{V_{BQ} - V_{BEQ}}{R_E} = \frac{V_{BQ} - 0.7}{R_E}$$

$$V_{CEQ} = E_C - I_{CQ} \cdot R_C - I_{EQ} \cdot R_E \approx E_C - I_{CQ}(R_C + R_E)$$

$$I_{BQ} = \frac{I_{CQ}}{\beta}$$

2. 电压放大倍数的计算

先画交流通路，如图 1-4-18（c）所示，电压放大倍数的计算公式与基本共射放大器一样，即

$$A_V = \beta \frac{R'_L}{r_{be}} \quad （不考虑相位关系）$$

3. 输入电阻 r_i 和输出电阻 r_o

由交流等效电路可知

$$r_i = R_{B1} /\!/ R_{B2} /\!/ r_{be}; \quad r_o \approx R_C$$

（三）基极分压式共射放大器分析举例

【例 1-4-5】 在图 1-4-19（a）所示的分压式共射放大器中，若三极管的 β 值为 50。试求：（1）电路的静态工作点；（2）电压放大倍数；（3）输入电阻和输出电阻。

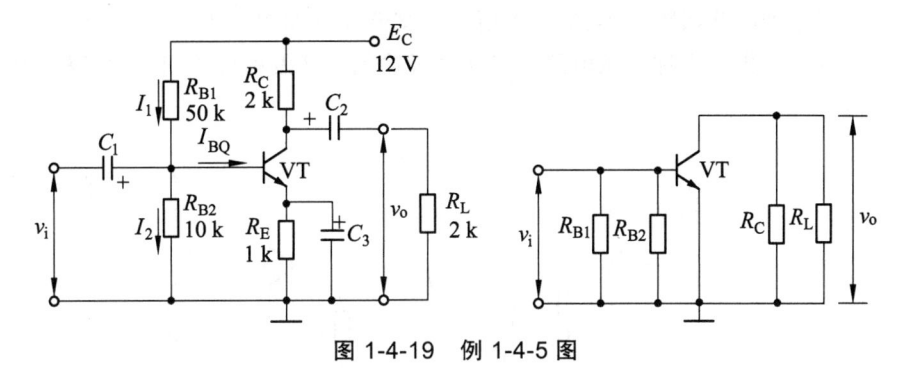

图 1-4-19 例 1-4-5 图

解：（1）计算电路的静态工作点 V_{BQ}、I_{BQ}、I_{CQ}、V_{CEQ}。

$$V_{BQ} = \frac{E_C}{R_{B1}+R_{B2}} \cdot R_{B2} = \frac{12}{50+10} \times 10 = 2 \text{ V}$$

$$I_{CQ} \approx I_{EQ} = \frac{V_{BQ} - V_{BEQ}}{R_E} = \frac{2-0.7}{1} = 1.3 \text{ mA}$$

$$V_{CEQ} = E_C - I_{CQ}(R_C + R_E) = 12 - 1.3(2+1) = 8.1 \text{ V}$$

$$I_{BQ} = \frac{I_{CQ}}{\beta} = \frac{1.3}{50} = 0.026 \text{ mA} = 26 \text{ μA}$$

（2）计算电压放大倍数 A_V。

$$r_{be} = 300 + (\beta+1)\frac{26}{1.3} = 300 + (50+1)\frac{26}{1.3} \approx 1300 \text{ Ω} = 1.3 \text{ kΩ}$$

$$R'_L = R_C // R_L = \frac{R_C \cdot R_L}{R_C + R_L} = \frac{2 \times 2}{2+2} = 1 \text{ kΩ}$$

$$A_V = \beta \frac{R'_L}{r_{be}} = 50 \times \frac{1}{1.3} = 38.5$$

（3）计算输入电阻 r_i 和输出电阻 r_o。
先画出交流通路，如图 1-4-19（b）所示，根据交流通路可知：

$$r_i = R_{B1} // R_{B2} // r_{be} = 50 // 10 // 1.3 = 1.1 \text{ (kΩ)}$$

$$r_o \approx R_C = 2 \text{ (kΩ)}$$

五、共集放大器

（一）电路结构

共集放大器原理电路如图 1-4-20（a）所示，交流通路如图 1-4-20（b）所示。因集电极交流接地，故有"共集"之称。该电路信号从基极输入，从发射极输出，故又称射极输出器或射极跟随器。

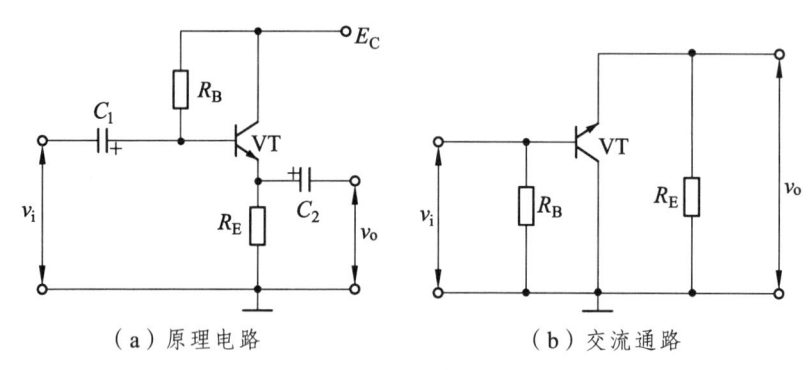

（a）原理电路　　　　（b）交流通路

图 1-4-20　共集电极放大器

（二）电路分析

1. 电压放大倍数和电流放大倍数

由于发射结的动态电阻很小，所以可以认为 $v_o \approx v_i$，即共集放大器无电压放大能力，它的电压放大倍数约为 1。

当基极电压上升时，发射极电压也上升；当基极电压下降时，发射极电压也下降，即输出电压与输入电压的相位是相同的。

发射极电流是基极电流的 $\beta+1$ 倍，故共集放大器的电流放大倍数为 $\beta+1$。

2. 静态工作点的计算

通过列方程来求 I_{BQ}。

$$E_C = I_{BQ} \cdot R_B + V_{BEQ} + (\beta+1)I_{BQ} \cdot R_E$$

解此方程可得：

$$I_{BQ} = \frac{E_C - V_{BEQ}}{R_B + (\beta+1)R_E} \approx \frac{E_C}{R_B + (\beta+1)R_E}$$

有了 I_{BQ}，很容易求出 I_{CQ}、I_{EQ} 及 V_{CEQ}：

$$I_{CQ} = \beta I_{BQ}$$

$$I_{EQ} = (\beta+1)I_{BQ}$$

$$V_{CEQ} = E_C - I_{EQ} \cdot R_E$$

3. 输入电阻和输出电阻

在不考虑 R_B 时，输入电阻 r_i' 为

$$r_i' = \frac{v_i}{i_b} = \frac{i_b \cdot r_{be} + i_b(\beta+1)R_E}{i_b} = r_{be} + (\beta+1)R_E$$

式中，$(\beta+1)R_E$ 是 R_E 折合到输入回路中的电阻。因放大器的输入电阻为 r_i' 与 R_B 的并联，故输入电阻为：

$$r_i = R_B // \left[r_{be} + (\beta+1)R_E \right]$$

由上式可知，共集放大器的输入电阻比共射放大器大，共集放大器的输出电阻很小。

共集放大器的特点：

（1）有电流放大能力，无电压放大能力。

（2）输出电压和输入电压相位相同。

（3）输入电阻大而输出电阻小。

六、共基放大器

1. 电路结构

共基放大器的信号从发射极输入，从集电极输出。它的基极交流接地，作为输入回路和输出回路的公共端。基本结构如图 1-4-21（a）所示，直流通路和交流通路分别如图（b）（c）所示。

从直流通路来看，它的直流偏置与基极分压式共射放大器完全一样，其静态工作点的求法也与基极分压式共射放大器一样。

从交流通路来看，因基极接有大电容 C_2（R_{B2} 的旁路电容），故基极相当于交流接地。信号虽然从发射极输入，但事实上仍作用于三极管的 B、E 之间，此时输入信号电流为 i_e。

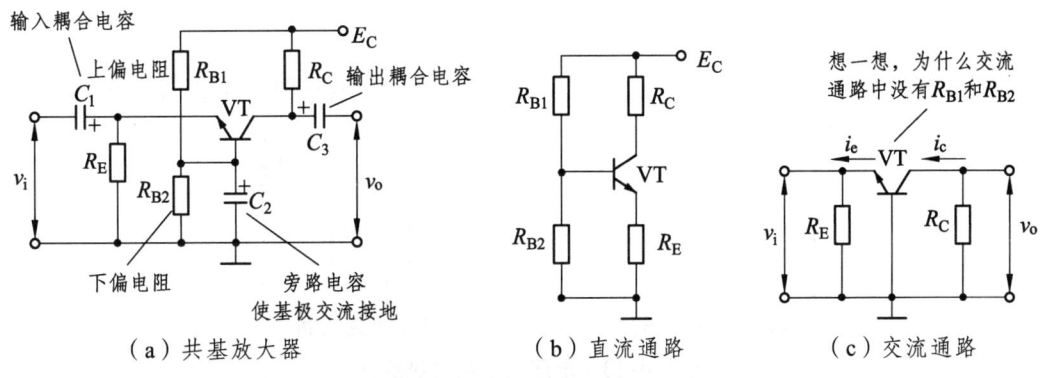

（a）共基放大器　　　（b）直流通路　　　（c）交流通路

图 1-4-21　共基放大器

2. 共基放大器的特点

电流放大倍数 $a = \dfrac{i_c}{i_e} \approx 1$，即共基放大器没有电流放大能力。

共基放大器的电压放大倍数与共射放大器的电压放大倍数非常接近，即共基放大器有较高的电压放大倍数，具备电压放大能力。且输出信号与输入信号相位相同。

共基放大器的特点：
（1）有较高的电压放大能力，无电流放大能力。
（2）输出信号与输入信号相位相同。
（3）输入电阻小，输出电阻大，截止频率高（通频带宽）。

七、负反馈放大器

（一）反馈的基本概念及分类

1. 反馈的基本概念

所谓反馈，就是从基本放大器的输出信号中取出一部分或全部，通过一定方式再回送到放大器输入端的过程。

反馈电路包括两个部分：一个是基本放大器，另一个是反馈网络（见图1-4-22）。

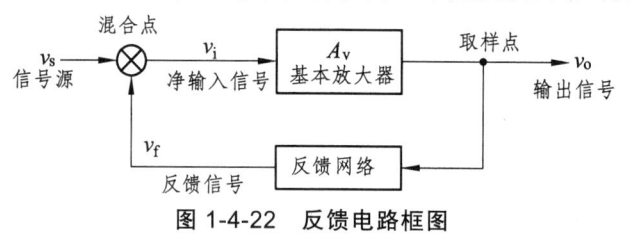

图1-4-22 反馈电路框图

2. 反馈的分类

1）正反馈和负反馈

如果反馈信号与来自信号源的信号极性相同，则为正反馈；反之，为负反馈。

2）电压反馈和电流反馈

如果反馈信号取自输出电压，则为电压反馈，此时连接方式如图1-4-23（a）（b）所示。

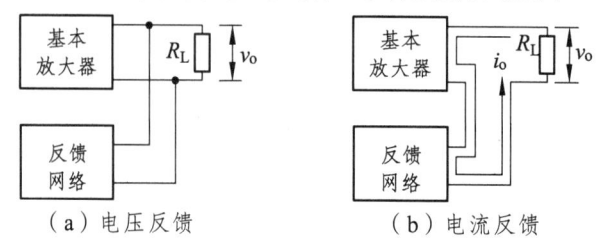

（a）电压反馈　　（b）电流反馈

图1-4-23 电压反馈和电流反馈

3）串联反馈和并联反馈

如果反馈信号与输入信号源之间为串联关系，则为串联反馈；若为并联关系，则为并联反馈。连接方式分别如图 1-4-24（a）(b）所示。

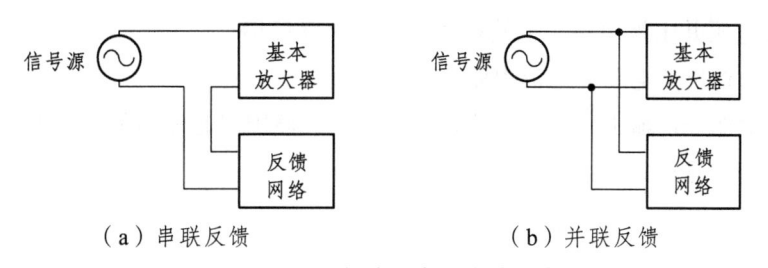

（a）串联反馈　　　　　　（b）并联反馈

图 1-4-24　串联反馈和并联反馈

4）负反馈的 4 种基本类型

若从放大器的输出端和输入端综合来看，负反馈共有 4 种基本类型：电流串联负反馈、电流并联负反馈、电压串联负反馈、电压并联负反馈。

3. 反馈的判断

如果电路中有联系输出回路和输入回路的元件存在，说明有反馈存在，这些联系输出回路和输入回路的元件便是反馈网络。

若反馈信号削弱输入信号，则为负反馈；若反馈信号增强输入信号，则为正反馈。采用瞬间极性法可以方便地判断出是正反馈还是负反馈。

将输出端短路，若反馈信号消失，则为电压反馈；若反馈信号依然存在，则为电流反馈。

将输入端短路，若反馈信号消失，则为并联反馈；若反馈信号依然存在，则为串联反馈。

（二）负反馈放大器的分析

1. 电流串联负反馈放大器

图 1-4-25 所示是一个典型的电流串联负反馈放大器，R_8 是反馈元件，R_5 没有交流反馈作用只有直流反馈作用，用于稳定工作点。

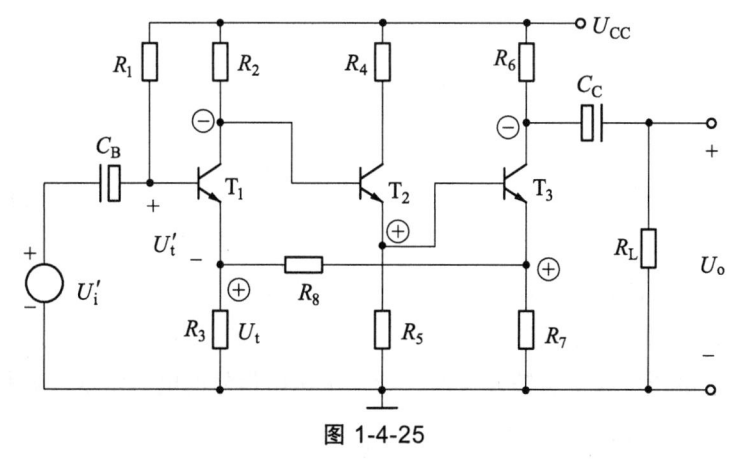

图 1-4-25

利用瞬间极性法可以判断出它是负反馈。

将输出端对地短路，R_8两端的信号电压依然存在，故为电流负反馈。将输入端对地短路，R_8两端的信号电压并未被短路，依然存在，故属串联反馈。

综上所述，得出该电路为电流串联负反馈放大器。

电流负反馈能稳定输出信号的电流幅度。当某种原因引起输出信号的电流幅度增大时，则电路的自动调整过程如下：

$$i_o \uparrow \to v_f \uparrow \to v_{be} \downarrow \to i_b \downarrow \to i_o \downarrow$$

2. 电压并联负反馈放大器

如图1-4-26所示为一个典型的电压并联负反馈放大器，R_f是反馈元件，利用瞬间极性法可以判断出它是负反馈。

若将输出端对地短路，反馈信号也就自然消失，所以为电压反馈；若将输入端对地短路，反馈信号也消失，所以为并联反馈。

综上所述，该电路为电压并联负反馈放大器。

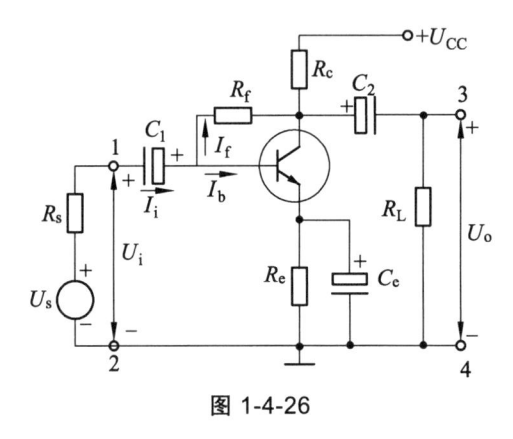

图 1-4-26

电压负反馈能稳定输出信号的电压幅度。当某种原因引起输出信号的电压幅度下降时，则电路的自动调节过程如下：

$$U_o \downarrow \to I_f \downarrow \to I_{ib} \uparrow \to I_o \uparrow \to U_o \uparrow$$

3. 电压串联负反馈放大器

图1-4-27所示为电压串联负反馈放大器，R_f为反馈元件，利用瞬间极性法可以判断出它是负反馈。

若将输出端对地短路，反馈电压自然消失，所以是电压反馈。若将输入端对地短路，反馈电压依然存在，所以是串联反馈。

射极输出器是电压串联负反馈放大器，能稳定输出信号的电压幅度，调整过程如下：

$$v_o \downarrow \to v_{be} \uparrow \to i_b \uparrow \to i_e \uparrow \to v_o \uparrow$$

图 1-4-27

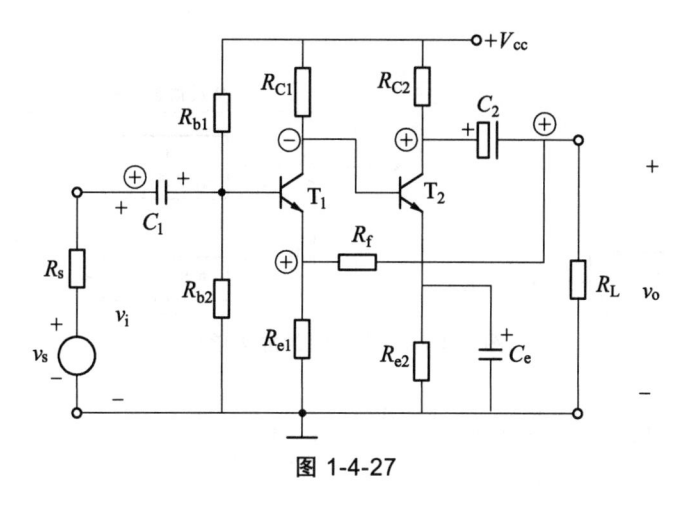

4. 电流并联负反馈放大器

图 1-4-28 所示的电路是由两级直耦放大器构成的，在这两级放大器之间存在电流并联负反馈。

图 1-4-28 中，R_f 是负反馈电阻，由于这种反馈发生在两级放大器之间，故称级间反馈。

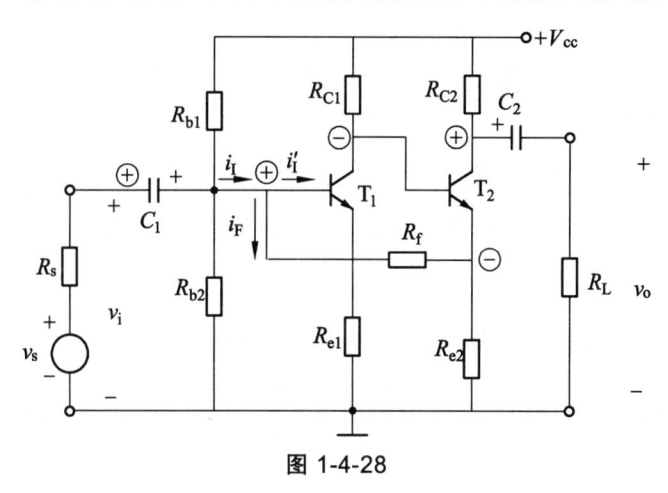

图 1-4-28

用瞬间极性法可以判断 R_f 所产生的反馈是负反馈。

若将放大器的输出端短路，反馈电压并未消失，R_f 所引起的反馈是电流反馈。若将输入端短路，则反馈信号也被短路，因此是并联反馈。

（三）负反馈对放大器性能的影响

1. 负反馈对放大倍数的影响

在未引入负反馈的情况下，基本放大器的放大倍数叫开环放大倍数，用 A_V 表示，参考图 1-4-29（a）。引入负反馈后，整个负反馈放大器的放大倍数叫闭环放大倍数，用 A_{Vf} 表示，参考图 1-4-29（b）。

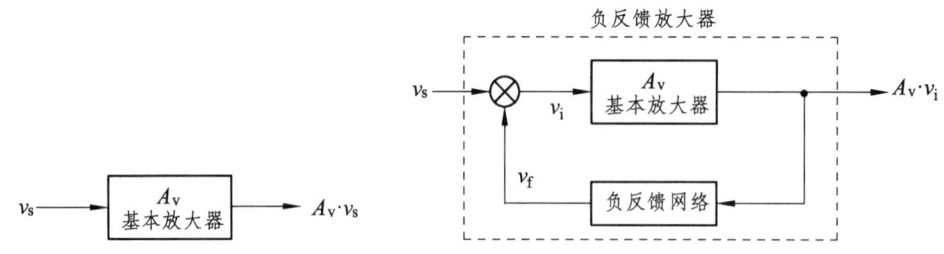

图 1-4-29 负反馈的放大倍数

$$A_{vf} = \frac{A_v \cdot v_i}{v_s} = A_v \cdot \frac{v_s - v_f}{v_s} = A_v\left(1 - \frac{v_f}{v_s}\right)$$

显然，$\left(1 - \dfrac{v_f}{v_s}\right) < 1$，故 $A_{vf} < A_v$。

由此可知，引入负反馈后，电路的放大倍数下降了，且负反馈越强（v_f 越大），放大倍数就越低。

2. 负反馈对输入电阻和输出电阻的影响

串联负反馈会提高输入电阻，并联负反馈会减小输入电阻；电流负反馈会提高输出电阻，电压负反馈会减小输出电阻。

3. 对输出电流或电压稳定性的影响

电流负反馈能稳定输出信号的电流幅度，电压负反馈能稳定输出信号的电压幅度。

4. 能减小非线性失真

负反馈可以改善放大器的非线性失真，如图 1-4-30 所示。

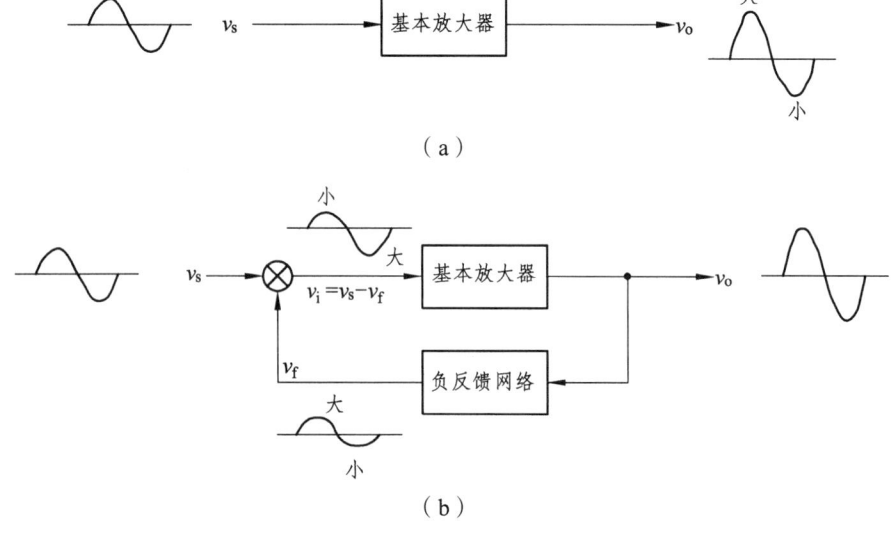

（a）

（b）

图 1-4-30 负反馈对非线性失真的影响

5. 能展宽通频带

负反馈可以展宽放大器的通频带。设无负反馈时放大器的频率特性如图中的曲线Ⅰ所示，其通频带为 B_W。加入负反馈后，频率特性如图 1-4-31 中曲线Ⅱ所示。由于中频区的频率特性曲线比原曲线低得多一些，而高频区与低频区则比原曲线低得少一些，结果把通频带由原来的 B_W 展宽为 B_{Wf}。

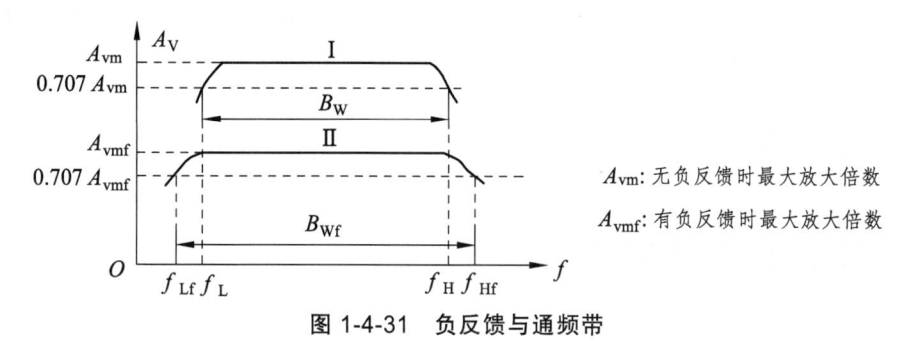

A_{vm}：无负反馈时最大放大倍数
A_{vmf}：有负反馈时最大放大倍数

图 1-4-31　负反馈与通频带

（四）负反馈放大器分析举例

【例 1-4-1】 图 1-4-32 所示的电路中有无负反馈存在，若有负反馈存在，请判断反馈类型。

解： 对于图（a）来说，R_2 和 C_2 接在输入回路和输出回路之间，是反馈网络，故电路有反馈存在。反馈网络只允许集电极的交流电压反馈至基极，因而是交流反馈。

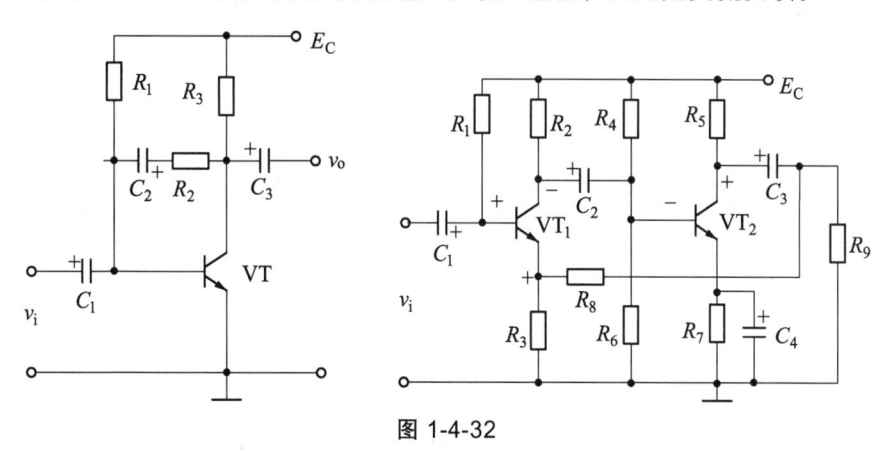

图 1-4-32

设 VT 基极的瞬间极性为正，则集电极的瞬间极性为负，反馈信号与原信号极性相反，所以是负反馈。将输出端对地短路，输出信号变为零，反馈信号也消失，所以是电压反馈；将输入端对地短路，反馈信号也被短路（反馈信号变为零），故为并联反馈。由此可知，该电路属电压并联负反馈放大器。

对于图（b）来说，R_8 接在第一级放大器的输入回路和第二级放大器的输出回路之间，是级间反馈元件，故电路中有反馈存在。由于 C_3 的隔直作用，使得 R_8 只将输出端的交流电压反馈到输入回路，所以是交流反馈。

设 VT$_1$ 基极的瞬间极性为正，则其集电极的瞬间极性为负，VT$_2$ 基极的瞬间极性也为负，VT$_2$ 集电极的瞬间极性为正。经 R_8 反馈后，使 VT$_1$ 发射极的瞬间极性为正，相当于基极瞬间极性为负，即反馈信号与原信号极性相反，是负反馈。

若将 VT$_2$ 的输出端短路，则反馈信号也就消失，故为电压负反馈；若将 VT$_1$ 的输入端短路，反馈信号依然存在，故为串联负反馈。由此可知，该电路属电压串联负反馈放大器。

另外，R_3 是第一级的负反馈电阻，起电流串联负反馈作用。R_7 是第二级 VT$_2$ 的发射极电阻，因其两端并有旁路电容，故 R_7 仅起直流反馈作用，用于稳定工作点。

任务实施

一、原理图及工作原理

1. 原理图（见图 1-4-33）

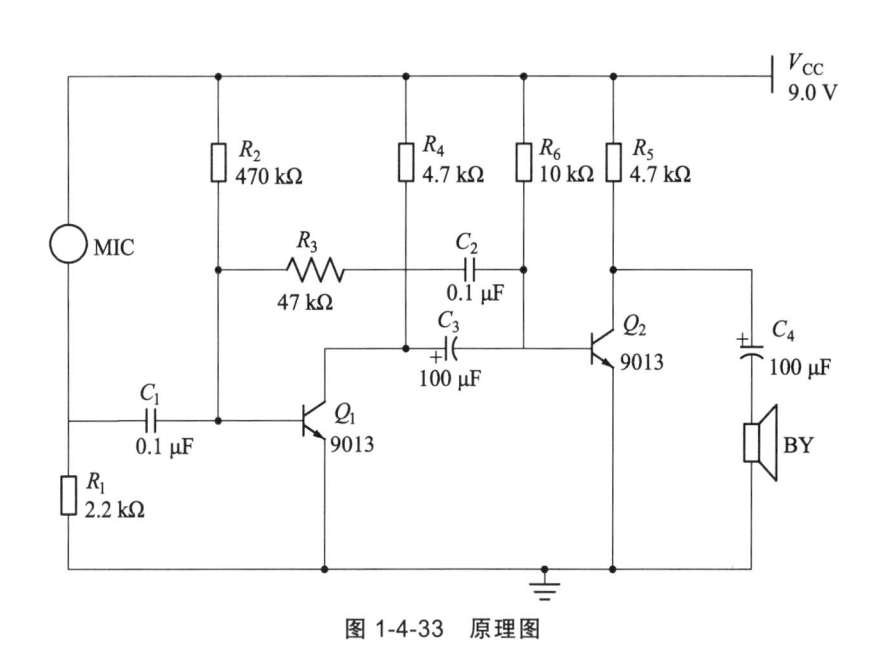

图 1-4-33 原理图

2. 工作原理

（1）声音通过话筒 MIC 转换成音频电信号，经过电容 C_1 送到三极管 Q_1 的基极，再经过 Q_1 放大，从集电极输出，经过 100 μF 的耦合电容 C_3，送入 Q_2 的基极，进行二级放大，再由 Q_2 的集电极输出接通扬声器，此时扬声器的声音就是话筒放大后的声音。

3. 元件清单（见表 1-4-3）

表 1-4-3 元件清单

编号	名称	规格	数量	单价
1	万能板	8 mm×8 mm	1 块	
2	三极管	9014	2 只	
3	扬声器	0.5 W	1 只	
4	驻极体话筒	ϕ6 mm	1 只	
5	电阻	470 kΩ、47 kΩ、10 kΩ、2.2 kΩ、1 kΩ	各 1 只	
6	电阻	4.7 kΩ	2 只	
7	电解电容	1 μF	1 只	
8	瓷片电容	103、104	各 1 只	
9	焊接材料	焊锡丝、松香助焊剂、连接导线等	1 套	
	成本核算	人工费	总计	

二、安装与调试

1. 安装步骤

（1）三极管安装时，以 90° 角呈品字形弯曲，悬空卧式垂直安装于板面便于散热，间距为 1~2 mm。

（2）连接线可用多余引脚或细铜丝，使用前先进行上锡处理，增强黏合性。

（3）连接线应遵循横平竖直连线原则，同一焊点连接线不应超过 2 根。

（4）电路各焊接点要可靠、光滑、牢固。

（5）接入 3~9 V 直流电源，体验声控开关的原理。用发光二极管指示开关的"开/关"。

（6）以小组为单位，选出组长，任课教师对组长进行重点指导，组长负责检查指导本组学员完成电路安装调试任务。

2. 安全要求

安装过程必须要有"安全第一"的意识，具体要求如下：

（1）进入实训室，劳保用品必须穿戴整齐。不穿绝缘鞋一律不准进入实训场地。

（2）电烙铁插头最好使用三极插头，并使外壳妥善接地。

（3）电烙铁使用前应仔细检查电源线是否有破损现象，电源插头是否损坏，并检查烙铁头有无松动。

（4）焊接过程中，电烙铁不能随处乱放。不焊时，应放在烙铁架上。注意：烙铁头不可碰到电源线，以免烫坏绝缘层发生短路事故。

（5）使用结束后，应及时切断电源，拔下电源插头，待烙铁冷却后放入工具箱。

（6）实训过程应执行 7S 管理标准备，安全有序地进行实训。

3．调试步骤

（1）接入 9 V 直流电源，先用万用表直流电压挡分别测量三极管 Q_1、Q_2 的静态工作点，并计算静态电流，如果达到要求，电阻 R_2、R_6 的阻值无须更换，若达不到要求，应调整 R_2、R_6 的阻值，让静态电流达到 $I_{BQ} = I_{CQ}/\beta$。

（2）用示波器测量语音波形。先测量第一级 Q_1 放大后的波形，将探头负极接地，探头接 Q_1 集电极，然后输入语音，观察示波器有无波形变化，如有变化表示第一级放大成功。同理再测量第二级 Q_2 放大后的波形。

（3）安装调试过程中填写表 1-4-4。

表 1-4-4　负反馈电路的安装调试

任务电路		第　组	组长	完成时间	
基本电路安装	根据所给电路原理图，绘制电路实物接线图。				
电路调试	1．用万用表检测电路 	Q_1 静态工作点		Q_2 静态工作点	
---	---	---	---
U_C	V	U_C	V
U_B	V	U_B	V
U_E	V	U_E	V
I_{BQ}	A	I_{BQ}	A
I_{CEQ}	A	I_{CEQ}	A | 2．画出示波器，测出 Q_1、Q_2 集电极端的波形 1）SEC/DIV： 2）VOLTS/DIV： 3．测量结果小结				

任务评价

序号	主要内容		考核要求	评分标准	配分	自我评价	小组互评	教师评价
1	职业素质	劳动纪律	按时上下课,遵守实训现场规章制度	上课迟到、早退、不服从指导老师管理,或不遵守实训现场规章制度扣1~5分	5			
		工作态度	认真完成学习任务,主动钻研专业技能	上课学习不认真,不能按指导老师要求完成学习任务扣1~7分	5			
		职业规范	遵守电工操作规程及规范	不遵守电工操作规程及规范扣1~5分	5			
2	明确任务		填写工作任务相关内容	工作任务内容填写有错扣1~5分	5			
3	工作准备		1. 按考核图提供的电路元器件,查出单价并计算元器件的总价,填写在元器件明细表中; 2. 检测元器件	正确识别和使用万用表检测各种电子元器件。 元件检测或选择错误扣1~5分	5			
4	任务实施	安装工艺	1. 按焊接操作工艺要求进行,会正确使用工具; 2. 焊点应美观、光滑、牢固,锡量适中匀称,万能板的板面应干净整洁,引脚高度基本一致	1. 电烙铁使用不正确扣2分; 2. 焊点不符合要求每处扣0.5分; 3. 桌面凌乱扣2分; 4. 电路板表面有溅锡、有脏物每处扣1分	10			
		安装正确及美观	1. 各元器件的排列应牢固、规范、端正、整齐、布局合理、无安全隐患; 2. 美观度要求	1. 元件布局不合理、安装不牢固,每处扣2分; 2. 元件安装不合理、不规范,每处扣2分; 3. 元件引脚不一致每个扣0.5分; 4. 元件排列方向不一致每处扣1分; 5. 连接导线不是横平竖直每处扣1分	20			
		计算分析及调试测量	分析计算思路是否正确,能正确调试和准确使用仪器测量电路	1. 计算错误每处扣1分,测量错误每处扣5分; 2. 测量波形错误每处扣5分; 3. 万用表使用错误每次扣3分,损坏仪器本项目0分; 4. 示波器使用错误每处扣3分,损坏仪器本项目0分; 5. 电路功能不完整,少1处扣10分	40			
5	创新能力		工作思路、方法有创新	工作思路、方法没有创新扣5分	5			
备注				合计	100			
				指导教师签字			年 月 日	

任务测评

1. 三极管的 3 个电极分别称为_____、_____和_____。
2. 三极管有 3 个工作区域：_____区、_____区、_____区。
3. 如果反馈信号与来自信号源的信号极性相同，则为_____。
4. 若从放大器的输出端和输入端综合来看，负反馈共有 4 种基本类型：_____、_____、_____、_____。
5. 三极管基本放大电路中，通常通过_____调整来消除失真。
6. 为了稳定三极管放大电路的静态工作点，采用_____反馈；为了稳定交流输出电流，采用_____反馈。
7. 如果三极管工作在饱和区，两个 PN 结状态（　　）。
   A. 均为正偏　　　　　　　　　　B. 均为反偏
   C. 发射结正偏，集电结反偏　　　D. 发射结反偏，集电结正偏
8. 三极管基本放大电路的 3 种接法中，电压放大倍数最小的是（　　）。
   A. 共发射极电路　　　　　　　　B. 共集电极电路
   C. 共基极电路　　　　　　　　　D. 无法判断
9. 某 NPN 型三极管的输出特性曲线如图 1-4-34 所示，当 $U_{CE} = 6\ V$ 时，其电流放大系数 β 为（　　）。
   A. 100　　　　B. 50　　　　C. 150　　　　D. 25

图 1-4-34　题 9 图

任务五　串联型可调稳压电源的安装与调试

任务描述

1. 任务概述

一台黑白电视机由于遭受雷击不能正常工作，经维修人员检查发现，其整流稳压电路部

分已严重损坏,需重新设计安装。现将这个任务交给家电维修队,需在 24 小时之内解决问题。

2. 任务目标

(1) 掌握直流稳压电源电路各部分的作用及相关元器件的选择。
(2) 掌握直流稳压电源电路的工作原理。
(3) 掌握晶体管串联稳压电路的装配。
(4) 掌握晶体管串联稳压电路的调试、测试及计算方法。
(5) 通过示波器观察并分析输入、输出电压的关系。

3. 任务电路

任务所用的原理图与电路板如图 1-5-1 所示。

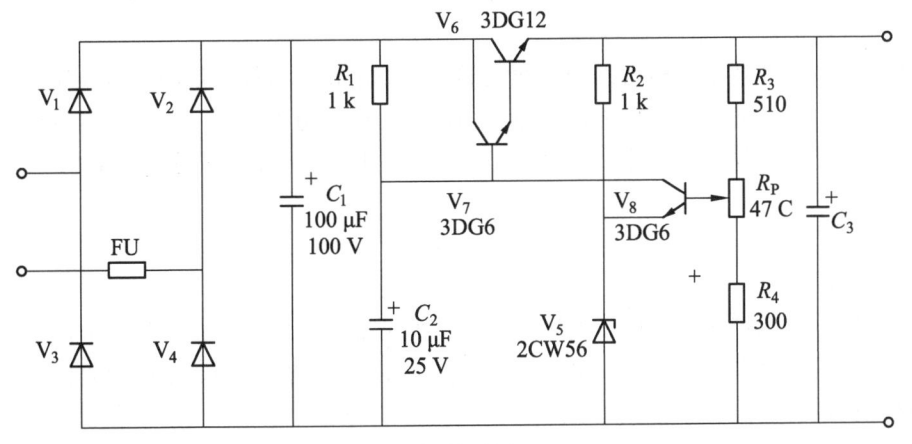

(a) 原理图

(b) 电路板

图 1-5-1 语音两级放大电路原理图与电路板

知识链接

一、直流稳压电源

1. 概 述

直流稳压电源是为负载提供稳定直流电源的装置。直流稳压电源的供电电源大都是交流电源,当交流供电电源的电压或负载电阻变化时,稳压器的直流输出电压都会保持稳定。直流稳压电源随着电子设备的发展向高精度、高稳定性和高可靠性的方向发展,以满足电子设备对供电电源的更高要求。

2. 技术指标

直流稳压电源的技术指标可以分为两大类:一类是特性指标,反映直流稳压电源的固有特性,如输入电压、输出电压、输出电流、输出电压调节范围;另一类是质量指标,反映直流稳压电源的优劣,包括稳定度、等效内阻(输出电阻)、纹波电压及温度系数等。

3. 特性指标

1)输出电压范围

输出电压范围指符合直流稳压电源工作条件的情况下,能够正常工作的输出电压范围。该指标的上限是由最大输入电压和最小输入-输出电压差所规定,而其下限由直流稳压电源内部的基准电压值决定。

2)最大输入-输出电压差

该指标表征在保证直流稳压电源正常工作的条件下,所允许的最大输入-输出之间的电压差值,其值主要取决于直流稳压电源内部调整晶体管的耐压指标。

3)最小输入-输出电压差

该指标表征在保证直流稳压电源正常工作的条件下,所需的最小输入-输出之间的电压差值。

4)输出负载电流范围

输出负载电流范围又称为输出电流范围,在这一电流范围内,直流稳压电源应能保证符合指标规范所给出的指标。

4. 质量指标

1)电压调整率 S_V

电压调整率是表征直流稳压电源稳压性能优劣的重要指标,又称为稳压系数或稳定系数,它表征当输入电压 V_i 变化时直流稳压电源输出电压 V_o 稳定的程度,通常以单位输出电压下的输入和输出电压的相对变化的百分比表示。

2）电流调整率 S_I

电流调整率是反映直流稳压电源负载能力的一项主要指标，又称为电流稳定系数。它表征当输入电压不变时，直流稳压电源对由于负载电流（输出电流）变化而引起的输出电压的波动的抑制能力。在规定的负载电流变化的条件下，通常以单位输出电压下的输出电压变化值的百分比来表示直流稳压电源的电流调整率。

3）纹波抑制比 S_R

纹波抑制比反映了直流稳压电源对输入端引入的市电电压的抑制能力。当直流稳压电源输入和输出条件保持不变时，纹波抑制比常以输入纹波电压峰-峰值与输出纹波电压峰-峰值之比表示，一般用分贝数表示，但是有时也可以用百分数表示，或直接用两者的比值表示。

4）温度稳定性 K

集成直流稳压电源的温度稳定性是以在所规定的直流稳压电源工作温度 T_i 最大变化范围内（$T_{min} \leq T_i \leq T_{max}$）直流稳压电源输出电压的相对变化的百分比值。

5. 极限指标

1）最大输入电压

最大输入电压是保证直流稳压电源安全工作的最大输入电压。

2）最大输出电流

最大输出电流是保证稳压器安全工作所允许的最大输出电流。

6. 分　类

直流稳压电源可以分为两类：线性和开关型。

二、稳压电路

1. 基本稳压电路

串联稳压电路的基本结构如图 1-5-2 所示，三极管 VT 为调整管。由于调整管与负载相串联，所以这种电路称为串联稳压电路。

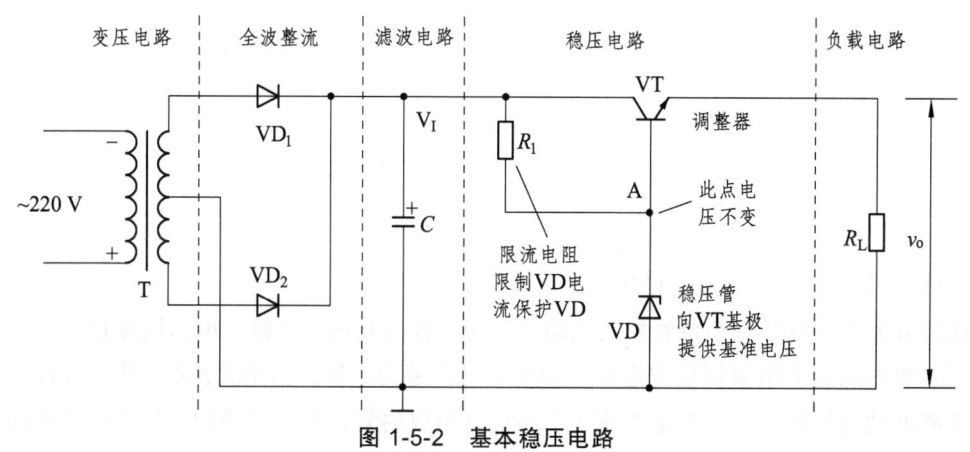

图 1-5-2　基本稳压电路

稳压管 VD 为调整管提供基极电压，称为基准电压。

电路稳压过程：

$V_i\uparrow \to V_o\uparrow \to V_{BE}\uparrow \to I_B \to$ VT 导通程度减弱 $\to V_{CE}\uparrow \to V_o\downarrow$。

2. 带放大环节的稳压电路

图 1-5-3 所示是具有放大环节的串联型晶体管稳压电路。

输入电压 V_i 是由整流滤波电路供给的。电阻 R_1、R_2 组成分压器，把输出电压的变化量取出一部分加到由 T_1 组成的放大器的输入端，所以叫作取样电路。电阻 R_3 和稳压管 D_z 组成稳压管稳压电路，用以提供基准电压，使 T_1 的发射极电位固定不变。晶体管 T_1 组成放大器，起比较和放大信号的作用。R_4 是 T_1 的集电极电阻，从 T_1 集电极输出的信号直接加到调整管 T_2 的基极。

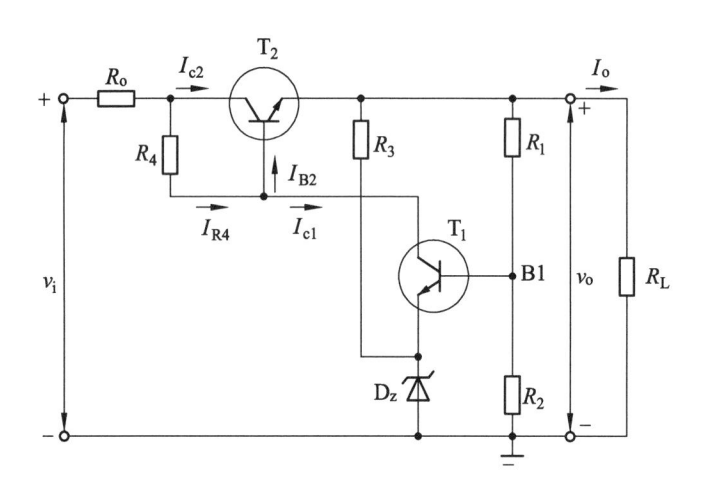

图 1-5-3 串联型稳压电路

如果由于电网电压降低或负载电流增大使输出电压 V_o 降低时，通过 R_1、R_2 的分压作用，T_1 的基极电位 V_{B1} 下降，由于 T_1 的发射极电位 V_{E1} 被稳压管 D_z 稳住而基本不变，二者比较的结果，使 T_1 发射结的正向电压减小，从而使 T_1 的 I_{C1} 减小和 V_{C1} 增高。V_{C1} 的升高又使 T_2 的 I_{B2} 和 I_{C2} 增大，V_{CE2} 减小，最后使输出电压 V_o 升高到接近原来的数值。以上稳压过程可以表示为图 1-5-4。

$V_o\downarrow \xrightarrow{取样} V_{B1}\downarrow \xrightarrow{放大} V_{C1}\uparrow \xrightarrow{控制} V_{CE2}\downarrow \xrightarrow{调整} V_o\uparrow$

图 1-5-4 稳压过程

同理，当 V_o 升高时，通过稳压过程也使 V_o 基本保持不变。

比较放大器可以是一个单管放大电路，但为了提高其增益及输出电压温度稳定性，也可以采用多级差动放大电路和集成运放。调整管通常是功率管，为增大 β 值，使比较放大器的小电流能推动功率管，也可以是 2 或 3 个晶体管组成的复合管。如果调整管的功率不能满足要求时，也可以是若干个调整管并联使用，增加支路以便扩大输出电流。

由于用途不同，取样电路的接法也不同：对稳压源，取样电阻是与负载并联；而对稳流源，取样电阻则是与负载串联。

3. 输出电压可调的稳压电路

在取样电路中加一可变电阻 R_{P1}，便可以实现输出电压在一定范围内连续可调，参考图1-5-5。

例如，当 R_{P1} 向上调时，V_o 也下降。若 R_{P1} 下调，则输出电压 V_o 上升。它由取样电路、基准电路、比较放大电路及调整电路等环节组成。

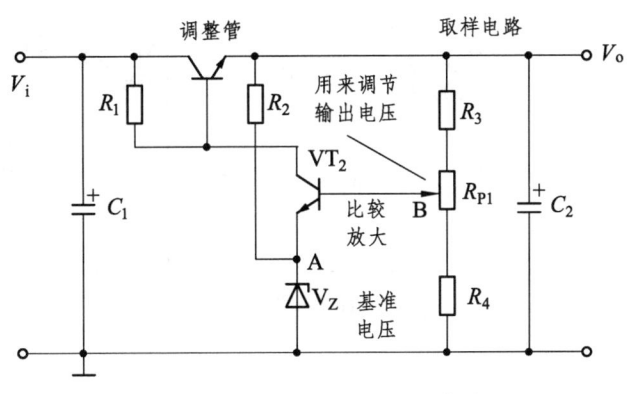

图 1-5-5 串联型可调稳压电路

4. 用复合管做调整管的稳压电路

要想提高电路的稳压性能，必然要求调整管有较高的 β 值，但是大功率三极管的 β 值一般不高。解决这些矛盾的办法，是用复合管做调整管，如图 1-5-6 所示。图中，VT_3 与 VT_1 构成复合管。为了减小 VT_3 的穿透电流对 VT_1 的影响，可增加一只分流电阻 R_5。

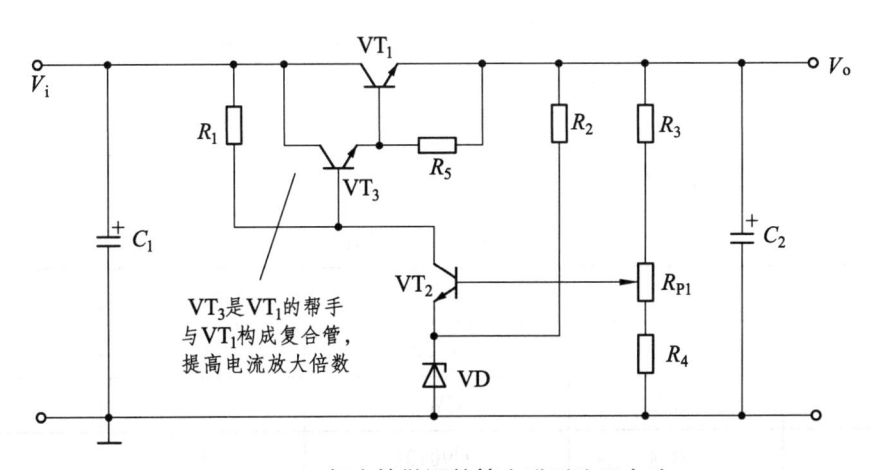

图 1-5-6 复合管做调整管串联型稳压电路

任务实施

一、原理图及工作原理

1. 原理图(见图 1-5-7)

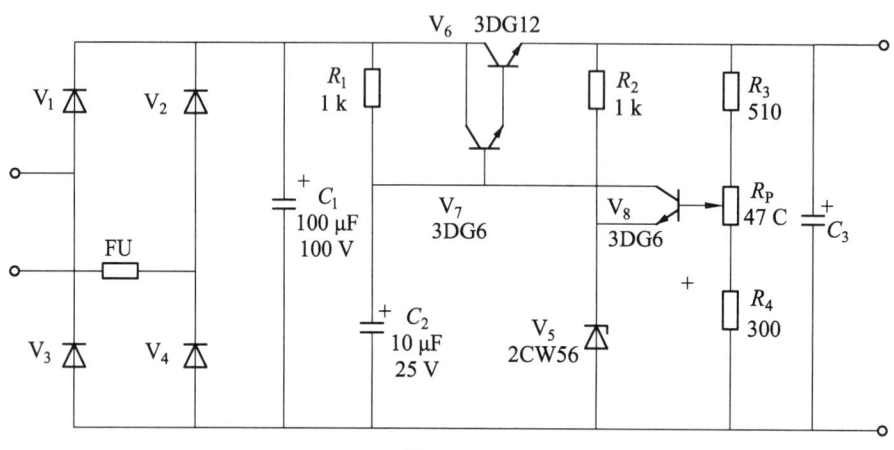

图 1-5-7

2. 工作原理

如果由于电网电压降低或负载电流增大使输出电压 V_o 降低时,通过 R_1、R_2 的分压作用,T_1 的基极电位 V_{B1} 下降,由于 T_1 的发射极电位 V_{E1} 被稳压管 D_z 稳住而基本不变,二者比较的结果,使 T_1 发射结的正向电压减小,从而使 T_1 的 I_{C1} 减小、V_{C1} 增高。V_{C1} 的升高又使 T_2 的 I_{B2} 和 I_{C2} 增大,V_{CE2} 减小,最后使输出电压 V_o 升高到接近原来的数值。以上稳压过程可以表示为图 1-5-8。

$V_o\downarrow \xrightarrow{\text{取样}} V_{B1}\downarrow \xrightarrow{\text{放大}} V_{C1}\uparrow \xrightarrow{\text{控制}} V_{CE2}\downarrow \xrightarrow{\text{调整}} V_o\uparrow$

图 1-5-8

3. 元件清单(见表 1-5-1)

表 1-5-1 元件清单

编号	名称	规格	数量	单价
1	二极管	IN4007	4	
2	稳压管	2CW56	1	
3	三极管	C9013	1	
4	三极管	C9014	1	

续表

编号	名称	规格	数量	单价
5	三极管	C9014	1	
6	电容器	100 μF/50 V	1	
7	电容器	10 μF/25 V	1	
8	电容器	470 μF/25 V	1	
9	电阻	1 kΩ	1	
10	电阻	1 kΩ	1	
11	电阻	510 Ω	1	
12	电阻	300 Ω	1	
13	电位器	470 Ω ~ 1 kΩ	1	
14	熔断器	$\beta \times 0.5$ A	1	
15	万能电路板		1	
16	变压器	AC 220 V/12 V	1	
17	电源插头、焊锡、连接线			

二、安装与调试

1. 安装步骤

（1）按照原理图插接电子元器件，注意极性。二极管安装时，呈 90°角，悬空卧式垂直安装于板面便于散热，间距为 1~2 mm。三极管采用折角安装，注意不能折坏。

（2）连接线可采用多余引脚或细铜丝，使用前先进行上锡处理，增强黏合性。

（3）连接线应遵循横平竖直连线原则，同一焊点连接线不应超过 2 根。

（4）电路各焊接点要可靠、光滑、牢固。

（5）接入交流电源，用万用表合适的交流电压挡测量输入电压值。

（6）以小组为单位，选出组长，任课教师对组长进行重点指导。组长负责检查指导本组学员完成电路安装调试任务。

2. 检修程序

1）表面初步检查

各种稳压电源一般都装有过载或短路保护的熔断丝以及输入、输出接线柱。首先检查熔断丝有否熔断或松脱，接线柱有否松脱或对地短路，电压指示表的表针有否卡阻；然后打开机壳盖板，查看电源变压器是否有焦味或发霉，电阻、电容是否有烧焦、霉断、漏液、炸裂等明显的损坏现象。

2）测量整流输出电压

在各种稳压电源中都有一组或一组以上的整流输出电压，如果这些整流输出电压有一组不正常，则稳压电源将会出现各种故障。因此，检修时要先测量有关的整流输出电压是否正常。

3）测试电子器件

如果整流电压输出正常，而输出稳压不正常，则需进一步测试调整管、放大管等的性能是否良好，电容是否有击穿短路或开路。如果发现有损坏、变值的器件，通常更新后即可使稳压电源恢复正常。

4）检查电路的工作点

若整流电压输出和有关的电子器件都正常，则应进一步检查电路的工作点。对晶体管来说，它的集电极和发射极之间要有一定的工作电压，基极与发射极之间有一定的偏置电压，其极性应符合要求，并保证工作在放大区。

5）分析电路原理

如果发现某个晶体管的工作点电压不正常，有两种可能：一是该晶体管损坏；二是电路中其他元件损坏。这时就必须仔细地根据电路原理图来分析发生问题的原因，进一步查明损坏、变值的元器件。

检修过程中填写表1-5-2。

表1-5-2 稳压电路检修

任务电路		第 组 组长		完成时间	
基本电路安装	根据所给电路原理图，绘制电路实物接线图					
电路调试	1. 用万用表调试电路					
	R_P 电位器	Ω	输出电压	V
	当 R_P 电位器中点调向最左边时，A、B两端电阻		测 U_o 两端电压	V
	当 R_P 电位器中点调向最右边时，A、B两端电阻		测 U_o 两端电压	V
	2. 根据测量结果，比较一下简单直流稳压电源与带放大环节直流稳压电源，说说这两者的区别					

任务评价

序号	主要内容		考核要求	评分标准	配分	自我评价	小组互评	教师评价
1	职业素质	劳动纪律	按时上下课，遵守实训现场规章制度	上课迟到、早退、不服从指导老师管理，或不遵守实训现场规章制度扣1~5分	5			
		工作态度	认真完成学习任务，主动钻研专业技能	上课学习不认真，不能按指导老师要求完成学习任务扣1~7分	5			
		职业规范	遵守电工操作规程及规范	不遵守电工操作规程及规范扣1~5分	5			
2	明确任务		填写工作任务相关内容	工作任务内容填写有错扣1~5分	5			
3	工作准备		1. 按考核图提供的电路元器件，查出单价并计算元器件的总价，填写在元器件明细表中；2. 检测元器件	正确识别和使用万用表检测各种电子元器件。元件检测或选择错误扣1~5分	5			
4	任务实施	安装工艺	1. 按焊接操作工艺要求进行，会正确使用工具。2. 焊点应美观、光滑、牢固，锡量适中匀称，万能板的板面应干净整洁，引脚高度基本一致	1. 电烙铁使用不正确扣2分；2. 焊点不符合要求每处扣0.5分；3. 桌面凌乱扣2分；4. 电路板面有溅锡、有脏物每处扣1分	10			
		安装正确及美观	1. 各元器件的排列应牢固、规范、端正、整齐、布局合理、无安全隐患；2. 美观度要求	1. 元件布局不合理、安装不牢固，每处扣2分；2. 元件安装不合理不规范，每处扣2分；3. 元件引脚不一致每个扣0.5分；4. 元件排列方向不一致每处扣1分；5. 连接导线不是横平竖直每处扣1分	20			
		计算分析及调试测量	分析计算思路是否正确，能正确调试，能准确使用仪器测量电路	1. 计算错误每处扣1分，测量错误每处扣5分；2. 测量波形错误每处扣5分；3. 万用表使用错误每次扣3分，损坏仪器本项目0分；4. 示波器使用错误每处扣3分，损坏仪器本项目0分；5. 电路功能不完整少1处扣10分	40			
5	创新能力		工作思路、方法有创新	工作思路、方法没有创新扣5分	5			
备注				合计	100			
				指导教师签字		年 月 日		

任务测评

1.（判断题）线性直流电源中的调整管工作在放大状态，开关型直流电源中的调整管工作在开关状态。（　　）

2.（判断题）因为串联型稳压电路中引入了深度负反馈，因此也可能产生自激振荡。（　　）

3. 若要组成输出电压可调、最大输出电流为 3 A 的直流稳压电源，则应采用（　　）。

    A. 电容滤波稳压管稳压电路　　　　　　B. 电感滤波稳压管稳压电路

    C. 电容滤波串联型稳压电路　　　　　　D. 电感滤波串联型稳压电路

4. 串联型稳压电路中的放大环节所放大的对象是（　　）。

    A. 基准电压

    B. 采样电压

    C. 基准电压与采样电压之差

5. 开关型直流电源比线性直流电源效率高的原因是　　　。

    A. 调整管工作在开关状态

    B. 输出端有 LC 滤波电路

    C. 可以不用电源变压器

6. 在脉宽调制式串联型开关稳压电路中，为使输出电压增大，对调整管基极控制信号的要求是（　　）。

    A. 周期不变，占空比增大　　　　B. 频率增大，占空比不变

    C. 在一个周期内，高电平时间不变，周期增大

7. 电路如图 1-5-9 所示，已知稳压管的稳定电压 $U_z = 6$ V，晶体管的 $U_{BE} = 0.7$ V，$R_1 = R_2 = R_3 = 300\ \Omega$，$U_i = 24$ V。判断出现下列现象时，分别是因为电路产生了什么故障（即哪个元件开路或短路）。

（1）$U_o \approx 24$ V。

（2）$U_o \approx 23.3$ V。

（3）$U_o \approx 12$ V 且不可调。

（4）$U_o \approx 6$ V 且不可调。

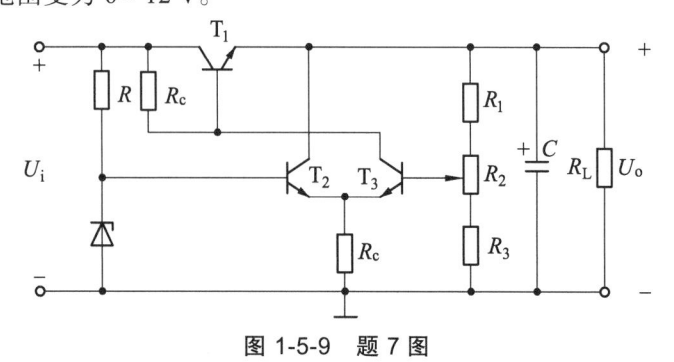

（5）U_o 可调范围变为 6～12 V。

图 1-5-9　题 7 图

任务六 三端集成稳压电源电路的安装与调试

任务描述

1. 任务概述
校办工厂接到一企业工作任务,设计一款小功率 5 V 稳压电源,要求低功耗、低成本。现将这个任务交给家电维修队,需在一周之内解决问题。

2. 任务目标
(1)掌握集成稳压电源的外形和电路符号。
(2)掌握各类型集成稳压电源的连接方法。
(3)掌握判别集成稳压器好坏的方法。
(4)会使用万用表测量各点的电压。

3. 任务电路
任务所用的原理图与电路板如图 1-6-1 所示。

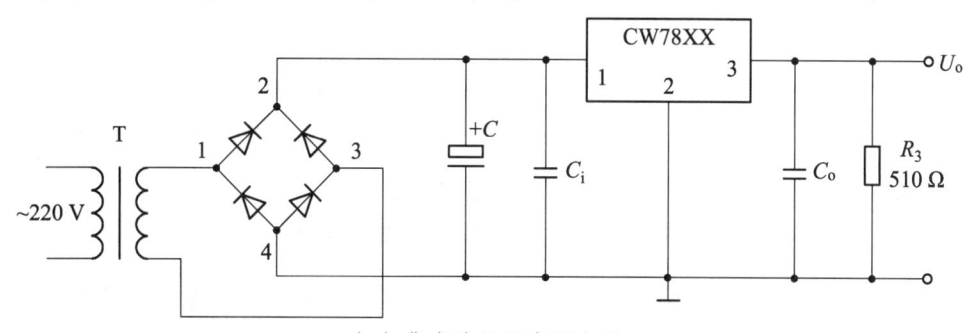

(a)集成稳压器实用电路

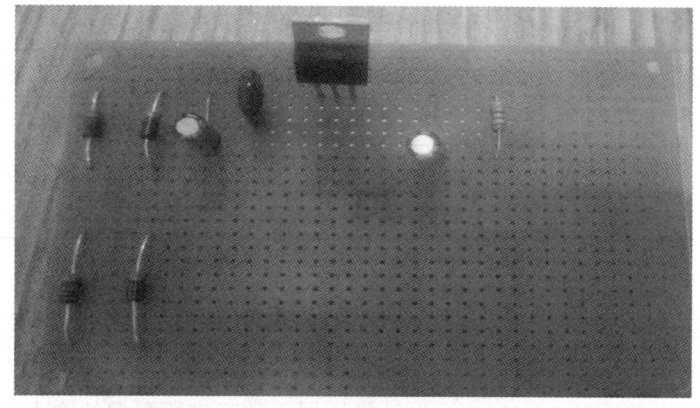

(b)电路板

图 1-6-1 三端集成稳压电源电路原理图与电路板

知识链接

一、三端集成稳压块

1. 实物展示（见图 1-6-2）

图 1-6-2 三端集成稳压块

2. 型号说明

三端固定输出集成稳压器型号和参数如图 1-6-3 所示，管脚排列如表 1-6-1 所示。

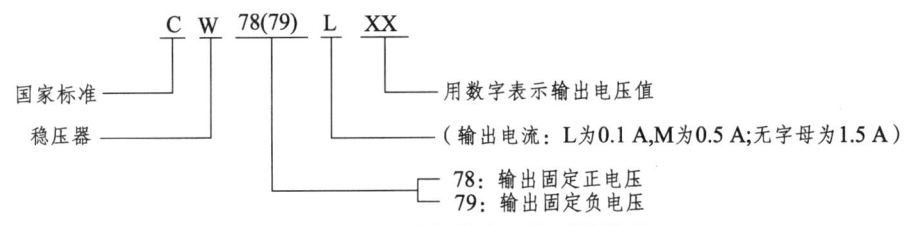

```
    C W 78(79) L XX
    │ │   │    │  │
国家标准┘ │   │    │  └── 用数字表示输出电压值
   稳压器┘   │    └───── （输出电流：L为0.1 A,M为0.5 A;无字母为1.5 A）
            └── 78：输出固定正电压
                79：输出固定负电压
```

图 1-6-3 三端集成稳压块型号说明

型号中的××表示该电路输出电压值，分别为 ±5 V、±6 V、±9 V、±12 V、±15 V、±18 V、±24 V 共 7 种。

表 1-6-1 不同型号三端集成稳压器的管脚排列

管脚	CW78××系列	CW79××系列
1	输入端	公共端
2	公共端	输入端
3	输出端	输出端

3. 三端集成稳压器的主要参数

最大输入电压 U_{imax}：稳压器正常工作时允许输入的最大电压。

最大输出电流 I_{Lmax}：保证稳压器安全工作时允许输出的最大电流。

最小输入输出压差 $(U_i - U_L)_{min}$：保证稳压器正常工作所要求的输入电压与输出电压的最小差值。

4. 应用

1）三端固定正输出的基本应用电路如图 1-6-4、图 1-6-5 所示。

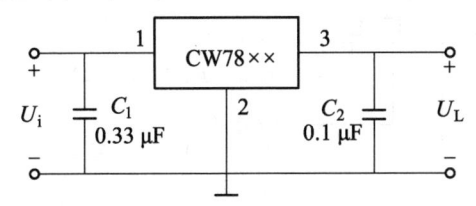

图 1-6-4　固定输出正电压稳压器

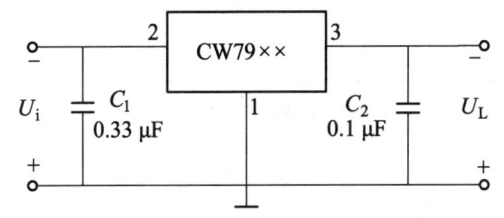

图 1-6-5　固定输出负电压稳压器

2）三端固定输出稳压器的其他应用（连接方法）

（1）提高输出电压稳压电路，如图 1-6-6 所示。

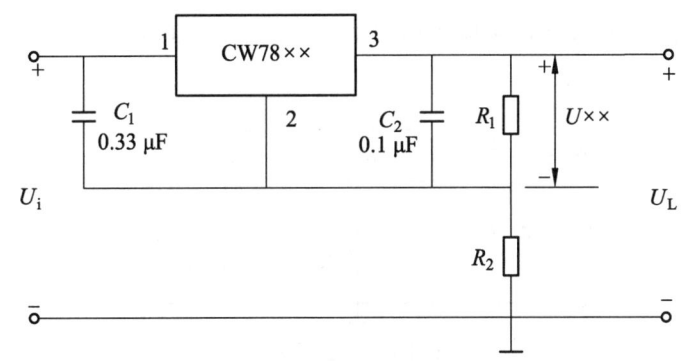

图 1-6-6　提高输出电压稳压电路

输出电压计算公式：

$$U_L = (1+R_2/R_1)U_{XX}$$

（2）扩大输出电流稳压电路，如图 1-6-7 所示。

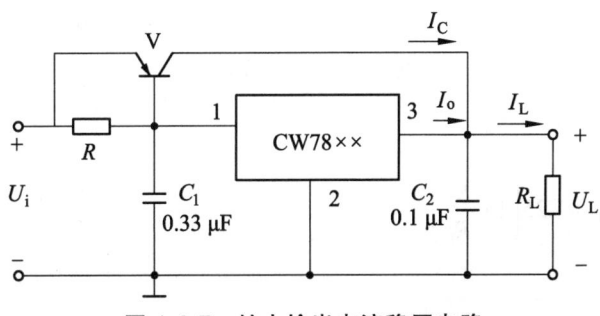

图 1-6-7　扩大输出电流稳压电路

2）三端可调输出集成稳压器

（1）三端可调输出稳压器的型号和参数如图 1-6-8 所示，各管脚的功能如表 1-6-2 所示。

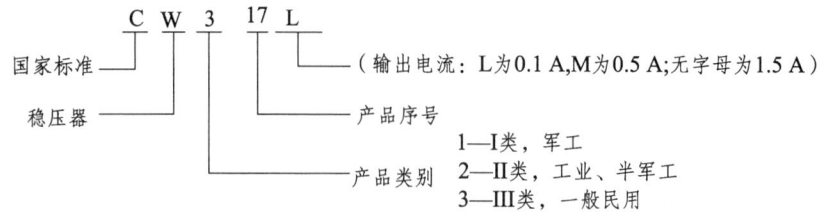

```
        C W 3 17 L
        │ │ │ │ │
   国家标准┘ │ │ │ └─（输出电流：L为0.1 A,M为0.5 A;无字母为1.5 A）
     稳压器─┘ │ └─产品序号
              │        1—I类，军工
              └─产品类别 2—II类，工业、半军工
                       3—III类，一般民用
```

图 1-6-8

表 1-6-2 管脚功能对比

管脚	CW117/CW217/CW317 系列	CW137/CW237/CW337 系列
1	输入端	调整端
2	调整端	输入端
3	输出端	输出端

（2）三端可调式集成稳压电路应用如图 1-6-9、图 1-6-10 所示。

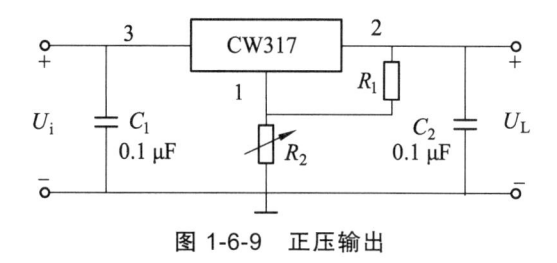

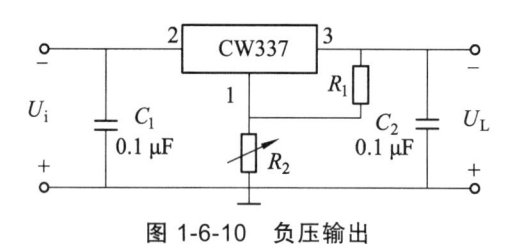

图 1-6-9 正压输出

图 1-6-10 负压输出

输出电压：

$$U_L \approx 1.25\left(1+\frac{R_2}{R_1}\right)$$

任务实施

一、原理图及工作原理

1. 原理图（见图 1-6-11）

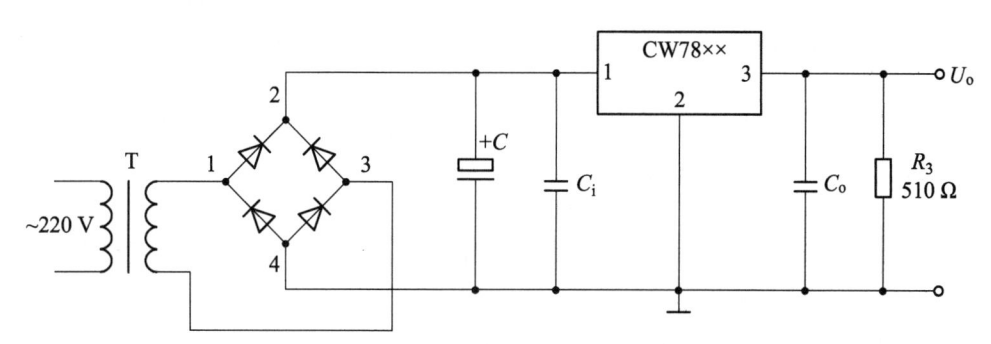

图 1-6-11 集成稳压器实用电路

2. 工作原理

因为固定三端稳压器属于串联型稳压电路，因此它的原理等同于串联型稳压电路。当电网电压或负载发生变化引起输出电压增大时，通过取样、比较放大、调整等过程，将使调整管的管压降增加，结果抑制了输出端电压的增大，输出电压仍基本保持不变。在串联型稳压电源电路的工作过程中，要求调整管始终处于放大状态。

3. 元件清单（见表 1-6-3）

表 1-6-3 元件清单

编号	名称	规格	数量	单价
1	万能板	8 mm × 8 mm	1 块	
2	集成稳压器	CM7805	1 只	
3	电阻	390 Ω ~ 5 kΩ	1 只	
4	整流二极管	IN4007	4 只	
5	电解电容器	100 μF/50 V	2 只	
6	涤纶电容器	0.047 μF	1 只	
7	焊接材料	焊锡丝、松香助焊剂、连接导线等	1 套	
成本核算				
人工费				
总计				

二、安装与调试

安装步骤：

（1）4只二极管的负极在上、正极在下，注意极性。二极管安装时，呈90°角，悬空卧式垂直于安装板面便于散热，间距为1~2 mm。

（2）电容器并联在整流电路的输出端，集成直流稳压在整流电路后面

（3）集成稳压器平面朝自己，左边1为输入，中间2为接地，右边3为输出，并连接电容，再接负载电阻。

（4）连接线可采用多余引脚或细铜丝，使用前先进行上锡处理，以增强黏合性。

（5）连接线应遵循横平竖直连线原则，同一焊点连接线不应超过2根。

（6）电路各焊接点要可靠、光滑、牢固。

（7）以小组为单位，选出组长，任课教师对组长进行重点指导。组长负责检查指导本组学员完成电路安装调试任务。

安装调试过程中填写表1-6-4。

表1-6-4　三端集成稳压电源电路的安装与调试

任务电路		第　　组 组　长		完成时间	
基本电路安装	1. 根据所学电路原理图，绘制电路接线图。 2. 根据接线图，安装并焊接电路，写出电路工作原理。 				
电路调试	1. 用万用表调试电路 | 输入电压	V	输出电压	V | |---|---|---|---| | 1、2两端电压 | | 3、2两端电压 | | 2. 利用什么方法提高输出电压为9 V？ 				

任务评价

序号	主要内容		考核要求	评分标准	配分	自我评价	小组互评	教师评价
1	职业素质	劳动纪律	按时上下课,遵守实训现场规章制度	上课迟到、早退、不服从指导老师管理,或不遵守实训现场规章制度扣1~5分	5			
		工作态度	认真完成学习任务,主动钻研专业技能	上课学习不认真,不能按指导老师要求完成学习任务扣1~5分	5			
		职业规范	遵守电工操作规程及规范	不遵守电工操作规程及规范扣1~5分	5			
2	明确任务		填写工作任务相关内容	工作任务内容填写有错扣1~5分	5			
3	工作准备		1. 按考核图提供的电路元器件,查出单价并计算元器件的总价,填写在元器件明细表中; 2. 检测元器件	正确识别和使用万用表检测各种电子元器件。 元件检测或选择错误扣1~5分	10			
4	任务实施	安装工艺	1. 按焊接操作工艺要求进行,会正确使用工具; 2. 焊点应美观、光滑牢固、锡量适中匀称、万能板的板面应干净整洁,引脚高度基本一致	万用表使用不正确扣2分; 焊点不符合要求每处扣0.5分; 桌面凌乱扣2分; 元件引脚不一致每个扣0.5分	10			
		安装正确及测试	1. 各元器件的排列应牢固、规范、端正、整齐、布局合理、无安全隐患; 2. 测试电压应符合原理要求; 3. 电路功能完整	1. 元件布局不合理、安装不牢固,每处扣2分; 2. 布线不合理,不规范,接线松动,虚焊,脱焊、接触不良每处扣1分; 3. 测量数据错误扣5分; 4. 电路功能不完整少1处扣10分	40			
		故障分析及排除	分析故障原因,思路正确,能正确查找故障并排除	1. 实际排除故障中思路不清楚,每个故障点扣3分; 2. 每少查出一个故障点扣5分; 3. 每少排除一个故障点扣3分; 4. 排除故障方法不正确,每处扣5分	10			
5	创新能力		工作思路、方法有创新	工作思路、方法没有创新扣10分	10			
				合计	100			
备注				指导教师签字		年 月 日		

任务测评

1. 稳压器正常工作时允许输入的最大电压是_____。
2. 在直流稳压电路中,变压的目的是_____,整流的目的是_____。
3. 在直流稳压电路中,滤波的目的是_____,稳压的目的是_____。
4. 三端集成稳压器 CW7812 的输出电压是(　　)。
   A. 12 V　　　　B. 5 V　　　　C. 9 V
5. 解读三端直流稳压器 L7812 输出电压极性及稳压值。
6. 如图 1-6-12 所示,已知 V_{in} = 18 V,求 V_{out} = ?

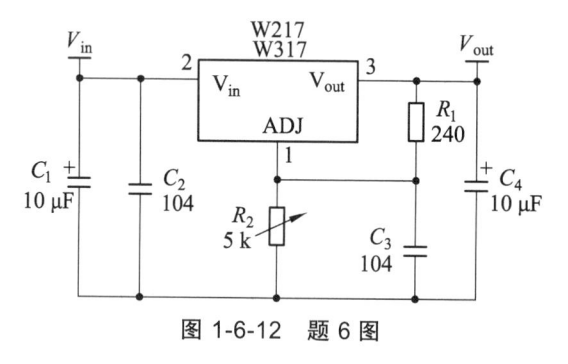

图 1-6-12　题 6 图

7. 画出用 CW78、CW79 系列组成输出正、负固定电压的变压、整流、电容滤波的集成稳压电路,并标出参数。

任务七　简易函数信号发生器电路的安装与测试

任务描述

1. 任务概述

在电子电路调试中,常用各种信号源来测试电路工作是否正常。本任务的目标是产生一个方波、一个三角波和一个正弦波信号,用于测试电路的信号源。

2. 任务目标

(1)了解信号发生电路的工作原理。
(2)会筛选电子元器件和用示波器测量扬声器的输出波形。
(3)会分析波形失真的原因并调试好波形。

3. 任务电路

任务所用的原理图与电路板如图 1-7-1 所示。

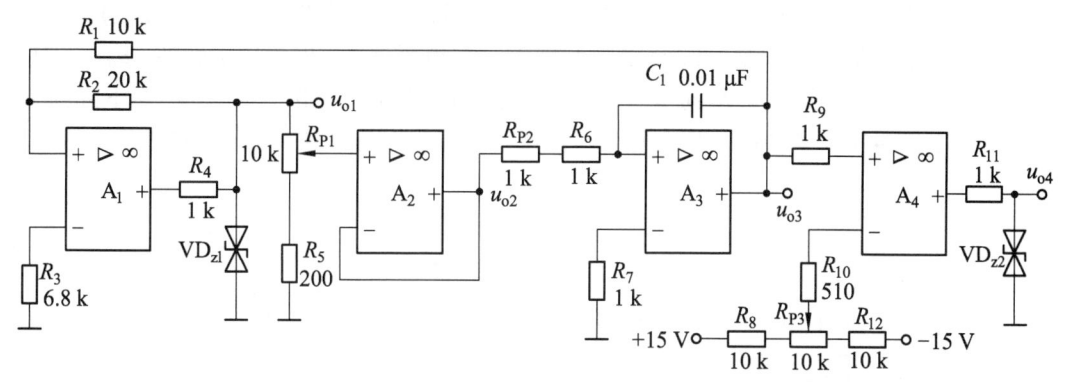

（a）原理图

（b）电路板

图 1-7-1　简易函数信号发生器电路原理图与电路板

知识链接

一、方波产生电路

图 1-7-2（a）所示电路为由迟滞比较器构成的方波产生电路，它是在迟滞比较器的基础上增加了一个由 R_f、C 组成的积分电路。迟滞比较器的 U_{TH}、U_{TL} 分别为

$$U_{TH} = \frac{R_1}{R_1 + R_2} U_{DZ}$$

$$U_{TL} = -\frac{R_1}{R_1+R_2}U_{DZ}$$

其工作过程：当电源接通瞬间，电容 C 两端电压为零，输出高电平 $u_o = U_{DZ}$，此时 $u_o = U_{DZ}$ 的高电平通过 R_f 向 C 充电，U_C 逐渐上升到 U_{TH} 并稍超过后，电路发生转换，$u_o = -U_{DZ}$，当 $u_o = -U_{DZ}$ 后，U_{TH} 要通过 R_f 向 $u_o = -U_{DZ}$ 放电，U_C 由 U_{TH} 逐渐下降。当 U_C 下降到 U_{TL} 并稍小时，电路再次发生转换，周而复始形成振荡，输出对称方波，如图 1-7-2（b）所示。

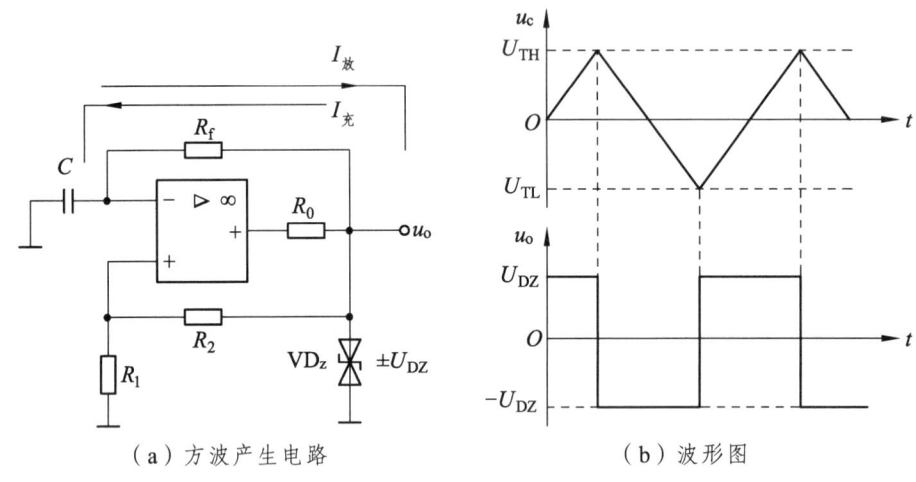

（a）方波产生电路　　　（b）波形图

图 1-7-2　方波产生电路

可以证明电路的振荡周期和频率为

$$T = 2R_f C \times \ln\left(1+\frac{2R_1}{R_2}\right)$$

$$f = \frac{1}{T} = \frac{1}{2R_f C \times \ln\left(1+\frac{2R_1}{R_2}\right)}$$

二、三角波产生电路

由运放组成的线性积分电路如图 1-7-3（a）所示，运放均采用 f_H 较高的 LF353，其中 A_1 构成同相输入的迟滞比较器，A_2 构成恒流积分电路，A_1 输出电压 u_{o1} 为方波、幅值为 U_{DZ}，A_2 输出三角波，其电压由比较器 A_1 的门限电压 U_{T+} 和 U_{T-} 决定，u_{o1} 和 u_o 的波形如图 1-7-3（b）所示。

由同相输入迟滞比较器可知：

$$U_{TH} = \frac{R_1}{R_2}U_{DZ}, \quad U_{TL} = -\frac{R_1}{R_2}U_{DZ}$$

其工作过程：当刚接上电源时，若 $u_C = 0$，$u_{o1} = +U_{DZ}$，u_{o1} 通过 R 向 C 充电，u_o 呈线性

下降。当 u_o 下降到 $U_{TL}=-\dfrac{R_1}{R_2}U_{DZ}$ 时，电路发生转换，$u_{o1}=-U_{DZ}$，此时 C 通过 R 反向充电，u_o 线性上升，当 u_o 上升到 $U_{TH}=-\dfrac{R_1}{R_2}U_{DZ}$ 时，电路再次发生转换，周而复始形成振荡。其中，$u_{o1}=U_{DZ}$，$u_o=U_{TH}=-\dfrac{R_1}{R_2}U_{DZ}$。

（a）电路原理图　　（b）波形图

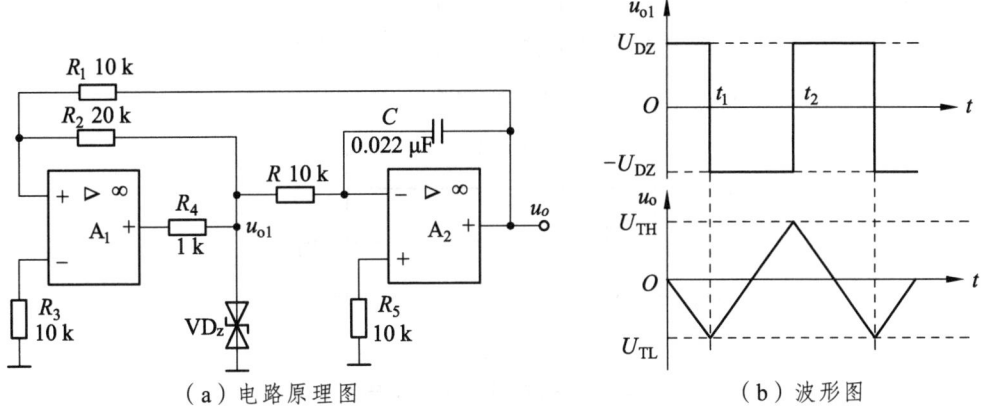

图 1-7-3　三角波产生电路

振荡周期的计算：根据 $u_C(t)=\dfrac{q(t)}{C}$ 的公式，得 $u_C(t)=\dfrac{1}{C}it$，其中在 $\dfrac{T}{2}$ 时间内（即 t_2-t_1 时间内）$u_{cp}=U_{TH}-U_{TL}=2\dfrac{R_1}{R_2}U_{DZ}$，$i=\dfrac{u_{o1}}{R}$，$t=t_2-t_1=\dfrac{T}{2}$

有　　　$\dfrac{2R_1}{R_2}U_{DZ}=\dfrac{1}{C}\times\dfrac{u_{o1}}{R}\times\dfrac{T}{2}$

所以　　$T=\dfrac{2R_1}{R_2}\times\dfrac{U_{DZ}}{u_{o1}}\times 2RC=\dfrac{4R_1}{R_2}\times RC$，$f=\dfrac{1}{T}=\dfrac{R_2}{4R_1RC}$

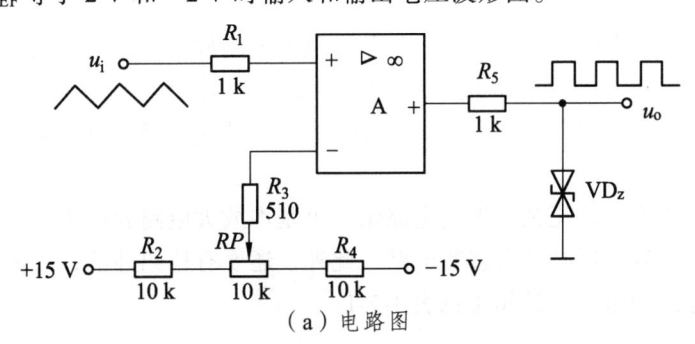

三、三角波-矩形波转换电路

图 1-7-4（a）是用单门限比较器把三角波变成占空比可调的方波的变换电路。调节电位器 R_P 可以改变单门限电压比较器被比较的电压 U_{REF}，从而可改变输出方波 u_o 的占空比。图 1-7-4（b）是 U_{REF} 等于 2 V 和 −2 V 时输入和输出电压波形图。

（a）电路图

101

(b）输入输出波形

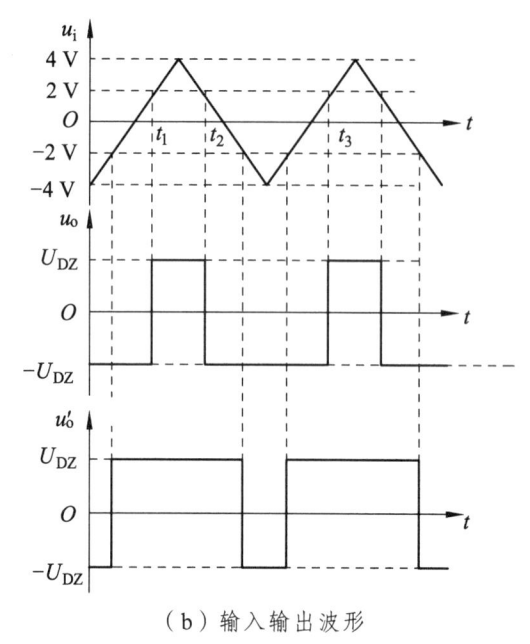

图 1-7-4　三角波-矩形波转换产生电路

四、正弦波振荡电路的基本组成

振荡器是一种能自动地将直流电源能量转换为一定波形的交变振荡信号能量的转换电路。它与放大器的区别在于，无须外加激励信号，就能产生具有一定频率、一定波形和一定振幅的交流信号。

图 1-7-5 所示为正弦波振荡电路的组成框图。

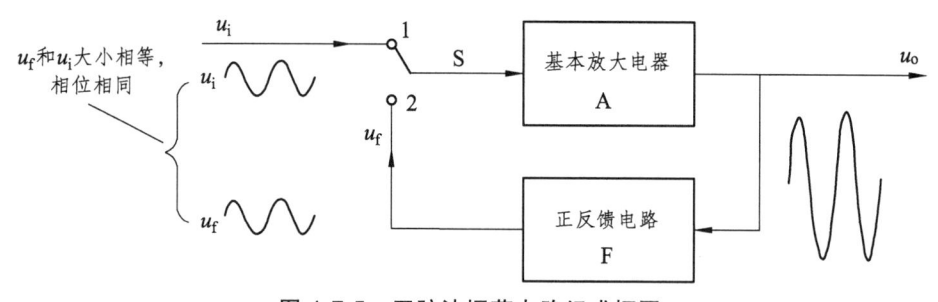

图 1-7-5　正弦波振荡电路组成框图

当开关 S 接"1"端时，输入信号 u_i 经基本放大电路放大，在输出端得到一个放大的输出信号 u_o。这时如果将开关 S 瞬间接"2"端，从输出端引入正反馈信号 u_f，并使 u_f 与原输入信号大小相等、相位相同，则整个电路在去掉输入信号 u_i 的情况下，即可依赖反馈信号 u_f 持续输出稳定的信号。

由图 1-7-5 可以看出，正弦波振荡电路由一个基本放大电路和一个反馈电路组成，但要产生单一频率的正弦波，还必须有选频电路。此外，还要有稳幅环节，以保证输出信号的稳定。正弦波振荡电路的组成及其作用见表 1-7-1。

在不少实用电路中，常将选频网络和反馈网络合二为一，对于分立元件的振荡电路，则常常以依靠半导体管的非线性和引入负反馈来实现稳幅作用。

表 1-7-1　正弦波振荡电路的组成及其作用

组成部分	作　　用
基本放大电路	保证电路具有足够的放大倍数
正反馈电路	引入正反馈，使放大电路的反馈信号等于输入信号
选频网络	确定电路的振荡频率，使电路产生单一频率的正弦波
稳幅环节	改善振荡波形，稳定输出幅度

任务实施

一、原理图及工作原理

1. 原理图（见图 1-7-6）

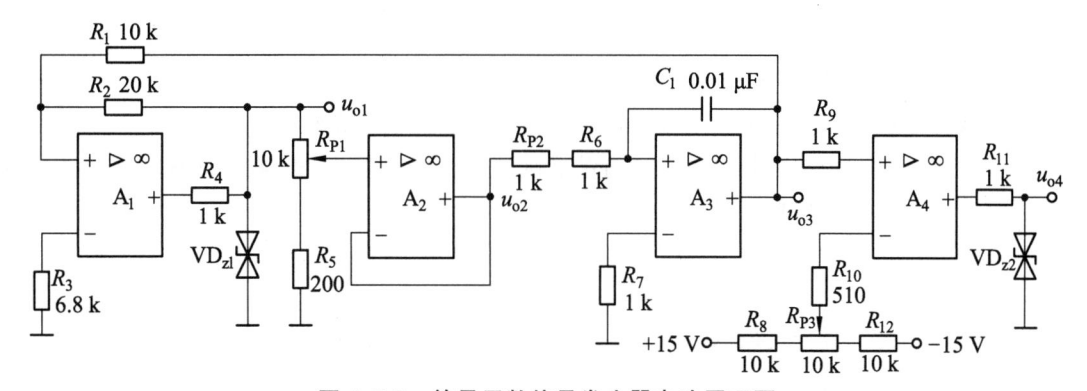

图 1-7-6　简易函数信号发生器电路原理图

2. 工作原理

先通过方波振荡电路产生方波，再通过方波-三角波变换电路产生三角波，最后通过三角波-正弦波变换电路产生正弦波。电路框图如图 1-7-7 所示。

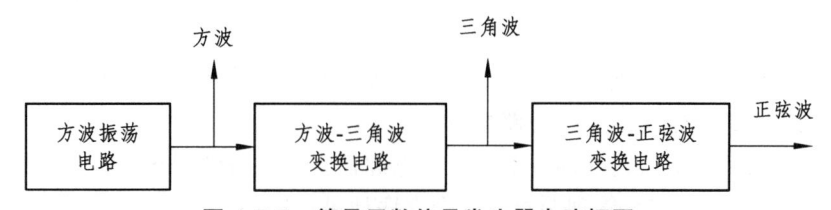

图 1-7-7　简易函数信号发生器电路框图

3. 元件清单

本次任务所需要元器件如表 1-7-2 所示。

表 1-7-2 元器件明细表

代号	名称	规格	数量	代号	名称	规格	数量
PCB	万能板	80 mm × 80 mm	1	R_9	碳膜电阻	1 kΩ	1
R_1	碳膜电阻	10 kΩ	2	R_{10}	碳膜电阻	510 Ω	1
R_2	碳膜电阻	20 kΩ	1	R_{11}	碳膜电阻	1 kΩ	1
R_3	碳膜电阻	6.8 kΩ		R_{P1}	微调电阻器	10 kΩ	
R_4	碳膜电阻	1 kΩ	1	R_{P2}	微调电阻器	1 kΩ	
R_5	碳膜电阻	200 Ω	1	R_{P3}	微调电阻器	10 kΩ	
R_6	碳膜电阻	1 kΩ	1	C_1	涤纶电容	0.01 μF	1
R_7	碳膜电阻	1 kΩ	1	VD_{Z1}、VD_{Z2}	稳压管	6.2 V	4
R_8	碳膜电阻	10 kΩ	1				

二、安装与调试

1. 元器件识别、检测和选用

利用万用表分别检测判断碳膜电阻、电解电容、三极管的阻值和好坏，记录并与器材清单核对。

2. 环境要求与安全要求

（1）操作平台应保持整洁，不允许放置其他器件、工具与杂物。

（2）在操作过程中，工具与器件不得乱摆乱放，注意规范整齐。在万能板上安装元器件时，要注意前后、上下位置。

（3）操作结束后，要将工位整理好，收拾好器材与工具，清理台面和地上杂物，关闭电源。

（4）将器材与工具分类放入工具箱，并摆放好凳子，方能离开。

3. 安装过程的安全要求

安装过程必须要有"安全第一"的意识，具体要求如下：

（1）进入实训室，劳保用品必须穿戴整齐，不穿绝缘鞋一律不准进入实训场地。

（2）电烙铁插头最好使用三相插头，要使外壳妥善接地。

（3）电烙铁使用前应仔细检查电源线是否有破损现象，电源插头是否损坏，并检查烙铁头有无松动。

（4）焊接过程中，电烙铁不能随处乱放。不焊接时，应放在烙铁架上。注意烙铁头不可碰到电源线，以免烫坏绝缘层发生短路事故。

（5）使用结束后，应及时切断电源，拔下电源插头，待烙铁冷却后放入工具箱。

（6）实训过程应执行 7S 管理要求，安全有序地进行实训。

4. 具体操作步骤

在万能板上安装后的实物图如图 1-7-8 所示，具体安装与调试步骤如下：

图 1-7-8　简易函数信号发生器电路

（1）对元器件进行检测，按工艺要求对元器件的引脚进行加工，参考图 1-7-8 所示实物图安装焊接电路。

（2）电路检查无误后接通 5 V 电源，调节 R_P，使得示波器无明显失真的波形，读出该正弦波频率为 1 kHz。

操作过程中填写表 1-7-3。

表 1-7-3　函数信号发生器电路的安装与调试

任务电路		第　组 组长		完成时间	
基本电路安装	1. 根据所学电路原理图，绘制电路接线图 2. 根据接线图，安装并焊接电路，写出电路工作原理					
电路调试	1. 用万用表调试电路					
	输出电压				
	U_{o1} 两端电压			U_{o2} 两端电压	
	U_{o3} 两端电压			U_{o4} 两端电压	
	2. 测量 U_{o1} 两端波形、U_{o2} 两端波形、U_{o3} 两端波形、U_{o4} 两端波形，画出波形图，测量各点输出频率					
				1）SEC/DIV 2）VOLTS/DIV 3）U_{o1} 4）U_{o2} 5）U_{o3} 6）U_{o4}		

任务评价

序号	主要内容		考核要求	评分标准	配分	自我评价	小组互评	教师评价
1	职业素质	劳动纪律	按时上下课,遵守实训现场规章制度	上课迟到、早退、不服从指导老师管理,或不遵守实训现场规章制度扣1~7分	7			
		工作态度	认真完成学习任务,主动钻研专业技能	上课学习不认真,不能按指导老师要求完成学习任务扣1~7分	7			
		职业规范	遵守电工操作规程及规范	不遵守电工操作规程及规范扣1~6分	6			
2	明确任务		填写工作任务相关内容	工作任务内容填写有错扣1~5分	5			
3	工作准备		1. 按考核图提供的电路元器件,查出单价并计算元器件的总价,填写在元器件明细表中; 2. 检测元器件	正确识别和使用万用表检测各种电子元器件。 元件检测或选择错误扣1~5分	10			
4	任务实施	安装工艺	1. 按焊接操作工艺要求进行,会正确使用工具; 2. 焊点应美观、光滑牢固、锡量适中匀称、万能板的板面应干净整洁,引脚高度基本一致	万用表使用不正确扣2分 焊点不符合要求每处扣0.5分 桌面凌乱扣2分 元件引脚不一致每个扣0.5分	10			
		安装正确及测试	1. 各元器件的排列应牢固、规范、端正、整齐、布局合理、无安全隐患; 2. 测试电压应符合原理要求; 3. 电路功能完整	1. 元件布局不合理、安装不牢固,每处扣2分; 2. 布线不合理、不规范,接线松动,虚焊、脱焊、接触不良等每处扣1分; 3. 测量数据错误扣5分; 4. 电路功能不完整少1处扣10分	40			
		故障分析及排除	分析故障原因,思路正确,能正确查找故障并排除	1. 实际排除故障中思路不清楚,每个故障点扣3分; 2. 每少查出一个故障点扣5分; 3. 每少排除一个故障点扣3分; 4. 排除故障方法不正确每处扣5分	10			
5	创新能力		工作思路、方法有创新	工作思路、方法没有创新扣5分	5			
备注				合计	100			
				指导教师签字		年	月	日

任务测评

1. 如何产生一个方波？请设计一个产生 1 kHz 的方波。
2. 如何设计一个三角波电路？
3. 请设计一个三角波电路转换为方波的电路。
4. 如何改变方波的占空比？
5. 制作频率为 20 Hz ~ 20 kHz 的音频信号发生电路，应选用（　　）。
   A. RC 桥式正弦波振荡电路
   B. LC 正弦波振荡电路
   C. 石英晶体正弦波振荡电路
6. 制作频率为 2 ~ 20 MHz 的接收机的本机振荡器，应选用（　　）。
   A. RC 桥式正弦波振荡电路
   B. LC 正弦波振荡电路
   C. 石英晶体正弦波振荡电路
7. 制作频率非常稳定的测试用信号源，应选用（　　）。
   A. RC 桥式正弦波振荡电路
   B. LC 正弦波振荡电路
   C. 石英晶体正弦波振荡电路

任务八　单结晶体管调光电路的安装与调试

任务描述

1. 任务概述

用学过的电路知识，通过整流二极管、电容器、电阻器、稳压二极管、发光二极管等普通电子元件，加上单结晶体管，组装成单结晶体管调光电路。并能通过电路调试，测量电路的波形验证电路的原理。

2. 任务目标

（1）熟悉单结晶体管触发电路的工作原理，测量相关各点的电压波形。
（2）熟悉单相半波可控整流电路与单相半控桥式整流电路在电阻负载和电阻-电感负载时的工作情况。分析、研究负载和元件上的电压、电流波形。
（3）掌握由分列元件组成电力电子电路的测试和分析方法。

3. 任务电路

任务所用的原理图与电路板如图 1-8-1 所示。

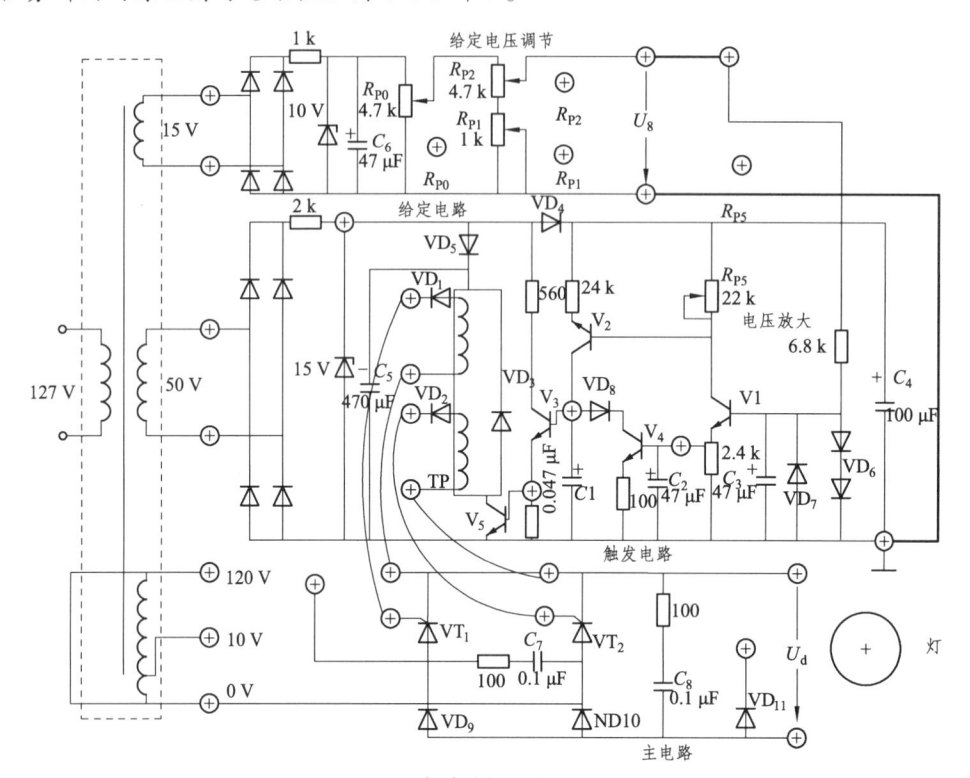

(a) 原理图

(b) 电路板

图 1-8-1 晶闸管半控桥式整流路图及单结晶体管触发电路图

知识链接

一、单结晶体管触发电路

为保证能够可靠地触发，晶闸管对触发电路有一定的要求。

（1）触发信号应有足够的触发电压和触发电流。触发电压和触发电流应能使合格元件都能可靠地触发。由于同一型号的晶闸管其触发电压、触发电流并不一样，同一元件在不同的温度下的触发电压与电流也不一样，为了保证每个晶闸管都能可靠触发，所设计的触发电路产生的触发电压和电流都应该较大。一般要求触发电压在 2 V 以上、10 V 以下。

（2）触发脉冲的波形应有一定的宽度，一般在 10 μs 以上（最好能有 20~50 μs），才能保证晶闸管可靠触发，这是由于晶闸管从截止状态到完全导通需要一段时间。如果负载是大电感，电流上升速度比较慢，触发脉冲的宽度还应该进一步增大，有时要达到 1 ms。否则如果脉冲太短，在脉冲终止时，主回路电流还不能上升到晶闸管的维持电流以上，晶闸管就会重新关断，不能导通。

（3）触发脉冲前沿要陡，不能平缓上升，前沿最好能在 10 μs 以内。否则将会因温度、电压等因素的变化而造成晶闸管的触发时间不一致，导致不准确。

（4）触发电路的干扰电压应小于晶闸管的触发电压，一般在不要求晶闸管触发时，触发电路所产生的脉冲电压应小于 0.15 V。

（5）触发脉冲必须与电源电压同步，即必须同频率并保持一定的相位关系。脉冲发出的时间应该能够平稳地前后移动，移相范围要足够大。

（6）单结晶体管触发电路与晶闸管主电路直接连接不安全，易造成误触发。采用脉冲变压器输出触发脉冲，可把整流主电路与触发电路在电气上加以隔离，使二者电路不再相互影响。晶体管组成的触发电路及集成电路触发器也常采用脉冲变压器输出触发脉冲。触发电路及触发同步电源采用静电屏蔽方式，防止电磁干扰和晶闸管误触发。在晶闸管门极与阴极之间或脉冲变压器二次侧输出端串并二极管、电阻、电容，在要求高的场合亦可在门极与阴极之间加反向偏置电压。

二、常用触发电路

（1）由单结晶体管组成的触发电路，是用得最多的一种触发电路。它的优点是电路简单、可靠性高、受温度影响较小、输出脉冲电流峰值大，适用于中小容量的晶闸管可控整流电路。其缺点是输出脉冲不够宽，脉冲平均功率不大。

（2）用小容量的晶闸管作触发电路，触发大功率晶闸管。它的优点是简单、可靠，触发功率大，可以得到宽脉冲；缺点是还需要单结晶体管触发小晶闸管，用的元件较多。

（3）用晶体管的触发电路，可以获得宽脉冲，缺点是接线比较复杂，抗干扰能力较差。

（4）集成电路组成的触发组件和数字式移相触发电路等。

三、单相桥式半控整流电路

单相桥式半控整流电路，组成形式有多种。最常见的组成方式为 2 只可控硅、2 只整流管，由可控硅控制交流输入端，直流输出不控制。还有一种简单控制电路，在普通桥式整流前加一只交流型固态继电器控制整流桥交流输入。相对于对交流输入和直流输出均能控制的全控制整流电路，只能控制交流输入端或直流输出端的整流电路称为半控整流电路。

单相桥式全控整流电路用 4 个晶闸管，2 只晶闸管接成共阴极，两只晶闸管接成共阳极，每只晶闸管是一个桥臂。

在 u_2 正半波的（0～α）区间，晶闸管 VT$_1$、VT$_4$ 承受正压，但无触发脉冲，处于关断状态。假设电路已工作在稳定状态，则在 0～α 区间由于电感释放能量，晶闸管 VT$_2$、VT$_3$ 维持导通。

在 u_2 正半波的 $\omega t = \alpha$ 时刻及以后，$\omega t = \alpha$ 处触发晶闸管 VT$_1$、VT$_4$ 使其导通，电流沿 a→VT$_1$→L→R→VT$_4$→b→T$_r$ 的二次绕组→a 流通，此时负载上有输出电压（$u_d = u_2$）和电流。电源电压反向加到晶闸管 VT$_2$、VT$_3$ 上，使其承受反压而处于关断状态。

在 u_2 负半波的（π～π+α）区间，当 $\omega t = \pi$ 时，电源电压自然过零，感应电势使晶闸管 VT$_1$、VT$_4$ 继续导通。在电压负半波，晶闸管 VT$_2$、VT$_3$ 承受正压，因无触发脉冲，VT$_2$、VT$_3$ 处于关断状态。

在 u_2 负半波的 $\omega t = \pi+\alpha$ 时刻及以后，$\omega t = \pi+\alpha$ 处触发晶闸管 VT$_2$、VT$_3$ 使其导通，电流沿 b→VT$_3$→L→R→VT$_2$→a→T$_r$ 的二次绕组→b 流通，电源电压沿正半周期的方向施加到负载上，负载上有输出电压（$u_d = -u_2$）和电流。此时电源电压反向加到 VT$_1$、VT$_4$ 上，使其承受反压而变为关断状态。晶闸管 VT$_2$、VT$_3$ 一直要导通到下一周期 $\omega t = 2\pi+\alpha$ 处再次触发晶闸管 VT$_1$、VT$_4$ 为止。

在单向桥式半控整流电路中，VT$_1$ 和 VD$_4$ 组成一对桥臂，VD$_2$ 和 VT$_3$ 组成另一对桥臂。在 u 正半周，若 4 个管子均不导通，负载电流 i_d 为零，u_d 也为零，VT$_1$、VD$_4$ 串联承受电压 u，设 VT$_1$ 和 VD$_4$ 的漏电阻相等，则各承受 u 的一半。若在触发角？处给 VT$_1$ 加触发脉冲，VT$_1$ 和 VD$_4$ 即导通，电流从电源 a 端经 VT$_1$、R、VD$_4$ 流回电源 b 端。当 u 过零时，流经晶闸管的电流也降到零，VT$_1$ 和 VD$_4$ 关断。

在 u 负半周，仍在触发延迟角处触发 VD$_2$ 和 VT$_3$，VD$_2$ 和 VT$_3$ 导通，电流从电源 b 端流出，经 VT$_3$、R、VD$_2$ 流回电源 a 端。到 u 过零时，电流又降为零，VD$_2$ 和 VT$_3$ 关断。此后又是 VT$_1$ 和 VD$_4$ 导通，如此循环地工作下去。

由于在交流电源的正负半周都有整流输出电流流过负载，故该电路为全波整流。在 u 一个周期内，整流电压波形脉动 2 次，脉动次数多于半波整流电路，该电路属于双脉波整流电路。

任务实施

一、原理图及工作原理

1. 原理图（见图 1-8-2）

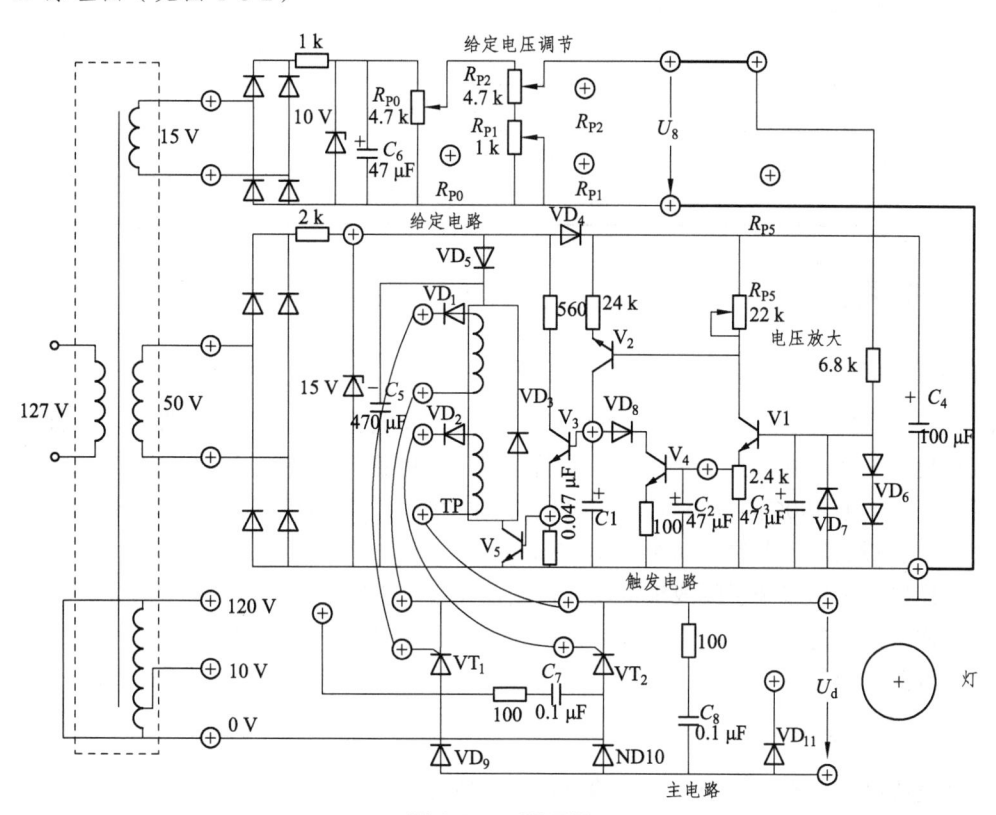

图 1-8-2 原理图

2. 工作原理

通过调节给定电压，调节触发电路的移相电压，可改变整流电压 U_d，实现调光。

3. 元件清单（见表 1-8-1）

表 1-8-1 元件清单

编号	名称	规格	数量	单价
1	万能板	8 mm×8 mm	1 块	
2	二极管	IN4007	10 只	
3	电阻	100 Ω、390 Ω、560 Ω、1 kΩ、2 kΩ、20 kΩ、24 kΩ	2 只	
4	发光二极管	高亮白色	1 只	

续表

编号	名称	规格	数量	单价
5	稳压管	10 V、15 V	1只	
6	电容器	0.1 μF、47 μF、100 μF、220 μF、470 μF	1只	
7	可调电阻	4.7 kΩ	2只	
8	可调电阻	1.0 kΩ	1只	
9	可调电阻	22 kΩ	1只	
10	脉冲变压器	可控硅脉冲变压器 KCB2410G-3	1个	
11	续流二极管	IN4148	7只	
12	焊接材料	焊锡丝、松香助焊剂、连接导线等	1套	

二、电路安装

1. 安装步骤

（1）4只二极管的负极在上、正极在下，安装滤波电容器，电解电容器正、负极不要接错，水平装上1 kΩ电阻，再装上稳压二极管，稳压二极管负极接电源正极，稳压二极管正极接电源负极，接上390Ω的电阻与发光二极管，注意极性。二极管安装时，呈90°角，悬空卧式垂直于安装板面便于散热，间距为1~2 mm。

（2）连接线可用多余引脚或细铜丝，使用前先进行上锡处理，增强黏合性。

（3）连接线应遵循横平竖直连线原则，同一焊点连接线不应超过2根。

（4）电路各焊接点应可靠、光滑、牢固。

2. 安装过程的安全要求

安装过程必须要有"安全第一"的意识，具体要求如下：

（1）进入实训室，劳保用品必须穿戴整齐。不穿绝缘鞋一律不准进入实训场地。

（2）电烙铁插头最好使用三相插头，使外壳妥善接地。

（3）电烙铁使用前应仔细检查电源线是否有破损现象，电源插头是否损坏，并检查烙铁头有无松动。

（4）焊接过程中，电烙铁不能随处乱放。不焊接时，电烙铁应放在烙铁架上。注意烙铁头不可碰到电源线，以免烫坏绝缘层发生短路事故。

（5）使用结束后，应及时切断电源，拔下电源插头，待烙铁冷却后放入工具箱。

（6）实训过程应执行7S管理标准，安全有序地进行实训。

三、电路调试

（一）单结晶体管触发电路的测试

（1）将实验电路的电源进线端接到相应的电源上。（虚线部分在交流电源单元上，下同。）

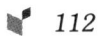

（2）用双综示波器 Y_1 测量 ~50 V 的电压 U_T 的数值与波形，用 Y_2 测量 15 V 稳压管上的电压 U_v（同步电压）的波形，并进行比较（注意：以 0 点为两探头的公共端）。

（3）整定 R_{P1} 与 R_{P0}，使 R_{P2} 输出电压在 0.5~2.5 V 变化。

（4）调节给定电位器 R_{P2}，使控制角 α 为 60°左右。

① 测量单结晶体管 V_3（BT 管）发射极电压（即电容 C_1 上的电压 U_{C1}）的电压波形（以同步电压为参考波形）。

② 测量 V_3 输出电压波形 U_o（即 100 Ω 输出电阻上的电压）。

③ 测量脉冲变压器 TP 两端输出的电压波形 U_{G1} 或 U_{G2}。

④ 调节 R_{P2} 观察触发脉冲移动情况（即控制角 α 调节范围；能否由 0°→180°）。

注①：由于此电路的同步电压为近似梯形波，因此前、后均有死区，α 调节范围一般为 10°~170°，甚至更小一些。

注②：R_{P0} 整定最高速，R_{P1} 整定最低速，R_{P2} 调节速度。

（二）单相半波可控整流电路的研究（此实验可不做，直接做半控桥式电路）

以 120 V 交流电接入主电路输入端，晶闸管 VT_1 接入触发脉冲，而 VT_2 则不接入触发脉冲（此时主电路相当于一个单相半波可控整流电路）。

1. 电阻负载

（1）将电阻负载接入主电路输出端；（此处已接白炽灯）。

（2）调节 R_{P2}，使控制角 α 分别为：$\alpha = 60°$、$\alpha = 90°$ 和 $\alpha = 120°$，测量负载上的电压波形，及 U_d 数值。（电流波形与电压波形相同）。

2. 电阻-电感负载（不并接续流二极管）

（1）将电感负载 L_d 与电阻负载 R_d 串联后接入主电路输出端。此处电阻负载为变阻器，调至 100 Ω 左右，电感负载可借用 380 V/50 V 整流变压器的二次侧（即 50 V）绕组。

（2）用示波器探头 Y_1 测 U_d 波形，同时用探头 Y_2 测 R_d 上的波形[注意 Y_1 和 Y_2 的接地端为公共端，（可以主电路底线为公共端）]（R_d 上的波形相当于电流波形）。

（3）调节 R_{P0}，使 $\alpha = 60°$、$\alpha = 90°$ 和 $\alpha = 120°$，记下相应的 U_d 值、电压与电流波形。

3. 电阻-电感负载（并接续流二极管）

重复 2 中实验。比较 2、3 实验中 U_d 及波形的差别。

（三）单相半控桥式整流电路的研究

1. 电阻负载

（1）以电阻负载接入半控桥主电路，为便于观察，已在输出端并联一只白炽灯，若不需要，则可把灯泡拧去。

（2）将两组触发脉冲分别加在两个晶闸管 VT_1 和 VT_2 上。

（3）调节 R_{P0}，使控制角 α 分别为：$\alpha = 60°$、$\alpha = 90°$ 和 $\alpha = 120°$，测量负载上的电压 U_d

的数值和波形（电阻上的电流波形与电压波形相同）。

（4）测量晶闸管 VT₁ 两端的电压波形。

2. 电阻-电感负载（先不并接续流二极管）

（1）将电抗器与电阻串联后接入主电路；将主电路进线接在交流 10 V 上；将变阻器与电抗器串联，调节变阻器使电流 $I = 0.5$ A。

（2）调节 R_{P0}，使控制角 α 分别为：$\alpha = 0°$、$\alpha = 30°$、$\alpha = 90°$、$\alpha = 120°$ 和 $\alpha = 170°$（最大）时，负载的电压与电流波形为 U_d 的波形，负载电流波形即电阻 R_d 上的电压波形（因电阻上电压、电流波形是相同的）。注意：以主电路底线为两探头的公共端。

（3）在电路已进入稳定工作时，突然将控制角 α 增大到接近 180°，或突然拔去一个触发脉冲，半控桥有可能发生：正在导通的晶闸管一直导通（波形成为半波整流），从而失去调节作用（产生"失控现象"），试观察失控现象。

（4）并接续流二极管后，再观察有无失控现象。

安装调试过程中填写表 1-8-2。

表 1-8-2　触发电路的安装调试

任务电路		第　组 组长		完成时间	
基本电路安装	根据所给电路原理图，绘制电路实物接线图					
电路调试	1. 用万用表检测电路					
		交流电压输出电压的波形				
		同步电压输出电压的波形				
		电容 C_1 两端电压输出电压的波形				
		V_3（BT 管）输出电压的波形				
	2. 记录单相半波可控整流电路和单相半控桥式整流电路负载及 VT₁ 管的数据与波形					
		负载性质	控制角 α	主电路	负载性质	控制角 α	主电路	负载性质
		电阻						
	3. 测量结果小结：					

任务评价

序号	主要内容	考核要求	评分标准	配分	自我评价	小组互评	教师评价
1	职业素质	劳动纪律：按时上下课，遵守实训现场规章制度	上课迟到、早退、不服从指导老师管理，或不遵守实训现场规章制度扣1~5分	5			
		工作态度：认真完成学习任务，主动钻研专业技能	上课学习不认真，不能按指导老师要求完成学习任务扣1~5分	5			
		职业规范：遵守电工操作规程及规范	不遵守电工操作规程及规范扣1~5分	5			
2	明确任务	填写工作任务相关内容	工作任务内容填写有错扣1~5分	5			
3	工作准备	1. 按考核图提供的电路元器件，查出单价并计算元器件的总价，填写在元器件明细表中； 2. 检测元器件	正确识别和使用万用表检测各种电子器件。 元件检测或选择错误扣1~5分	5			
4	任务实施	安装工艺：1. 按焊接操作工艺要求进行，会正确使用工具； 2. 焊点应美观、光滑、牢固，锡量适中匀称，万能板的板面应干净整洁，引脚高度基本一致	1. 电烙铁使用不正确扣2分； 2. 焊点不符合要求每处扣0.5分； 3. 桌面凌乱扣2分； 4. 电路板面有溅锡、有脏物每处扣1分	10			
		安装正确及美观：1. 各元器件的排列应牢固、规范、端正、整齐、布局合理、无安全隐患； 2. 美观度要求	1. 元件布局不合理安装不牢固，每处扣2分； 2. 元件安装不合理不规范，每处扣2分； 3. 元件引脚不一致每个扣0.5分； 4. 元件排列方向不一致每处扣1分； 5. 连接导线不是横平竖直每处扣1分	20			
		计算分析及调试测量：分析计算思路是否正确，能正确调试、准确使用仪器测量电路	1. 计算错误每处扣1分，测量错误每处扣5分； 2. 测量波形错误每处扣5分； 3. 万用表使用错误每次扣3分，损坏仪器本项目0分； 4. 示波器使用错误每次扣3分，损坏仪器本项目0分； 5. 电路功能不完整少1处扣10分	40			
5	创新能力	工作思路、方法有创新	工作思路、方法没有创新扣5分	5			
备注			合计	100			
			指导教师签字			年 月 日	

任务测评

1. 快速熔断器可以用于过电流保护的电力电子器件是（　　）。
   A. 功率晶体管　　　　　　　　　B. IGBT
   C. 功率 MOSFET　　　　　　　　D. 晶闸管
2. 在型号 KP10 - 12G 中，数字 10 表示（　　）。
   A. 电力二极管额定电压 10 V　　B. 电力二极管额定电流 10 A
   C. 晶闸管额定电压 10 V　　　　D. 晶闸管额定电流 10 A
3. 单相半波可控整流电路，阻性负载，导通角 θ 的最大变化范围是 0°～（　　）。
   A. 90°　　　　B. 120°　　　　C. 150°　　　　D. 180°
4. 三相全控桥式整流电路，电感性负载，控制角 α>30°，负载电流连续，整流输出电流的平均值为 I_d，流过每只晶闸管的平均值电流为（　　）。
   A. $I_d/2$　　　B. $I_d/3$　　　C. $2I_d/3$　　　D. I_d
5. 单相全控桥式有源逆变电路最小逆变角 β 为（　　）。
   A. 1°～3°　　B. 10°～15°　　C. 20°～25°　　D. 30°～35°
6. 可控整流电路是（　　）。
   A. AC/DC 变换器　　　　　　　B. DC/AC 变换器
   C. AC/AC 变换器　　　　　　　D. DC/DC 变换器
7. 滤波电路应选用（　　）。
   A. 高通滤波电路　　B. 低通滤波电路　　C. 带通滤

任务九　单稳态触摸开关电路的安装与调试

任务描述

1. 任务概述

该实验要求设计一个触摸开关控制电路，当用户触摸感应器时，控制继电器动作，LED 灯亮，延时一段时间后，继电器断开，LED 灯灭。还可以调节继电器闭合或断开的时间。

2. 任务目标

（1）通过触摸开关控制电路的设计，使学生掌握单稳态电路的工作原理、设计方法和单稳态电路的构成和特点。

（2）通过电路板的焊接训练学生的动手能力，培养独立解决问题的能力，为今后电路设计和电类后续课程的学习奠定基础。

3. 任务电路

本任务电路如图 1-9-1 所示。

图 1-9-1　电路板

知识链接

一、继电器动作时间

继电器动作时间由 R_2 和电容 C_3 决定，当需要开灯时，用手触碰一下金属片 J_1，人体感应的杂波信号电压由 C_2 加至 555 的触发端，使 555 的输出由低变成高电平，继电器 k 吸合，发光二极管点亮。同时，555 第 7 脚内部截止，电源便通过 R_2 给 C_3 充电，这就是定时的开始。

当电容 C_3 上电压上升至电源电压的 2/3 时，555 第 7 脚道通使 C_3 放电，使第 3 脚输出由高电平变回到低电平，继电器释放，电灯熄灭，定时结束。由此设计出单元电路。根据所给器件参数计算继电器动作时间（发光二极管点亮时间）大约为 3 min。

二、单稳态触发器的工作原理

单稳态触发器的特点是电路有一个稳定状态和一个暂稳状态。在触发信号作用下，电路将由稳态翻转到暂稳态，暂稳态是一个不能长久保持的状态，由于电路中 RC 延时环节的作用，经过一段时间后，电路会自动返回到稳态，并在输出端获得一个脉冲宽度为 t_w 的矩形波。在单稳态触发器中，输出的脉冲宽度 t_w 就是暂稳态的维持时间，其长短取决于电路的参数值。

由 555 构成的单稳态触发器电路及工作波形如图 1-9-2（a）所示，图中 R、C 为外接定时元件，输入的触发信号 u_i 接在低电平触发端（2 脚）。

稳态时，输出 u_o 为低电平，即无触发器信号（u_i 为高电平）时，电路处于稳定状态，输出低电平。在 u_i 负脉冲作用下，低电平触发端得到低于（1/3）V_{CC}，触发信号，输出 u_o 为高电平，放电管 VT 截止，电路进入暂稳态，定时开始。

在暂稳态期间，电源 $+V_{cc} \to R \to C \to$ 地，对电容充电，充电时间常数 $T=RC$，u_C 按指数规律上升。当电容两端电压 u_C 上升到（2/3）V_{cc} 后，6 端为高电平，输出 u_o 变为低电平，放电管 VT 导通，定时电容 C 充电结束，即暂稳态结束，电路恢复到稳态 u_o 为低电平的状态。当第二个触发脉冲到来时，又重复上述过程。工作波形图如图 1-9-2（b）所示。

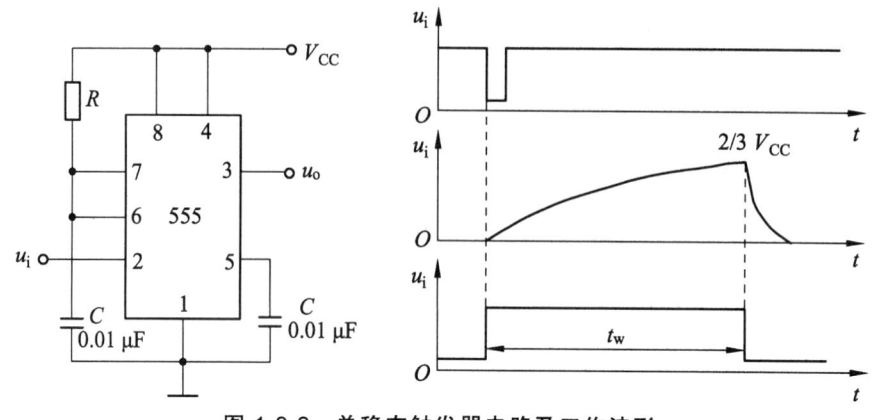

图 1-9-2 单稳态触发器电路及工作波形

可见，输入一个负脉冲，就可以得到一个宽度一定的正脉冲输出，其脉冲宽度 t_w 取决于电容器由 0 充电到（2/3）V_{CC}，所需要的时间。可得

$$t_w = 1.1RC$$

这种电路产生的脉冲宽度 t_w 与定时元件 R、C 大小有关，通常 R 的取值为几百欧至几兆欧，电容取值为几百皮法到几百微法。

三、简易触摸开关电路

图 1-9-3 所示为一简易触摸开关电路，图中的集成电路芯片是 555 定时器，它构成单稳态触发器。当用手触摸金属片时，低电平触发端得到低于（1/3）V_{cc} 的触发信号，输出 u_o 为高电平，发光二极管亮，放电管 VT 截止，电路进入暂稳态，定时开始。经过一定时间 $t_w = 1.1RC$，发光二极管熄灭。该电路可用于床头灯、卫生间等场所。

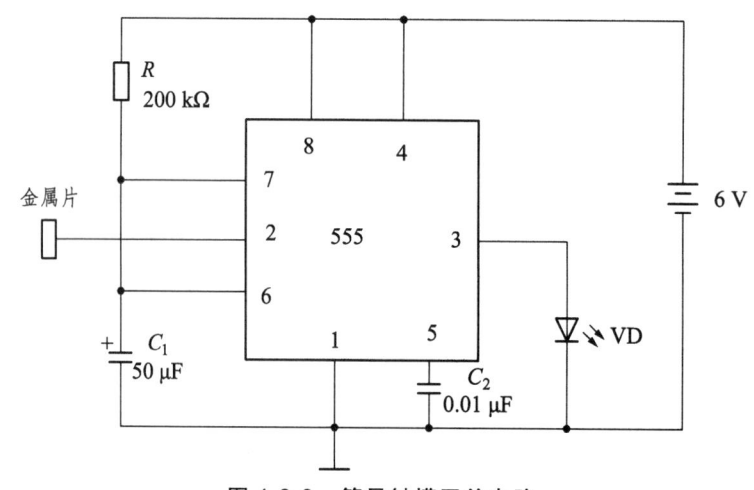

图 1-9-3 简易触摸开关电路

任务实施

一、原理图及工作原理

1. 原理图（见图 1-9-4）

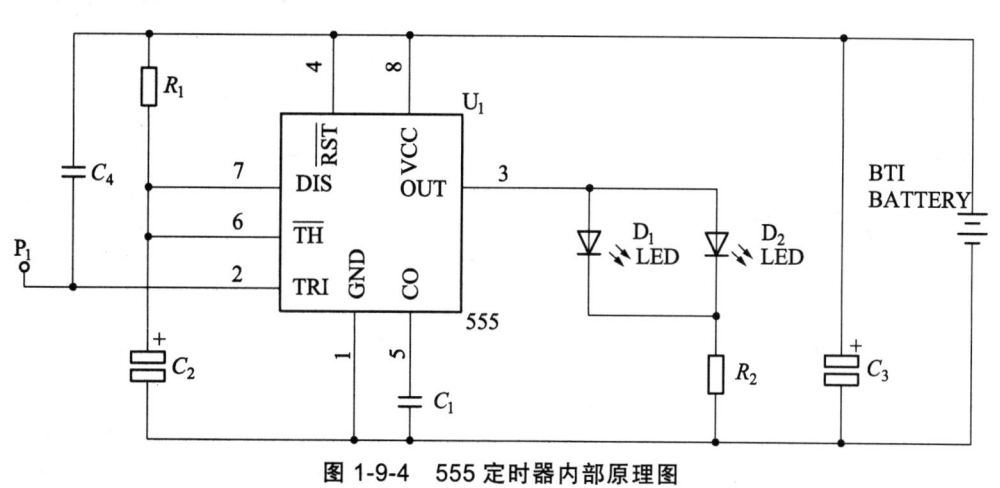

图 1-9-4 555 定时器内部原理图

2. 工作原理

实验原理是触摸开关 P_1 经输入一个人体感应杂波信号到 555 定时器的 2 端，555 定时器组成单稳态电路，被触发后，3 端输出高电平，通过 D_1 和 D_2，使其发光。LED 发光的时间取决于电阻 R_1 和电容 C_2，即 $T=0.7R_1C_2$。通过计算发现可以调节 R_1 和 C_2 的参数来改变发光二极管从而改变发光时间。555 定时器是一种模拟电路和数字电路相结合的中规模集成电路，其内部结构的原理图简化如图 1-9-4 所示。它由 2 个电压比较器、放电三极管、1 个由与非门构成的基本 RS 触发器，以及 3 个 5 000 Ω 的电阻构成的分压器组成。基于 555 定时器的特性和该实验的要求目的设计出该方案。

3. 元件清单（见表 1-9-1）

表 1-9-1 元件清单

元件名称	参数	PCB 标识	数量
电阻	100 kΩ	R_1	1
	22 Ω	R_2	1
电解电容	103	C_1	1
	47 μf	C_2C_3	3
瓷片电容	101	C_4	1

续表

元件名称	参数	PCB 标识	数量
5 mm 红灯	5 mm	LED	2
集成电路	555	U1	1
插针	2p	J1	1
	1p	P1	1
PCB 板	27 mm×20 mm		1

二、安装与调试

1. 安装步骤

按照实验原理图焊接完实物后,先按照原理图仔细对照实物焊接是否正确、是否接触良好,如果焊接正确、接触良好,可以通电实验。在焊接和通电时,一定要注意电源的极性,接反的话可能烧毁元器件。一切无误后,接在 5 V 的电源上进行通电测试。接通电源后,用手接触 P_1 接头,如果发光二极管工作,并且经过一段时间后自动熄灭,说明实验成功,电路板焊接正确。否则,说明电路连接错误,此时要查找原因,并进行改正。

2. 调试步骤

调试的时候,可用导线替代接触片。当用手指接触导线时,NE555 的 3 脚输出高电平。如果不能输出高电平,需要检查 NE555 的外围电路是否接触良好。

电路板通电测试无误后,要对电路板的各种性能进行测试。首先用手触摸 J_2 接头观测发光二极管工作反应时间,如果反应时间稍长说明电路板焊接不良好可以进行二次焊接,直至接触良好。观测发光二极管发光时间长短,即发光二极管从发光到不发光的时间长短。如果发光时间过长,可以减小 R_2 的阻值,以减少发光时间;若一切正常,说明电路板性能良好。

任务评价

序号	主要内容		考核要求	评分标准	配分	自我评价 10%	小组互评 40%	教师评价 50%
1	职业素质	劳动纪律	按时上下课，遵守实训现场规章制度	上课迟到、早退、不服从指导老师管理，或不遵守实训现场规章制度扣1~7分	7			
		工作态度	认真完成学习任务，主动钻研专业技能	上课学习不认真，不能按指导老师要求完成学习任务扣1~7分	7			
		职业规范	遵守电工操作规程及规范	不遵守电工操作规程及规范扣1~6分	6			
2	明确任务		填写工作任务相关内容	工作任务内容填写有错扣1~5分	5			
3	工作准备		1. 按考核图提供的电路元器件，查出单价并计算元器件的总价，填写在元器件明细表中； 2. 检测元器件	正确识别和使用万用表检测各种电子元器件。 元件检测或选择错误扣1~5分	10			
4	任务实施	安装工艺	1. 按焊接操作工艺要求进行，会正确使用工具； 2. 焊点应美观、光滑、牢固、锡量适中匀称、万能板的板面应干净整洁，引脚高度基本一致	1. 万用表使用不正确扣2分； 2. 焊点不符合要求每处扣0.5分； 3. 桌面凌乱扣2分； 4. 元件引脚不一致每个扣0.5分	10			
		安装正确及测试	1. 各元器件的排列应牢固、规范、端正、整齐、布局合理、无安全隐患； 2. 测试电压应符合原理要求； 3. 电路功能完整	1. 元件布局不合理、安装不牢固，每处扣2分； 2. 布线不合理，不规范，接线松动、虚焊、脱焊接触不良等每处扣1分； 3. 测量数据错误扣5分； 4. 电路功能不完整少一处扣10分	40			
		故障分析及排除	分析故障原因，思路正确，能正确查找故障并排除	1. 实际排除故障中思路不清楚，每个故障点扣3分； 2. 每少查出一个故障点扣5分； 3. 每少排除一个故障点扣3分	10			
3	创新能力		工作思路、方法有创新	工作思路、方法没有创新扣10分	10			
				指导教师签字		年 月 日		

任务测评

1. （判断题）脉冲信号是一种变化极短的电压或电流。（　　　　）

2. 单稳态触发器是一种脉冲波形整形电路。有两个工作状态：_____和_____。电路输出脉冲宽度（即暂稳态时间）由电路的定时参数 RC 决定，与输入触发信号的_____及_____无关，并广泛应用于定时、整形和延时等方面。

3. 单稳态触发器只有一个稳定状态，即_____在_____信号作用下，电路处于稳定状态；在_____信号作用下电路翻转为暂稳态，并经过一段时间，依靠_____作用，又能自动返回_____态。单稳态触发器的暂稳态持续时间 t_w，取决于电路中的_____元件。

4. 单稳态触发器根据 RC 电路的不同接法，可分为_____型和_____型两种。其_____态通常都是靠 RC 电路的充放电过程来维持的。

5. RC 的大小决定了 RC 电路充、放电的快慢。RC 大，则充放电_____；RC 小，则充放电_____。令 $\tau = RC$，τ 通常称为_____。若 R 的单位为 Ω，C 的单位为 F，则 τ 的单位为_____。在脉冲技术中，常用_____或 μs 作单位。

6. 用于把锯齿波转变为矩形波的电路是（　　　　）。
   A. 施密特触发器　　　　　　　　B. 555 电路构成的多谐振荡器
   C. 积分电路　　　　　　　　　　D. 微分电路

7. 集成 555 定时器的输出状态是（　　　　）。
   A. 0 状态　　　　B. 1 状态　　　　C. 0 和 1 状态　　　　D. 高组态

8. 集成 555 定时器阈值输入端 TH 的电平小于 $\frac{2}{3}U_{DD}$，触发输入端 TR 的电平大于 $\frac{1}{3}U_{DD}$ 时，定时器的输出状态是（　　　　）。
   A. 0 状态　　　　B. 1 状态　　　　C. 原状态　　　　D. 高组态

9. 用集成 555 定时器构成的单稳态的稳定输出状态是（　　　　）。
   A. 0 状态　　　　B. 1 状态　　　　C. 0 和 1 状态　　　　D. 高组态

10. 改变斯密特触发器的回差电压而保持输入电压不变，则触发器输出电压变化的是（　　　　）。
    A. 幅度　　　　　　　　　　　　B. 脉冲宽度
    C. 频率　　　　　　　　　　　　D. 以上没有正确答案

任务十　555集成变音门铃电路的安装与调试

任务描述

1. 任务概述

NE555数字门铃电路是最基本的有源有线电路门铃,它由NE555与集成芯片、二极管等元器件组合而成,以多谐振荡电路为核心,放大电路、反馈电路为辅的振荡电路,能根据振荡电路充、放电时振荡频率的不同,改变电路中电流的大小,达到让门铃发出"叮咚"响声的功能;并能通过内部元器件的调整,影响放电时间来达到改变门铃余音长度的作用。

2. 任务目标

(1) 掌握555时基电路的结构、工作原理和特点。
(2) 555时基电路的基本应用。
(3) 555时基电路的延时应用。

3. 任务电路

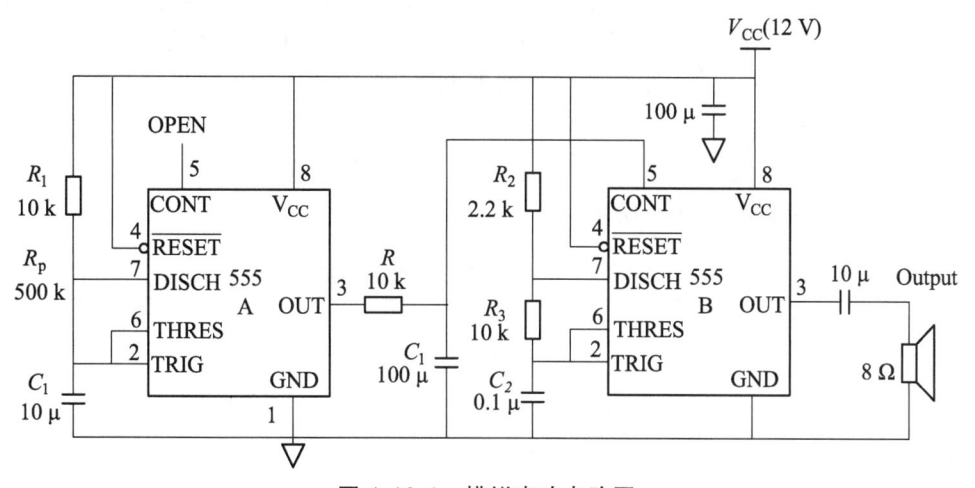

本任务电路如图1-10-1所示。

图1-10-1　模拟声响电路图

知识链接

一、555电路的工作原理

555电路的内部电路方框图如图1-10-2(a)所示。它们分别使高电平比较器A_1的同相输入端和低电平比较器A_2的反相输入端的参考电平为$2/3V_{CC}$和$1/3V_{CC}$。A_1与A_2的输出端控制 RS 触发器状态和放电管开关状态。当输入信号自 6 脚，即高电平触发输入并超过参考电平 $2/3V_{CC}$ 时，触发器复位，555 的输出端 3 脚输出低电平，同时放电开关管导通；当输入信号自 2 脚输入并低于 $1/3V_{CC}$ 时，触发器置位，555 的 3 脚输出高电平，同时放电开关管截止。$\overline{R}_D$ 是复位端（4 脚），当 $\overline{R}_D = 0$，555 输出低电平。平时 $\overline{R}_D$ 端开路或接 V_{CC}。

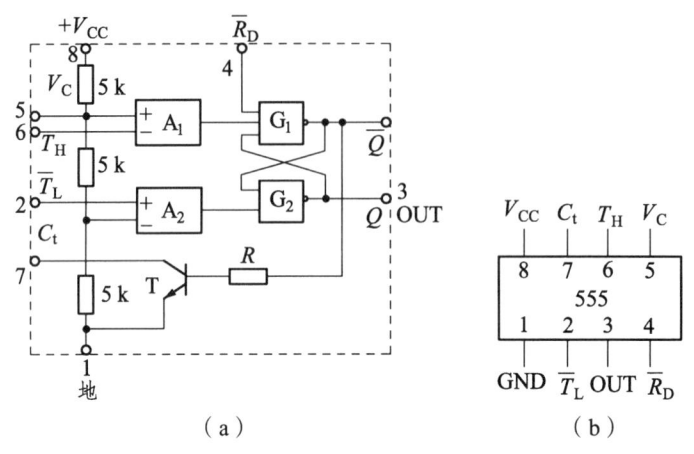

图 1-10-2 555 定时器内部框图及引脚排列

V_C 是控制电压端（5 脚），平时输出 $2/3V_{CC}$ 作为比较器 A_1 的参考电平，当 5 脚外接一个输入电压，即改变了比较器的参考电平，从而实现对输出的另一种控制。在不接外加电压时，通常接一个 0.01 μf 的电容器到地，起滤波作用，以消除外来的干扰，确保参考电平的稳定。

T 为放电管，当 T 导通时，将给接于脚 7 的电容器提供低阻放电通路。

555 定时器主要是与电阻、电容构成充放电电路，并由两个比较器来检测电容器上的电压，以确定输出电平的高低和放电开关管的通断。这就很方便地构成从微秒到数十分钟的延时电路，可方便地构成单稳态触发器、多谐振荡器、施密特触发器等脉冲产生或波形变换电路。其逻辑功能如表 1-10-1 所示。

表 1-10-1 555 时基电路的逻辑功能

输入			比较器输出		输出		功能
直接复位端 $\overline{R}_D$ ④脚	高电平触发端 T_H ⑥脚	低电平触发端 $\overline{T}_L$ ②脚	$\overline{R}$	$\overline{S}$	输出端③脚	放电端⑦脚	
0	×	×	×	×	0	导通	直接复位
1	$>\frac{2}{3}V_{CC}$	$>\frac{1}{3}V_{CC}$	0	1	0	导通	复位
1	$<\frac{2}{3}V_{CC}$	$>\frac{1}{3}V_{CC}$	1	1	不变	不变	保持
1	$<\frac{2}{3}V_{CC}$	$<\frac{1}{3}V_{CC}$	1	0	1	截止	置位
1	$<\frac{2}{3}V_{CC}$	$>\frac{1}{3}V_{CC}$	0	0	1	截止	置位

二、555 定时器的典型应用

1. 构成单稳态触发器

图 1-10-3（a）为由 555 定时器和外接定时元件 R、C 构成的单稳态触发器。触发电路由 C_1、R_1、D 构成，其中 D 为钳位二极管，稳态时 555 电路输入端处于电源电平，内部放电开关管 T 导通，输出端 F 输出低电平，当有一个外部负脉冲触发信号经 C_1 加到 2 端，并使 2 端电位瞬时低于 $1/3V_{CC}$ 时，低电平比较器动作，单稳态电路即开始一个暂态过程，电容 C 开始充电，V_C 按指数规律增长。当 V_C 充电到 $2/3V_{CC}$ 时，高电平比较器动作，比较器 A_1 翻转，输出 V_o 从高电平返回低电平，放电开关管 T 重新导通，电容 C 上的电荷很快经放电开关管放电，暂态结束，恢复稳态，为下个触发脉冲的来到做好准备。其波形如图 1-10-3（b）所示。

暂稳态的持续时间 t_w（即为延时时间）决定于外接元件 R、C 值的大小。

$$t_w = 1.1RC$$

通过改变 R、C 的大小，可使延时时间在几个微秒到几十分钟之间变化。当这种单稳态电路作为计时器时，可直接驱动小型继电器，并可以使用复位端（4 脚）接地的方法来中止暂态，重新计时。此外尚需用一个续流二极管与继电器线圈并接，以防继电器线圈反电势损坏内部功率管。

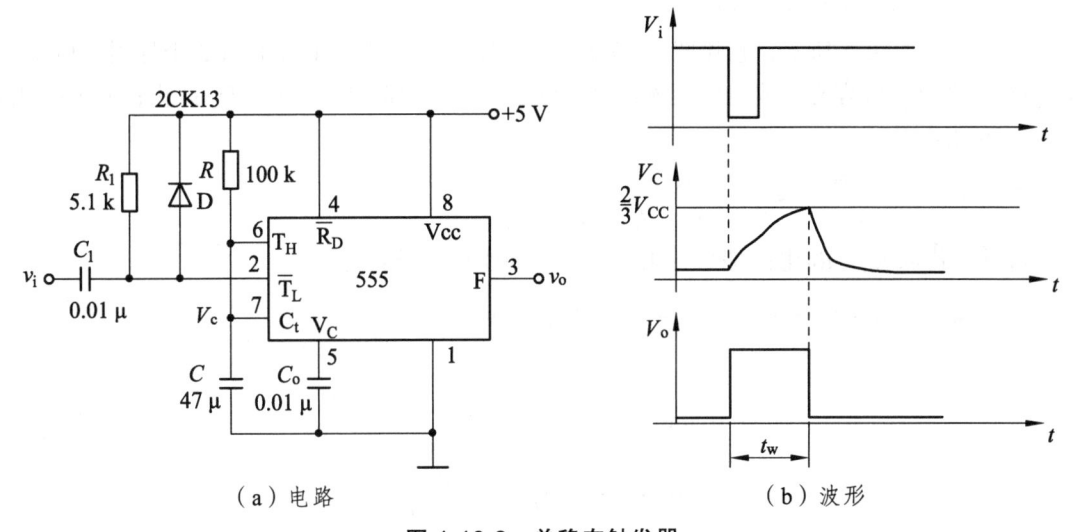

图 1-10-3 单稳态触发器

单稳态电路的应用包括脉冲整形、定时选通和脉冲延时。

2. 构成多谐振荡器

图 1-10-4（a）是由 555 定时器和外接元件 R_1、R_2、C 构成的多谐振荡器，脚 2 与脚 6 直接相连。电路没有稳态，仅存在两个暂稳态，电路亦不需要外加触发信号，利用电源通过 R_1、R_2 向 C 充电，以及 C 通过 R_2 向放电端 C_t 放电，使电路产生振荡。电容 C 在 $1/3V_{CC}$ 和 $2/3V_{CC}$ 之间充电和放电，其波形如图 1-10-4（b）所示。输出信号的时间参数是

$$T = t_{w1} + t_{w2}, \quad t_{w1} = 0.7(R_1 + R_2)C, \quad t_{w2} = 0.7R_2C$$

555 电路要求 R_1 与 R_2 均应大于或等于 1 kΩ，但 $R_1 + R_2$ 应小于或等于 3.3 MΩ。

外部元件的稳定性决定了多谐振荡器的稳定性，555 定时器配以少量的元件即可获得较高精度的振荡频率和具有较强的功率输出能力。因此这种形式的多谐振荡器应用很广。

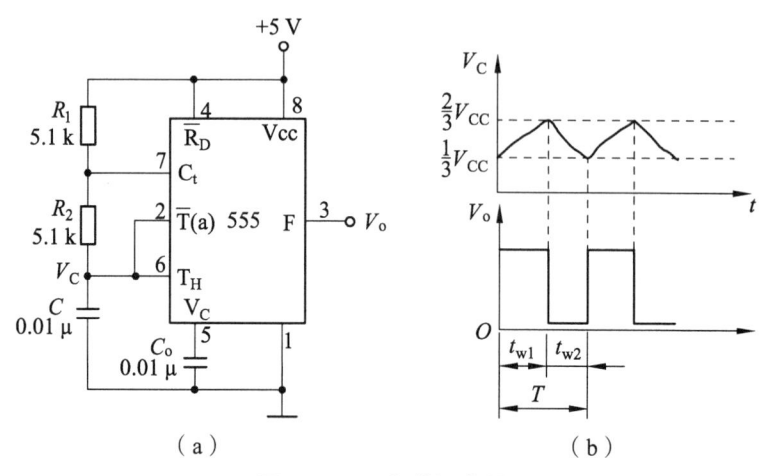

图 1-10-4 多谐振荡器

3. 组成占空比可调的多谐振荡器

电路如图 1-10-5 所示，它比图 1-10-4 所示电路增加了 1 个电位器和 2 个导引二极管。D_1、D_2 用来决定电容充、放电电流流经电阻的途径（充电时 D_1 导通，D_2 截止；放电时 D_2 导通，D_1 截止）。

占空比 $\quad P = \dfrac{t_{w1}}{t_{w1}+t_{w2}} \approx \dfrac{0.7R_AC}{0.7C(R_A+R_B)} = \dfrac{R_A}{R_A+R_B}$

可见，若取 $R_A = R_B$ 电路即可输出占空比为 50% 的方波信号。

4. 组成占空比连续可调并能调节振荡频率的多谐振荡器

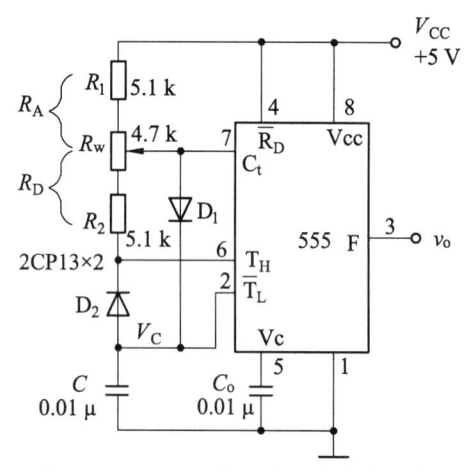

图 1-10-5 占空比可调的多谐振荡器

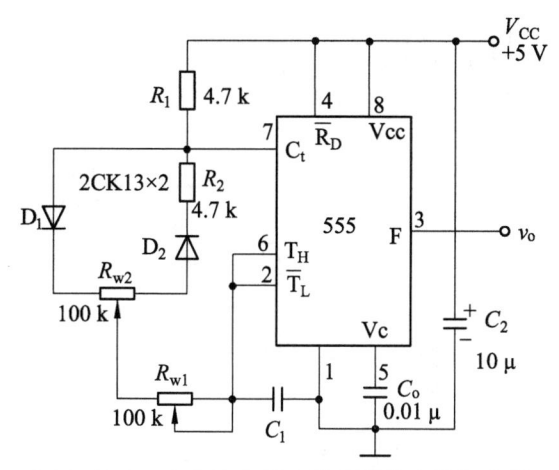

图 1-10-6 占空比与频率均可调的多谐振荡器

电路如图 1-10-6 所示。对 C_1 充电时，充电电流通过 R_1、D_1、R_{w2} 和 R_{w1}；放电时通过 R_{w1}、R_{w2}、D_2、R_2。当 $R_1 = R_2$、R_{w2} 调至中心点，因充放电时间基本相等，其占空比约为 50%，此时调节 R_{w1} 仅改变频率，占空比不变。如 R_{w2} 调至偏离中心点，再调节 R_{w1}，不仅振荡频率改变，而且对占空比也有影响。R_{w1} 不变，调节 R_{w2}，仅改变占空比，对频率无影响。因此，当接通电源后，应首先调节 R_{w1} 使频率至规定值，再调节 R_{w2}，以获得需要的占空比。若频率调节的范围比较大，还可以用波段开关改变 C_1 的值。

【例 1-10-1】如图 1-10-7 所示的多谐振荡电路中，已知 $R_1 = 1\ \text{k}\Omega$，$R_2 = 5\ \text{k}\Omega$，$C_1 = 0.1\ \mu\text{F}$，试计算正、负脉冲宽度和振荡周期。

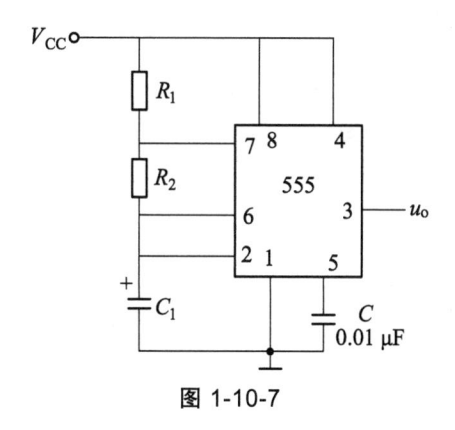

图 1-10-7

5. 组成施密特触发器

电路如图 1-10-8，只要将脚 2、6 连在一起作为信号输入端，即得到施密特触发器。图 1-10-9 所示为了 V_s、V_i 和 V_o 的波形图。

设被整形变换的电压为正弦波 V_s，其正半波通过二极管 D 同时加到 555 定时器的 2 脚和 6 脚，得 V_i 为半波整流波形。当 V_i 上升到 $\frac{2}{3}V_{CC}$ 时，V_o 从高电平翻转为低电平；当 V_i 下降到 $\frac{1}{3}V_{CC}$ 时，V_o 又从低电平翻转为高电平。电路的电压传输特性曲线如图 1-10-10 所示。

回差电压 $\Delta V = \dfrac{2}{3}V_{CC} - \dfrac{1}{3}V_{CC} = \dfrac{1}{3}V_{CC}$

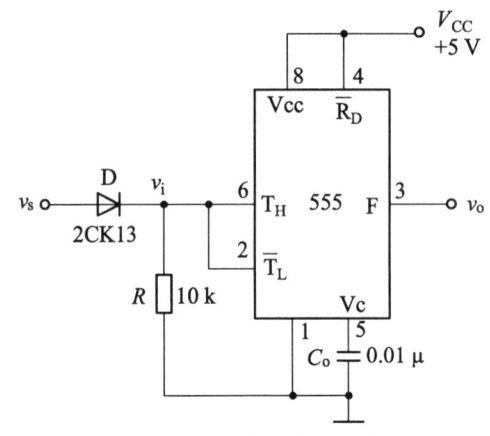

图 1-10-8　施密特触发器

图 1-10-9　波形变换图

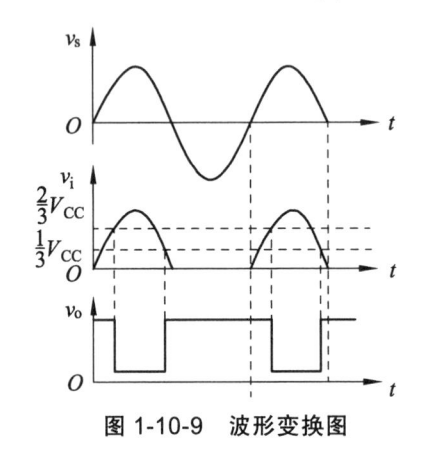

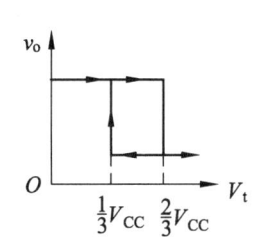

图 1-10-10　电压传输特性

任务实施

一、原理图及工作原理

1. 原理图

电路原理图如图 1-10-11 所示。

2. 工作原理

将图中 555A 振荡器的输出 u_{o1} 接到 555B 振荡器的电压控制端即 5 脚 V_C,则振荡器 A 输出高电平时,振荡器 B 的振荡频率较低;当 A 输出低电平时,B 的振荡频率高,从而使 B 振荡器的输出端产生两种频率的信号。3 脚 u_{o2} 所接的扬声器发出"嘀嘟、嘀嘟……"类似救护车的双频间歇响声。

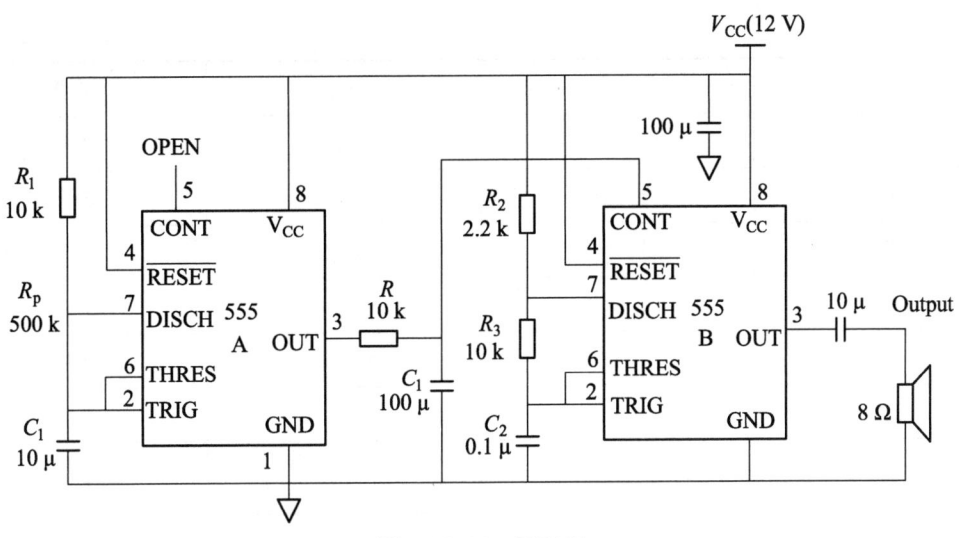

图 1-10-11　原理图

3．元件清单

1）工具

本次任务所需要的工具如表 1-10-2 所示。

表 1-10-2　工具清单

编号	名称	规格	数量
1	单相直流电源	5 V（或 6～15 V）	1 个
2	万用表	可选择	1 只
3	电烙铁	15～30 W	1 把
4	烙铁架	可选择	1 只
5	电子实训通用工具	尖嘴钳、斜口钳、镊子、螺丝刀（一字和十字）	1 套

2）器材

本次任务所需要器材如表 1-10-3 所示。

表 1-10-3　器材清单

编号	名称	规格	数量
1	万能板	8 mm×8 mm	1 块
2	电容器	0.1 μF	1 只
3	电容器	0.02 μF	1 只
4	电解电容	100 μF	2 只

续表

编号	名称	规格	数量
5	电解电容	10 μF	2 只
6	电阻器	10 kΩ	3 只
7	电阻器	22 kΩ	1 只
8	电位器	500 kΩ	1 只
9	555	NE555	2 块
10	扬声器	8 Ω	1 只
11	焊接材料	焊锡丝、松香助焊剂、连接导线等	1 套

二、安装与调试

根据图 1-10-11，在万能板上进行安装与测试，步骤如下：

（1）555 电路的检测、电容的检测。

（2）连接线可用多余引脚或细铜丝，使用前先进行上锡处理，增强黏合性。

（3）连接线应遵循横平竖直连线原则，同一焊点连接线不应超过 2 根。

（4）电路各焊接点要可靠、光滑、牢固。

（5）插上电源，调节电位器，产生模拟声响。

安装完成后实物如图 1-10-12 所示。

图 1-10-12

安装测试过程中填写表 1-10-4。

表 1-10-4　门铃电路的安装调试

任务电路			第　　组 组长		完成时间	
基本电路安装	1. 根据所给电路原理图，绘制电路接线图					
	2. 根据接线图，安装并焊接电路					
电路调试	1. 用万用表检测电路					
	2. 电路调试					

131

任务评价

序号	主要内容		考核要求	评分标准	配分	自我评价 10%	小组互评 40%	教师评价 50%
1	职业素质	劳动纪律	按时上下课，遵守实训现场规章制度	上课迟到、早退、不服从指导老师管理，或不遵守实训现场规章制度扣1~7分	7			
		工作态度	认真完成学习任务，主动钻研专业技能	上课学习不认真，不能按指导老师要求完成学习任务扣1~7分	7			
		职业规范	遵守电工操作规程及规范	不遵守电工操作规程及规范扣1~6分	6			
2	明确任务		填写工作任务相关内容	工作任务内容填写有错扣1~5分	5			
3	工作准备		1. 按考核图提供的电路元器件，查出单价并计算元器件的总价，填写在元器件明细表中；2. 检测元器件	正确识别和使用万用表检测各种电子元器件。元件检测或选择错误扣1~5分	10			
4	任务实施	安装工艺	1. 按焊接操作工艺要求进行，会正确使用工具。2. 焊点应美观、光滑牢固、锡量适中匀称、万能板的板面应干净整洁，引脚高度基本一致	1. 万用表使用不正确扣2分；2. 焊点不符合要求每处扣0.5分；3. 桌面凌乱扣2分；4. 元件引脚不一致每个扣0.5分	10			
		安装正确及测试	1. 各元器件的排列应牢固、规范、端正、整齐、布局合理、无安全隐患。2. 测试电压应符合原理要求。3. 电路功能完整	1. 元件布局不合理安装不牢固，每处扣2分；2. 布线不合理、不规范，接线松动、虚焊、脱焊接触不良等每处扣1分；3. 测量数据错扣5分；4. 电路功能不完整少1处扣10分	40			
		故障分析及排除	分析故障原因，思路正确，能正确查找故障并排除	1. 实际排除故障中思路不清楚，每个故障点扣3分；2. 每少查出一个故障点扣5分；3. 每少排除一个故障点扣3分	10			
3	创新能力		工作思路、方法有创新	工作思路、方法没有创新扣10分	10			
				指导教师签字		年　月　日		

132

任务测评

1. 集成 555 定时器多谐振荡器，其振荡周期为（   ）。
   A. $0.7R_1C$ B. $0.7R_2C$ C. $(R_1+R_2)C$ D. $0.7(R_1+2R_2)C$

2. 集成 555 定时器的输出状态是（   ）。
   A. 0 状态   B. 1 状态   C. 0 和 1 状态   D. 高阻态

3. 集成 555 定时器阈值输入端 TH 的电平小于 $\frac{2}{3}U_{DD}$，触发输入端 $\overline{TR}$ 的电平大于 $\frac{1}{3}U_{DD}$ 时，定时器的输出状态是（   ）。
   A. 0 状态   B. 1 状态   C. 原状态   D. 高阻态

4. 用集成 555 定时器构成的单稳态的稳定输出状态是（   ）。
   A. 0 状态   B. 1 状态   C. 0 和 1 状态   D. 高阻态

5. 改变斯密特触发器的回差电压而保持输入电压不变，则触发器输出电压变化的是（   ）。
   A. 幅度   B. 脉冲宽度
   C. 频率   D. 以上没有正确答案

任务十一　数码显示电路的安装与测试

任务描述

1. 任务概述
在生活中，我们看到显示屏能显示文字也能显示数字，如银行医院的排队显示屏、大街上的广告牌等。那么这些显示屏是如何工作的呢，让我们一起来探索吧。

2. 任务目标
（1）掌握译码器的工作原理。
（2）重点掌握七段译码器的工作原理。
（3）掌握七段译码器的电路，学会安装调试七段译码电路。

3. 任务电路
本任务的电路如图 1-11-1 所示，电路板实物如图 1-11-2 所示。

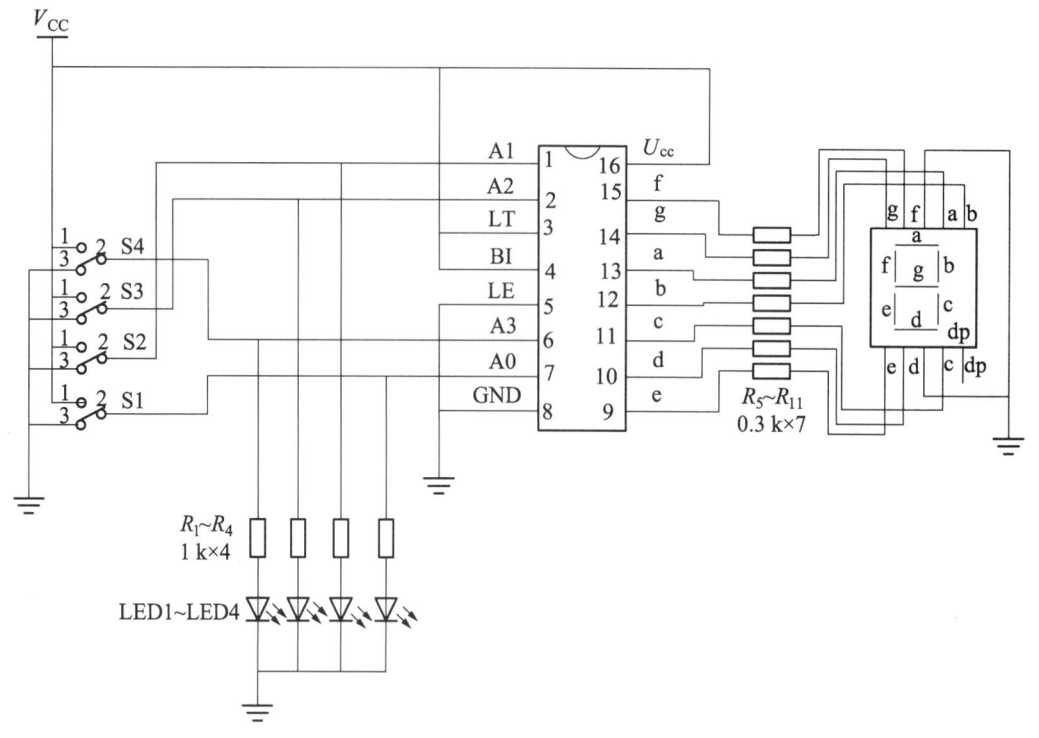

图 1-11-1 译码显示电路

图 1-11-2 译码显示电路实物图

知识链接

在编码过程中，每一组二进制代码都被赋予了一个特定的含义。译码器的作用就是将代码的原意"翻译"出来。译码器的种类很多，如二进制译码器、二-十进制译码器等。用译码器把 8421BCD 码译成相应的十进制数码并用数码管显示出来的电路就叫译码显示电路。下面就让我们来认识一下译码显示电路（见图 1-11-3）。

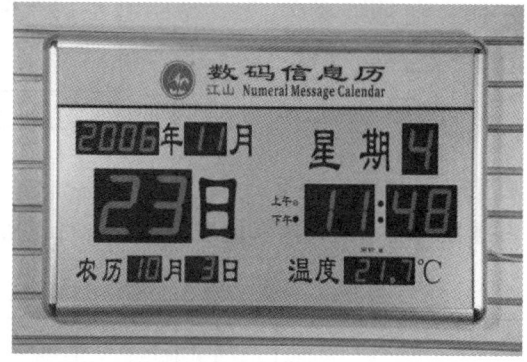

图 1-11-3　各种带有译码显示电路的电子产品

一、二进制译码器设计步骤

下面以 3 位二进制译码器为例，来分析其功能及设计步骤。

二进制译码器就是将二进制代码，按它的原意翻译成相对应的输出信号。其设计步骤如下。

1. 第一步：分析设计要求

3 位二进制译码器的方框图如图 1-11-4 所示。它的输入是 3 位二进制代码，共有 8 种不同的组合，因此它的输出有 8 个信号，每个输出与输入的一组二进制代码相对应。例如，输入 CBA = 001，则对应的输出端 I_1 为高电平，而其余的 7 个输出均为低电平。

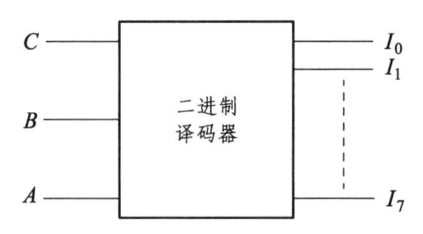

图 1-11-4 三位二进制译码器

2. 第二步：列真值表

根据设计要求可列出真值表，如表 1-11-1 所示。

表 1-11-1 3 位二进制译码器真值表

C	B	A	I_0	I_1	I_2	I_3	I_4	I_5	I_6	I_7
0	0	0	1	0	0	0	0	0	0	0
0	0	1	0	1	0	0	0	0	0	0
0	1	0	0	0	1	0	0	0	0	0
0	1	1	0	0	0	1	0	0	0	0
1	0	0	0	0	0	0	1	0	0	0
1	0	1	0	0	0	0	0	1	0	0
1	1	0	0	0	0	0	0	0	1	0
1	1	1	0	0	0	0	0	0	0	1

3. 第三步：写出逻辑函数表达式，并画出逻辑电路图

根据真值表可写出逻辑函数表达式：

$I_0 = \overline{C}\,\overline{B}\,\overline{A}$ $I_1 = \overline{C}\,\overline{B}\,A$ $I_2 = \overline{C}\,B\,\overline{A}$ $I_3 = \overline{C}\,B\,A$

$I_4 = C\,\overline{B}\,\overline{A}$ $I_5 = C\,\overline{B}\,A$ $I_6 = C\,B\,\overline{A}$ $I_7 = C\,B\,A$

根据逻辑函数表达式得出逻辑电路，如图 1-11-5 所示。

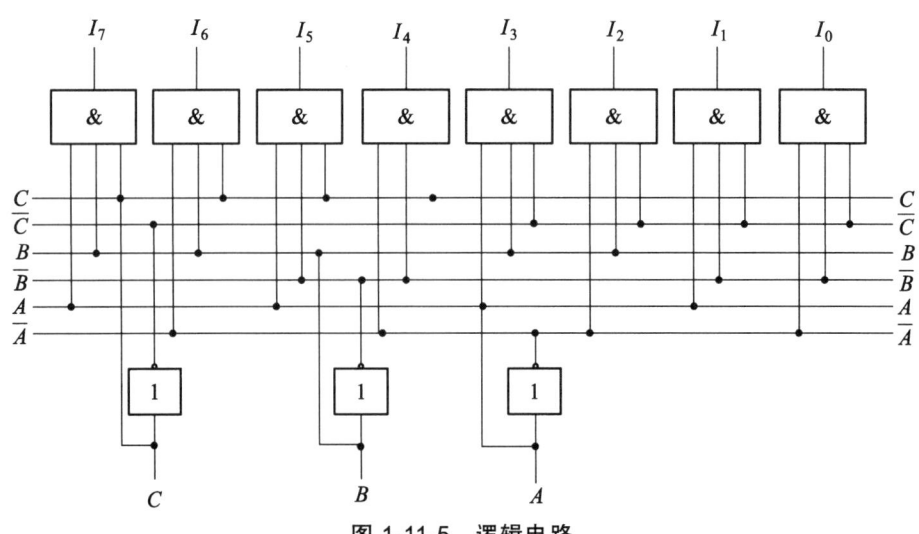

图 1-11-5 逻辑电路

【练一练】将以上例中原高电平输出有效改成低电平有效，填写表 1-11-2。

表 1-11-2 真值表

C	B	A	I_0	I_1	I_2	I_3	I_4	I_5	I_6	I_7
0	0	0								
0	0	1								
0	1	0								
0	1	1								
1	0	0								
1	0	1								
1	1	0								
1	1	1								

二、二进制译码器 74LS138

二进制译码器 74LS138 是一种典型的二进制译码器，其实物图和引脚如图 1-11-6 所示。

（a）实物图　　　　（b）引脚图

图 1-11-6

74LS138 的真值表如表 1-11-3 所示。

表 1-11-3 74LS138 真值表

输入					输出							
G_1	$\overline{G_{2A}}+\overline{G_{2B}}$	A_2	A_1	A_0	Y_0	Y_1	Y_2	Y_3	Y_4	Y_5	Y_6	Y_7
0	×	×	×	×	1	1	1	1	1	1	1	1
×	1	×	×	×	1	1	1	1	1	1	1	1
1	0	0	0	0	0	1	1	1	1	1	1	1
1	0	0	0	1	1	0	1	1	1	1	1	1
1	0	0	1	0	1	1	0	1	1	1	1	1
1	0	0	1	1	1	1	1	0	1	1	1	1
1	0	1	0	0	1	1	1	1	0	1	1	1
1	0	1	0	1	1	1	1	1	1	0	1	1
1	0	1	1	0	1	1	1	1	1	1	0	1
1	0	1	1	1	1	1	1	1	1	1	1	0

它有 3 个输入端，8 个输出端，所以也称 3-8 线译码器，属于完全译码器。A_2、A_1、A_0 为 3 位二进制代码输入，$Y_0 \sim Y_7$ 为 8 位译码输出，低电平有效。G_1、G_{2A}、G_{2B} 为选通控制，当 $G_1=1$，$G_{2A}=G_{2B}=0$ 时，允许译码，由输入代码 A_2、A_1、A_0 的取值组合使 $Y_0 \sim Y_7$ 中的某一位输出低电平。当 3 个选通控制信号中只要有 1 个不满足时，译码器禁止译码，输出皆为无用信号。

三、二-十进制译码器

将二-十进制代码翻译成十进制数码 0~9 的电路称为二-十进制译码器，常用的有 8421BCD 译码器。该译码有 4 个输入端、10 个输出端，所以也称 4-10 线译码器，属于部分译码器。

图 1-11-7 所示为 8421BCD 译码器 74LS42 的实物图和引脚排列图，真值表如表 1-11-4 所示。表中输出 0 为有效电平，1 为无效电平。例如，当 $A_3A_2A_1A_0=0000$ 时，输出 $\overline{Y_0}=0$。它对应的十进制数为 0，其余输出依次类推。该译码器除了能把 8421BCD 码译成相应的十进制数码之外，它还能拒绝伪码。所谓伪码，是指 1010~1111 的 6 个码，当输入为该 6 个码中任意一个时，输出均为 1，即得不到译码输出，这就是伪码。

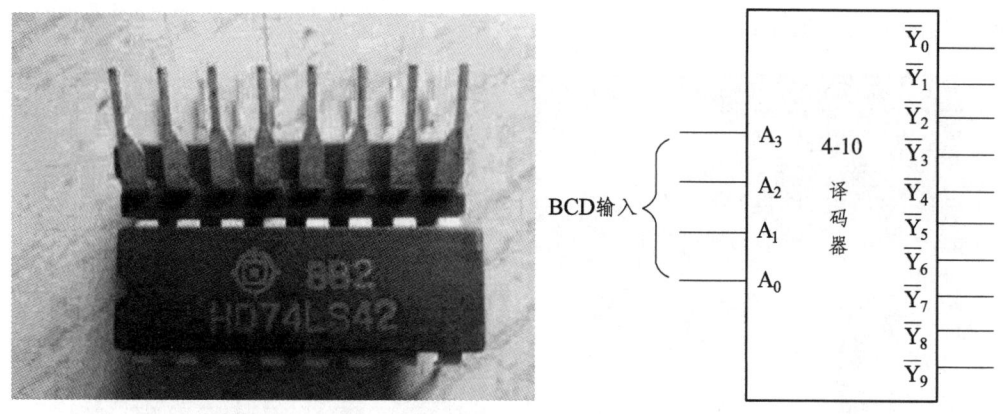

图 1-11-7

表 1-11-4　74LS42 真值表

序号	输入 A_3	A_2	A_1	A_0	输出 $\overline{Y}_0$	$\overline{Y}_1$	$\overline{Y}_2$	$\overline{Y}_3$	$\overline{Y}_4$	$\overline{Y}_5$	$\overline{Y}_6$	$\overline{Y}_7$	$\overline{Y}_8$	$\overline{Y}_9$
0	0	0	0	0	0	1	1	1	1	1	1	1	1	1
1	0	0	0	1	1	0	1	1	1	1	1	1	1	1
2	0	0	1	0	1	1	0	1	1	1	1	1	1	1
3	0	0	1	1	1	1	1	0	1	1	1	1	1	1
4	0	1	0	0	1	1	1	1	0	1	1	1	1	1
5	0	1	0	1	1	1	1	1	1	0	1	1	1	1
6	0	1	1	0	1	1	1	1	1	1	0	1	1	1
7	0	1	1	1	1	1	1	1	1	1	1	0	1	1
8	1	0	0	0	1	1	1	1	1	1	1	1	0	1
9	1	0	0	1	1	1	1	1	1	1	1	1	1	0
伪码	1	0	1	0	1	1	1	1	1	1	1	1	1	1
伪码	1	0	1	1	1	1	1	1	1	1	1	1	1	1
伪码	1	1	0	0	1	1	1	1	1	1	1	1	1	1
伪码	1	1	0	1	1	1	1	1	1	1	1	1	1	1
伪码	1	1	1	0	1	1	1	1	1	1	1	1	1	1
伪码	1	1	1	1	1	1	1	1	1	1	1	1	1	1

四、七段显示译码器

数码管是由几个发光二极管组合在一起而形成的显示装置，组成数码管的每一个发光二极管称为数码管的"段"。以一位 8 段 LED 数码管为例，共有 7 段组成一个"日"字形，分别定义为数码管的 a、b、c、d、e、f、g 段，另外再加上一个用于小数显示的小数点 dp（或

h）段，如图 1-11-8 所示。

图 1-11-8　数码管

数码管根据不同码段之间的组合，可显示数字 0～9 或简单的字符信息，如图 1-11-9 所示。

图 1-11-9　显示字符

由于组成数码管的发光二极管自身具有极性，所以组成的数码管也有共阴极和共阳极之分（见图 1-11-10）。

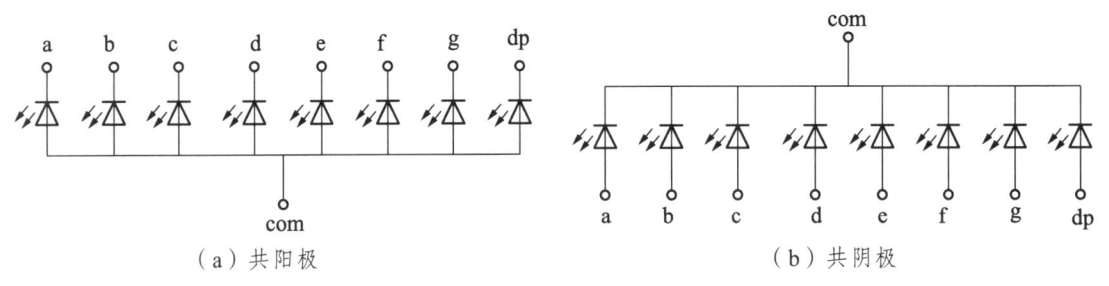

（a）共阳极　　　　　　　　　　　（b）共阴极

图 1-11-10　两种发光二极管

CD4511 是一块用于驱动共阴极 LED 数码管显示器的 BCD 码-七段译码器，具有七段译码、消隐和锁存控制功能。其内部有上拉电阻，在输出端串联限流电阻后与数码管驱动端相连，就能实现对 LED 显示器的直接驱动（见图 1-11-11）。

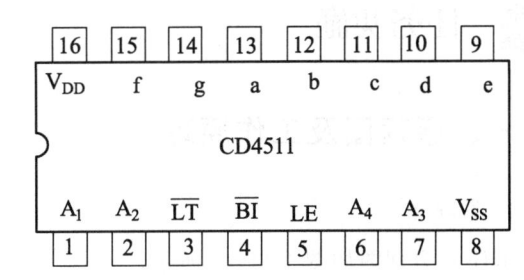

图 1-11-11　CD4511

图 1-11-11 中，$A_1A_2A_3A_4$ 为 4 线输入（4 位 8421BCD 码），a～g 为七段码输出，输出为高电平有效。功能端 BI 是消隐输入控制端，当 BI = 0 时，不管其他输入端状态如何，七段数码管均处于熄灭状态，不显示数字。LT 脚是测试输入端，当 BI = 1，LT = 0 时，译码输出全为 1，不管输入 $A_1A_2A_3A_4$ 状态如何，7 段均发亮，显示 "8"，它主要用来检测数码管是否损坏。LE 为锁定控制端，当 LE = 0 时，允许译码输出。LE = 1 时译码器是锁定状态，译码器输出被保持在 LE = 0 时的数值。CD4511 的真值表如下表 1-11-5 所示。

表 1-11-5　CD4511 真值表

		输入							输出					显示字形
LE	$\overline{BI}$	$\overline{LT}$	A_4	A_3	A_2	A_1	a	b	c	d	e	f	g	
×	×	0	×	×	×	×	1	1	1	1	1	1	1	8
×	0	1	×	×	×	×	0	0	0	0	0	0	0	消隐
0	1	1	0	0	0	0	1	1	1	1	1	1	0	0
0	1	1	0	0	0	1	0	1	1	0	0	0	0	1
0	1	1	0	0	1	0	1	1	0	1	1	0	1	2
0	1	1	0	0	1	1	1	1	1	1	0	0	1	3
0	1	1	0	1	0	0	0	1	1	0	0	1	1	4
0	1	1	0	1	0	1	1	0	1	1	0	1	1	5
0	1	1	0	1	1	0	0	0	1	1	1	1	1	6
0	1	1	0	1	1	1	1	1	1	0	0	0	0	7
0	1	1	1	0	0	0	1	1	1	1	1	1	1	8
0	1	1	1	0	0	1	1	1	1	1	0	1	1	9
0	1	1	1	0	1	0	0	0	0	0	0	0	0	消隐
0	1	1	1	0	1	1	0	0	0	0	0	0	0	消隐
0	1	1	1	1	0	0	0	0	0	0	0	0	0	消隐
0	1	1	1	1	0	1	0	0	0	0	0	0	0	消隐
0	1	1	1	1	1	0	0	0	0	0	0	0	0	消隐
0	1	1	1	1	1	1	0	0	0	0	0	0	0	消隐
1	1	1	×	×	×	×				锁存				锁存

任务实施

一、原理图及工作原理

1. 原理图

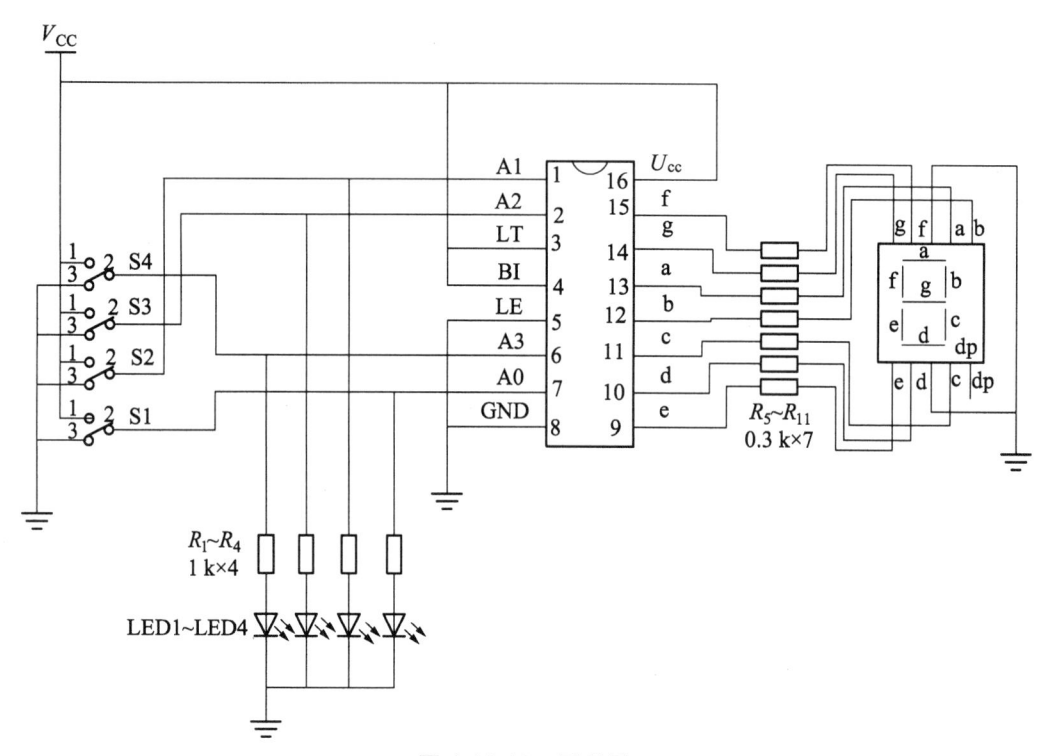

本任务原理图如图 1-11-12 所示。

图 1-11-12 原理图

2. 工作原理

S_1、S_2、S_3、S_4 为 4 个输入按钮。当 $S_1 = S_2 = S_3 = S_4 = 0$ 时,数码管显示为 0;当 $S_1 = 1$、$S_2 = S_3 = S_4 = 0$ 时,数码管显示为 1;当 $S_2 = 1$、$S_1 = S_3 = S_4$ 时,数码管显示为 2;以此类推,数码管可以显示 0~9 这 10 个数字。

3. 元件清单(见表 1-11-6)

表 1-11-6 元件清单

编号	名称	规格	数量	单价
1	万能板	8 mm×8 mm	1 块	
2	集成电路插座	DIP16	1 只	
3	集成电路	CD4511 集成电路	1 块	

续表

编号	名称	规格	数量	单价
4	电阻	1 kΩ	4 只	
5	电阻	300Ω	7 只	
6	焊接材料	焊锡丝、松香助焊剂、连接导线等	1 套	
7	数码管	BS202	1	
8	发光管	LED	4 只	
成本核算				
人工费				
总计				

二、安装与调试

根据图 1-11-12，在万能板上进行安装与测试。

安装完成的接通电源，分别按下 S_1、S_2、S_3、S_4 键，如果电路工作正常，数码管显示 0~9 这 10 个数。

安装调试过程中填写表 1-11-7。

表 1-11-7 译码显示器安装与调试

任务电路		第　　组 组长		完成时间	
基本电路安装	1. 根据所给电路原理图，绘制电路接线图 2. 根据接线图，安装并焊接电路				
电路调试	1. 用万用表检测电路 2. 根据测量结果，绘制真值表				

任务评价

序号	主要内容		考核要求	评分标准	配分	自我评价 10%	小组互评 40%	教师评价 50%
1	职业素质	劳动纪律	按时上下课，遵守实训现场规章制度	上课迟到、早退、不服从指导老师管理，或不遵守实训现场规章制度扣1~7分	7			
		工作态度	认真完成学习任务，主动钻研专业技能	上课学习不认真，不能按指导老师要求完成学习任务扣1~7分	7			
		职业规范	遵守电工操作规程及规范	不遵守电工操作规程及规范扣1~6分	6			
2	明确任务		填写工作任务相关内容	工作任务内容填写有错扣1~5分	5			
3	工作准备		1. 按考核图提供的电路元器件，查出单价并计算元器件的总价，填写在元器件明细表中； 2. 检测元器件	正确识别和使用万用表检测各种电子元器件。 元件检测或选择错误扣1~5分	10			
4	任务实施	安装工艺	1. 按焊接操作工艺要求进行，会正确使用工具； 2. 焊点应美观、光滑、牢固，锡量适中匀称、万能板的板面应干净整洁，引脚高度基本一致	1. 万用表使用不正确扣2分； 2. 焊点不符合要求每处扣0.5分； 3. 桌面凌乱扣2分； 4. 元件引脚不一致每个扣0.5分	10			
		安装正确及测试	1. 各元器件的排列应牢固、规范、端正、整齐、布局合理、无安全隐患； 2. 测试电压应符合原理要求； 3. 电路功能完整	1. 元件布局不合理、安装不牢固，每处扣2分； 2. 布线不合理，不规范，接线松动、虚焊、脱焊接触不良等每处扣1分； 3. 测量数据错误扣5分； 4. 电路功能不完整少一处扣10分	40			
		故障分析及排除	分析故障原因，思路正确，能正确查找故障并排除	1. 实际排除故障中思路不清楚，每个故障点扣3分； 2. 每少查出一个故障点扣5分； 3. 每少排除一个故障点扣3分	10			
5	创新能力		工作思路、方法有创新	工作思路、方法没有创新扣10分	10			
				指导教师签字		年	月	日

任务测评

1. 74LS138 有_____个输入端、_____个输出端，所以也称_____线-_____线译码器，属于完全译码器。

2. _____译码有 4 个输入端、10 个输出端，所以也称_____线译码器，属于部分译码器。

3. 分别画出 74LS138 和 74LS42 的引脚图。

4. 数码管的发光二极管自身具有极性，所以组成的数码管也有_____和_____之分。

5. CD4511 是一块用于驱动共阴极 LED 数码管显示器的 BCD 码七段译码器，具有_____功能。

6. 标出图 1-11-13 所示数码各段字段。

7. 画出 CD4511 引脚功能图。

图 1-11-13　题 6 图

任务十二　四人抢答器电路的安装与调试

任务描述

1. 任务概述

我们经常在电视节目中看到抢答环节，这个抢答环节需要用到抢答电路，规则是当主持人说抢答开始时才可以抢答，而且抢答成功后其他人就不能再进行抢答了。下面就让我们来探索一下这个抢答电路的相关原理，首先介绍具有记忆功能的电路。

2. 任务目标

（1）了解基本 RS 触发器的电路组成、逻辑功能及特点。
（2）熟悉 JK 触发器的电路符号，了解 JK 触发器的逻辑功能和边沿触发器方式。
（3）掌握集成触发器的使用。
（4）会用触发器设计简单电路。

知识链接

一、触发器

触发器是组成存储电路的基本单元，用一个触发器，可以保存一位二进制信息。

（一）基本 RS 触发器

1. 电路结构

基本 RS 触发器的逻辑电路图及逻辑符号如图 1-12-1 所示。它由两个与非门 G_1 和 G_2 交叉耦合组成的。图中 $\overline{R}_d$、$\overline{S}_d$ 表示负脉冲触发，逻辑符号中输入端的小圆圈也表示用负脉冲触发。

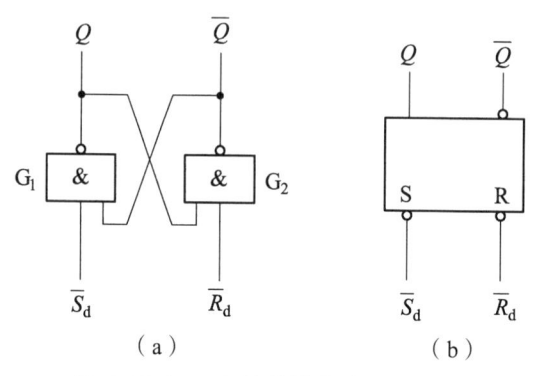

图 1-12-1 RS 触发器电路图及符号

2. 逻辑功能分析

基本 RS 触发器有两个稳定状态，一个是门 G_1 导通、门 G_2 截止，输出端 $Q=0$，$\overline{Q}=1$，称为触发器的 0 态；另一个稳定状态是门 G_1 截止、门 G_2 导通，输出端 $Q=1$，$\overline{Q}=0$，称为触发器的 1 态。

基本 RS 触发器的状态真值表如表 1-12-1 所示，表中 Q^n 表示触发器的现态，Q^{n+1} 表示触发器受触发脉冲作用后的下一个状态（简称次态）。

表 1-12-1 基本 RS 触发器状态真值表

$\overline{S}_d$	$\overline{R}_d$	Q^n	Q^{n+1}	备注
1	1	0	0	保持状态不变
0	1	0	1	置 1 态
1	0	0	0	置 0 态
0	0	0	不定	不允许
1	1	1	1	保持状态不变
0	1	1	1	置 1 态
1	0	1	0	置 0 态
0	0	1	不定	不允许

由表可知，基本 RS 触发器的功能：

当 $\overline{S}_d=1$、$\overline{R}_d=1$ 时，电路状态维持不变。

当 $\overline{S}_d=0$、$\overline{R}_d=1$ 时，电路置 1 态。

当 $\overline{S}_d=1$、$\overline{R}_d=0$ 时，电路置 0 态。

不允许出现 $\overline{S}_d=0$、$\overline{R}_d=0$ 时的情况。

（二）同步 RS 触发器

1. 电路结构

在基本 RS 触发器的基础上增添两个门 G_3、G_4 就构成了同步 RS 触发器，如图 1-12-2（a）所示，图（b）是它的逻辑符号。S、R 表示输入触发脉冲，CP 表示时钟脉冲。

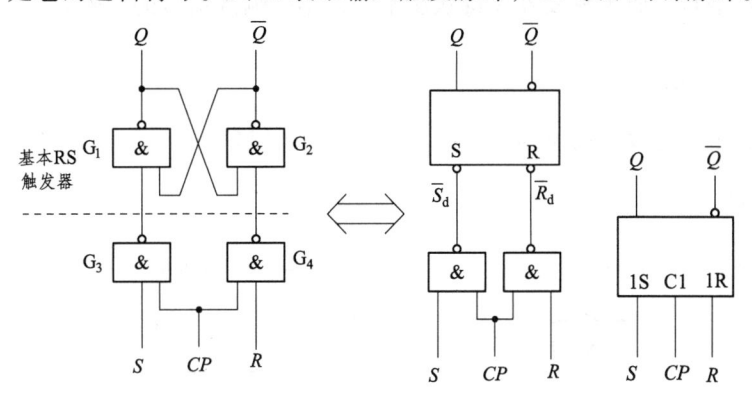

图 1-12-2 同步 RS 触发器及符号

2. 逻辑功能分析

当没有时钟信号时（即 $CP=0$），触发器的状态不变。若 $CP=1$ 时，则触发器的状态将受 S、R 状态的控制而被置 0 或置 1。

当 $S=1$、$R=0$ 时，触发器被置 1，即 $Q=1$，$\overline{Q}=0$。

若 $R=1$，$S=0$ 时，触发器被置 0，即 $Q=0$，$\overline{Q}=1$。

若 $R=0$，$S=0$ 时，触发器状态不变。

若 $R=1$，$S=1$ 时，触发器状态不定，因此要求 $S \cdot R = 0$。

（三）主从 RS 触发器

主从 RS 触发器的逻辑电路图及逻辑符号分别如图 1-12-3 所示，它由两个同步 RS 触发器加上一个反相器构成。下面的触发器称为主触发器，上面的触发器称为从触发器。

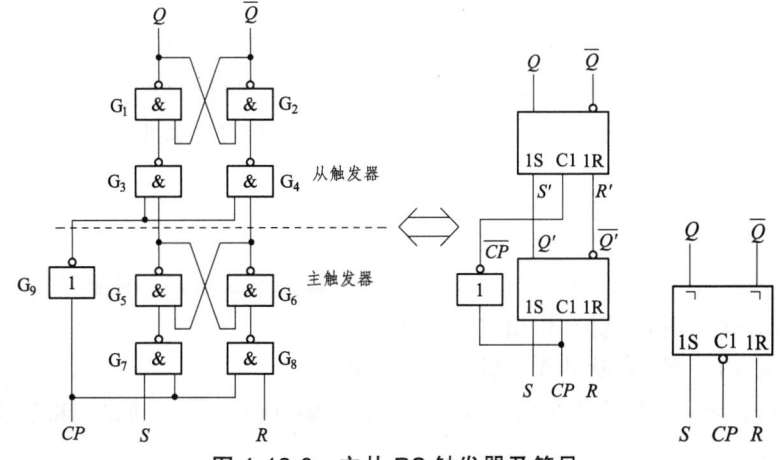

图 1-12-3 主从 RS 触发器及符号

主从触发器是分两步工作的：

第一步，在 $CP=1$ 时，主触发器将根据输入信号 R、S 的状态，被置 1 或 0。相当于输入信号存入主触发器，从触发器状态不变。

第二步，在 $CP=0$ 时，从触发器将按照主触发器所处的状态被置 1 或 0。相当于主触发器控制从触发器翻转，而主触发器保持状态不变，不受输入信号的影响。

（四）D 触发器

D 触发器如图 1-12-4（a）所示，图（b）是它的逻辑符号。

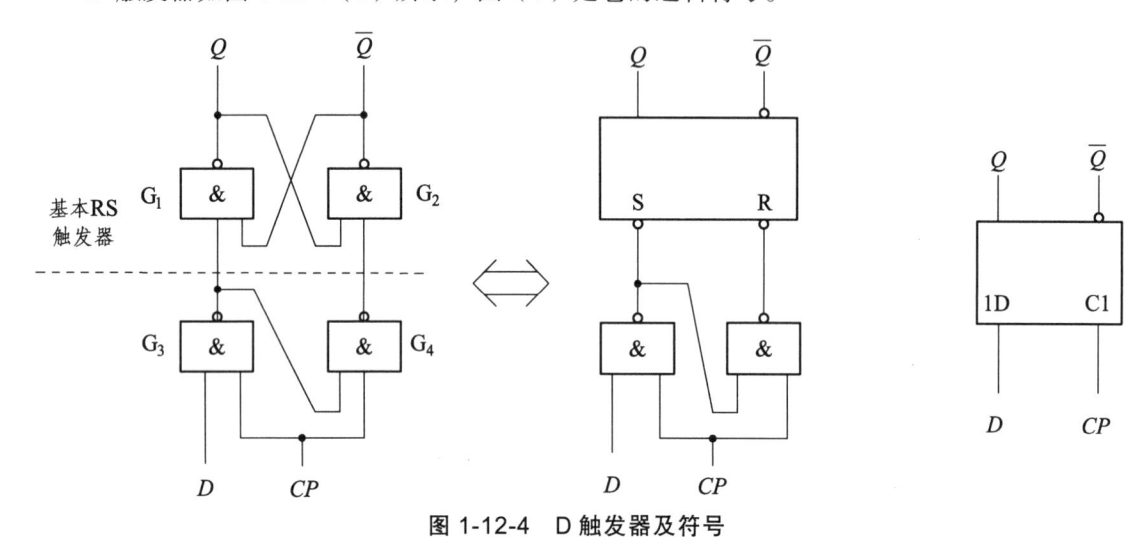

图 1-12-4　D 触发器及符号

当 $CP=1$ 时，若 $D=1$，门 G_3 输出低电平，而门 G_4 输出高电平，所以 $Q=1$；若 $D=0$，则门 G_3 输出高电平，门 G_4 输出低电平，故 $Q=0$。

D 触发器的输出状态仅仅取决于时钟脉冲为 1 期间的输入端 D 的状态，即：在 $CP=1$ 期间，若 $D=0$，则 $Q^n+1=0$；若 $D=1$，则 $Q^n+1=1$。

（五）T 触发器

T 触发器的逻辑符号如图 1-12-5 所示。T 触发器的逻辑功能比较简单，当控制端 $T=1$ 时，每来一个时钟脉冲，它都要翻转一次；而在 $T=0$ 时，保持原状态不变。

在 T 恒为 1 的情况下，只要有时钟脉冲到达，触发器的状态就要翻转。所以常将 $T=1$ 时的 T 触发器叫 T′ 触发器。

6. JK 触发器

JK 触发器的逻辑符号如图 1-12-6 所示，它有两个输入端 J 和 K。JK 触发器的逻辑功能为：

若 $J=1$，$K=0$，则 CP 脉冲作用以后，$Q^{n+1}=1$。

若 $J=0$，$K=1$，则 CP 脉冲作用后，$Q^{n+1}=0$。

若 $J=K=1$，则 CP 脉冲作用后，触发器翻转，即 $Q^{n+1}=\overline{Q^n}$，此时 JK 触发器成了 T′ 触发器。

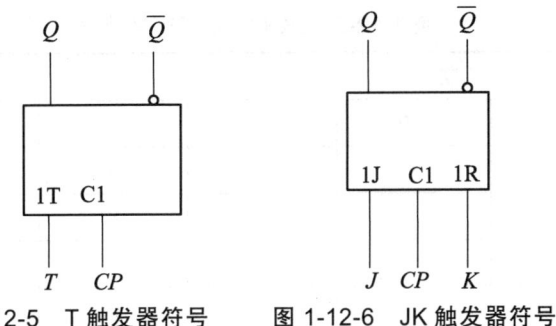

图 1-12-5　T 触发器符号　　图 1-12-6　JK 触发器符号

若对上述各类触发器稍加改进，还可使其成为边沿触发方式。所谓边沿触发方式是指触发器仅在 CP 脉冲的上升沿或下降沿到来时，接收输入信号，并发生状态翻转。只要属于边沿触发方式，都在时钟信号处加有"∧"符号；若属下降沿触发，则除了加有"∧"外，还加有小圈符号。

二、触发器的芯片介绍

常见的集成触发器有 D 触发器和 JK 触发器，根据电路结构，触发器受时钟脉冲触发的方式有维持阻塞型和主从型。维持阻塞型又称边沿触发方式，触发状态的转换发生在时钟脉冲的上升或下降沿。而主从型触发方式状态的转换分两个阶段，在 CP = 1 期间完成数据存入，在 CP 从 1 变为 0 时完成状态转换。

（一）JK 触发器

在输入信号为双端的情况下，JK 触发器是功能完善、使用灵活和通用性较强的一种触发器。本实训采用 74LS112 双 JK 触发器，是下降边沿触发的边沿触发器。引脚如图 1-12-7 所示。

JK 触发器的状态方程为：$Q^{n+1} = J\bar{Q}^n + \bar{K}Q^n$

J 和 K 是数据输入端，是触发器状态更新的依据，若 J、K 有两个或两个以上输入端时，组成"与"的关系。后沿触发 JK 触发器的功能如表 1-12-2 所示。

JK 触发器常被用作缓冲存储器、移位寄存器和计数器

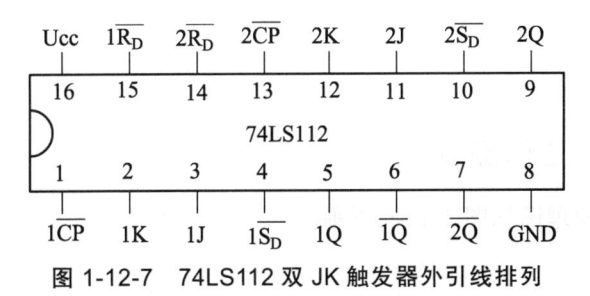

图 1-12-7　74LS112 双 JK 触发器外引线排列

表 1-12-2　JK 触发器逻辑功能表

\multicolumn{5}{c	}{输　入}	\multicolumn{2}{c}{输　出}
$\bar{S}_D$	$\bar{R}_D$	CP	J	K	Q^{n+1}	$\bar{Q}^{n+1}$
0	1	×	×	×	1	0
1	0	×	×	×	0	1
0	0	×	×	×	不定	不定
1	1	↓	0	0	Q^n	$\bar{Q}^n$
1	1	↓	1	0	1	0
1	1	↓	0	1	0	1
1	1	↓	1	1	$\bar{Q}^n$	Q^n

（二）D 触发器

在输入信号为单端的情况下，常使用 D 触发器。其输出状态的更新发生在 CP 脉冲的上升沿，故又称为上升沿触发的边沿触发器，触发器的状态只取决于时钟到来时 D 端的状态。本实验采用 74LS74 双 D 触发器，它是上升边沿触发的 D 触发器。引脚如图 1-12-8 所示，D 触发器的真值表如表 1-12-3 所示。

图 1-12-8　74LS74 双 D 触发器外引线排列

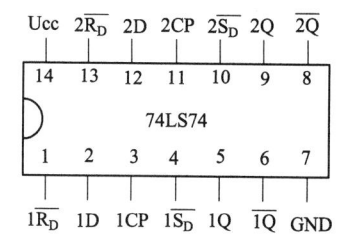

表 1-12-3　74LS74 双 D 触发器逻辑功能表

\multicolumn{4}{c	}{输　入}	\multicolumn{2}{c}{输　出}
$\bar{S}_D$	$\bar{R}_D$	CP	D	Q^{n+1}	$\bar{Q}^{n+1}$
0	1	×	×	1	0
1	0	×	×	0	1
0	0	×	×	不定	不定
1	1	↑	1	1	0
1	1	↑	0	0	1

D 触发器的状态方程为：$Q^{n+1} = D^n$

D 触发器的应用很广，可用作数字信号的寄存、移位寄存、分频和波形发生等。

任务实施

一、原理图及工作原理

四路抢答器电路原理图如图 1-12-9 所示。

1. 原理图

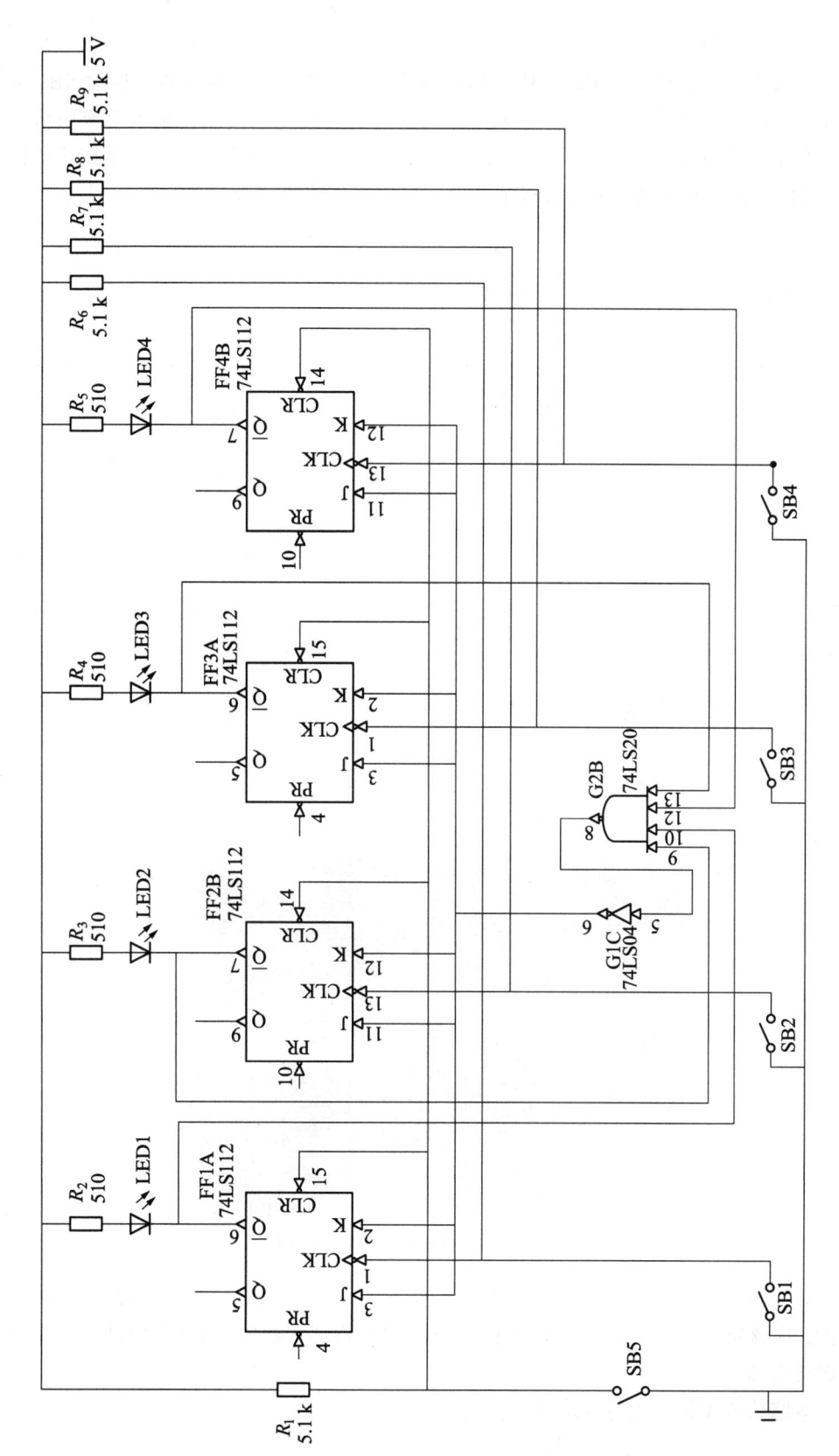

图 1-12-9　四路抢答器电路原理图

2. 电路工作原理

如图 1-12-9 所示，SB1，SB2，SB3，SB4 分别为抢答器按钮的输入端。假设 SB1 抢答成功，通过四 JK 触发器输出 $Q_1=1$，$\bar{Q}_1=0$，而 $\bar{Q}_2=\bar{Q}_3=\bar{Q}_4=1$，通过四输入与非门后，输出高电平，再经过反相器输出低电平此时四 JK 触发器处于保持状态，并且其他按钮的输入不起作用，SB1 的抢答信号被锁存，LED1 发光。其他抢答按钮同理。

3. 元件清单

本次任务所需要元器件如表 1-12-4 所示。

表 1-12-4　元件清单

代号	名称	规格	数量	代号	名称	规格	数量
PCB	万能板	80 mm×80 mm	1	IC1、IC2	触发器	74LS112	2
LED1~LED4	发光二极管	红色ϕ3	1	IC3	与非门	74LS20	1
$R_2 \sim R_5$	碳膜电阻	510Ω	4	IC4	反相器	74LS04	1
R_1、$R_6 \sim R_9$	碳膜电阻	5.1 kΩ	5	L	导线		若干
SB1~SB5	按钮开关		5				

二、根据原理图进行电路的安装

根据图 1-12-9，在万能板上进行安装的实物图如图 1-12-10 所示。具体安装与调试步骤如下：

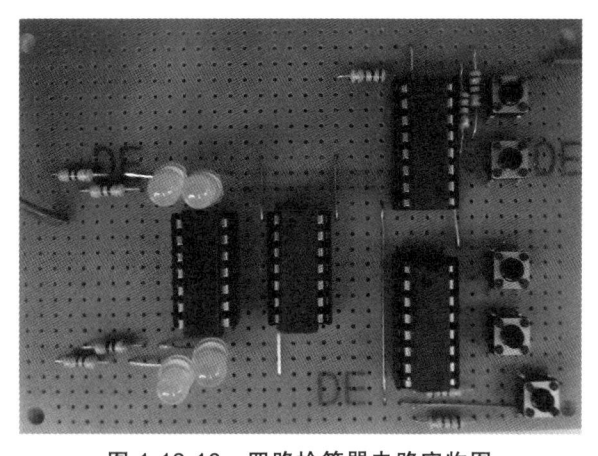

图 1-12-10　四路抢答器电路实物图

（1）对元器件进行检测，按工艺要求对元器件的引脚进行成形加工。元器件的引线不要齐根弯折，应该留有一定的距离，不少于 2 mm，以免损坏元器件。参考图 1-12-10 所示实物图安装焊接电路。

（2）电路检查无误后接通 5 V 电源。

（3）按下 SB1～SB4 中的任意一个，对应的 LED1～LED4 灯亮，按下 SB5，LED 灯复位，表明电路正常。

安装调试过程中填写表 1-12-5。

表 1-12-5　抢答器安装调试

任务电路		第　　组 组长		完成时间	
基本电路安装	1. 根据所给电路原理图，绘制电路接线图 2. 根据接线图，安装并焊接电路				
电路调试	1. 用万用表检测电路 2. 电路调试				

任务评价

序号	主要内容		考核要求	评分标准	配分	自我评价 10%	小组互评 40%	教师评价 50%
1	职业素质	劳动纪律	按时上下课，遵守实训现场规章制度	上课迟到、早退、不服从指导老师管理，或不遵守实训现场规章制度扣1～7分	7			
		工作态度	认真完成学习任务，主动钻研专业技能	上课学习不认真，不能按指导老师要求完成学习任务扣1～7分	7			
		职业规范	遵守电工操作规程及规范	不遵守电工操作规程及规范扣1～6分	6			
2	明确任务		填写工作任务相关内容	工作任务内容填写有错扣1～5分	5			
3	工作准备		1. 按考核图提供的电路元器件，查出单价并计算元器件的总价，填写在元器件明细表中； 2. 检测元器件	正确识别和使用万用表检测各种电子元器件。 元件检测或选择错误扣1～5分	10			
4	任务实施	安装工艺	1. 按焊接操作工艺要求进行，会正确使用工具； 2. 焊点应美观、光滑、牢固，锡量适中匀称，万能板的板面应干净整洁，引脚高度基本一致	1. 万用表使用不正确扣2分； 2. 焊点不符合要求每处扣0.5分； 3. 桌面凌乱扣2分； 4. 元件引脚不一致每个扣0.5分	10			
		安装正确及测试	1. 各元器件的排列应牢固、规范、端正、整齐、布局合理、无安全隐患。 2. 测试电压应符合原理要求； 3. 电路功能完整	1. 元件布局不合理、安装不牢固，每处扣2分； 2. 布线不合理，不规范，接线松动，虚焊，脱焊接触不良等每处扣1分； 3. 测量数据错误扣5分； 4. 电路功能不完整少1处扣10分	40			
		故障分析及排除	分析故障原因，思路正确，能正确查找故障并排除	1. 实际排除故障中思路不清楚，每个故障点扣3分； 2. 每少查出一个故障点扣5分； 3. 每少排除一个故障点扣3分	10			
5	创新能力		工作思路、方法有创新	工作思路、方法没有创新扣10分	10			
				指导教师签字			年 月 日	

任务测评

1. JK 触发器特性方程为（　　）。
   A. $Q^{n+1} = J\bar{Q}^n + \bar{K}Q^n$
   B. $Q^{n+1} = JQ^n + \bar{K}\bar{Q}^n$
   C. $Q^{n+1} = \bar{J}Q^n + KQ^n$
   D. $Q^{n+1} = J\bar{Q}^n + KQ^n$

2. （　　）触发器是 JK 触发器在 $J \neq K$ 的条件下的特殊情况的电路。
   A. D　　　　　　B. T　　　　　　C. T′　　　　　　D. 以上都不正确。

3. （　　）触发器是 JK 触发器在 J = K 条件下的特殊情况的电路。
   A. D　　　　　　B. T　　　　　　C. T′　　　　　　D. 以上都不正确。

4. 将 D 触发器的 D 端连接在 $\bar{Q}$ 端上，在 25 个脉冲作用后 Q^{n+1} =（　　）。
   A. 1　　　　　　B. 0　　　　　　C. Q^n　　　　　D. $\bar{Q}^n$

5. 仅具有"翻转"功能的触发器叫作（　　）。
   A. D 触发器　　　B. T 触发器　　　C. T`触发器　　　D. JK 触发器

6. 仅具有"计数"功能的触发器叫作（　　）。
   A. D 触发器　　　B. T 触发器　　　C. T`触发器　　　D. JK 触发器

7. 通常计数器应具有（　　）功能。
   A. 清零、置数、累计 CP 个数
   B. 存取数码
   C. 两者皆有

8. 计数器在计数过程中，当计数器从 111 状态变为 000 状态时，产生进位信号，此计数器为（　　）进制计数器。
   A. 8　　　　　　B. 7　　　　　　C. 6　　　　　　D. 5

9. 一个五进制计数器，计入（　　）个计数脉冲后，将产生进（借）位信号。
   A. 5　　　　　　B. 7　　　　　　C. 4　　　　　　D. 10

项目二　印制电路板的设计与制作

任务一　认识 AD 软件

任务描述

1. 任务概述

学习 AD 15 软件，熟练运行该软件的打开界面，新建一个项目，通过元件库寻找各种电子元件；熟练运用各种画图工具，电气标识符。

2. 任务目标

（1）熟悉 AD 15 软件界面。
（2）练习新建一个工程、原理图、PCB。
（3）熟练掌握元件库元件的选择、画图工具的运用、网络标签的使用。

3. 任务界面

AD 15 软件界面如图 2-1-1 所示。

图 2-1-1　AD 15 软件界面

知识链接

一、AD 15 软件简介

AD 全称 Altium Designer，是目前 EDA 行业中使用最方便、操作最快捷、人性化界面最好的辅助工具。在我国，有 73%的电子设计工程师和 80%的电子信息类专业在校学生正在使用 AD 所提供的解决方案。

AD 通过把原理图设计、电路仿真、PCB 绘制编辑、拓扑逻辑自动布线、信号完整性分析和设计输出等技术完美融合，使越来越多的用户选择使用 AD 来进行复杂的大型电路板设计。因此，对初入电子行业的新人或电子行业从业者来说，熟悉并快速掌握该软件来进行电子设计至关重要。

二、电子设计流程概述

前面通过对 Altium Designer 系统参数的讲解，读者对 Altium Designer 的基本操作环境有了一定的了解，下面来概述电子设计的流程，让读者在整体上对电子设计有一个基本的认识。

从总体上来说，Altium Designer 常规的电子设计流程包括项目立项、元件建库、原理图设计、PCB 建库、PCB 设计、生产文件输出、PCB 文件加工。

（1）项目立项：首先需要确认好产品的功能需求，完成为了满足功能需求的元件选型等工作。

（2）元件建库：根据电子元件手册的电气符号创建 Altium Designer 映射的电气标识。

（3）原理图设计：通过元件库的导入对电气功能及逻辑关系连接。

（4）PCB 建库：电子元件在 PCB 上唯一的映射图形，衔接设计图纸与实物元件。

（5）PCB 设计：交互原理图的网络连接关系，完成电路功能之间的布局及布线工作。

（6）生产文件输出：衔接设计与生产的文件包含电路 Gerber 文件、装配图等。

（7）PCB 文件加工：制板出实际的电路板，发送到贴片厂进行贴片焊接作业。

以上表述可以通过如图 2-1-2 所示的 Altium Designer 电子设计流程图表达出来。

图 2-1-2　Altium Designer 电子设计流程

任务实施

任务实施过程如表 2-1-1 所示。

表 2-1-1　**AD 15 软件界面使用步骤**

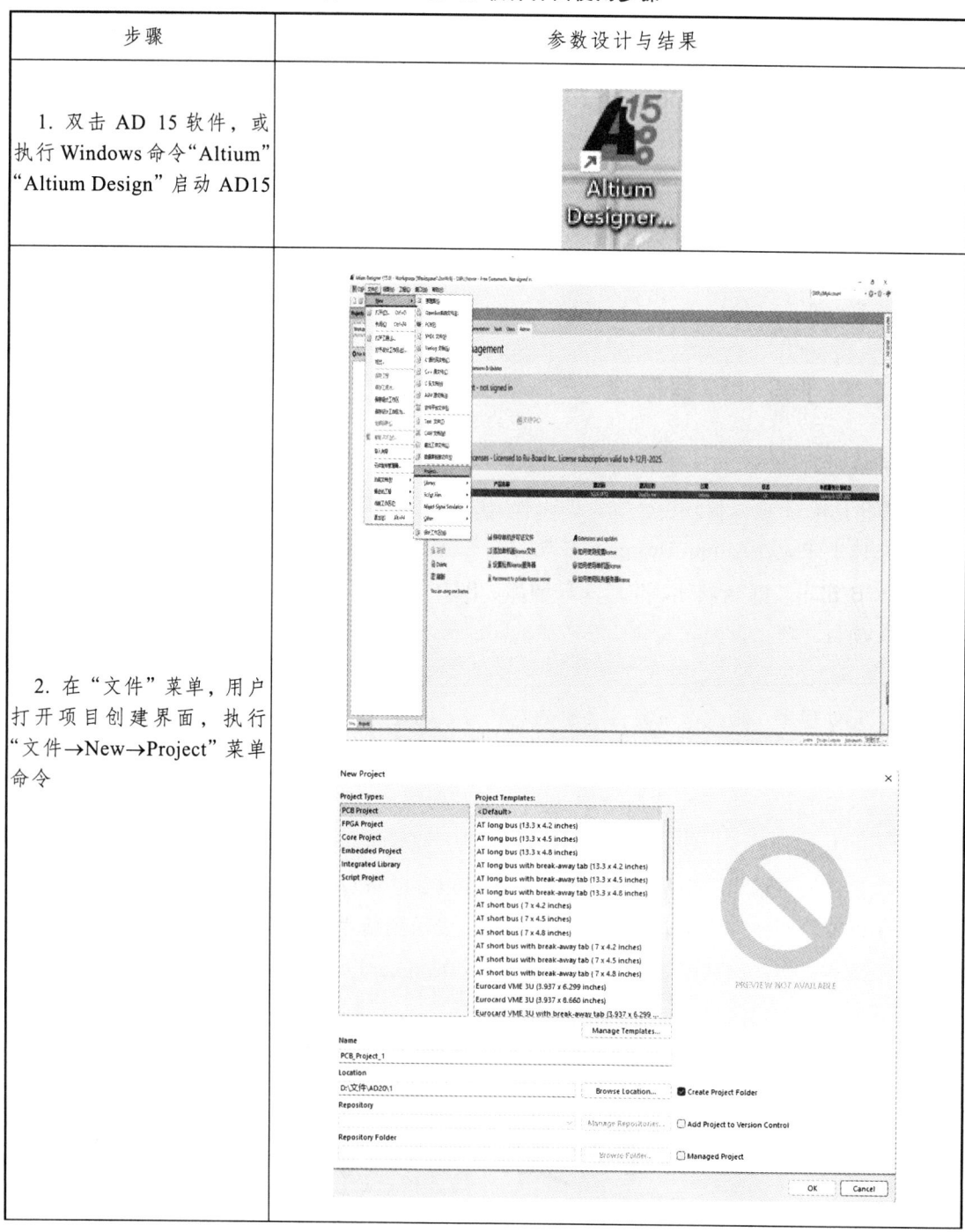

步骤	参数设计与结果
1. 双击 AD 15 软件，或执行 Windows 命令 "Altium" "Altium Design" 启动 AD15	
2. 在"文件"菜单，用户打开项目创建界面，执行"文件→New→Project"菜单命令	

158

续表

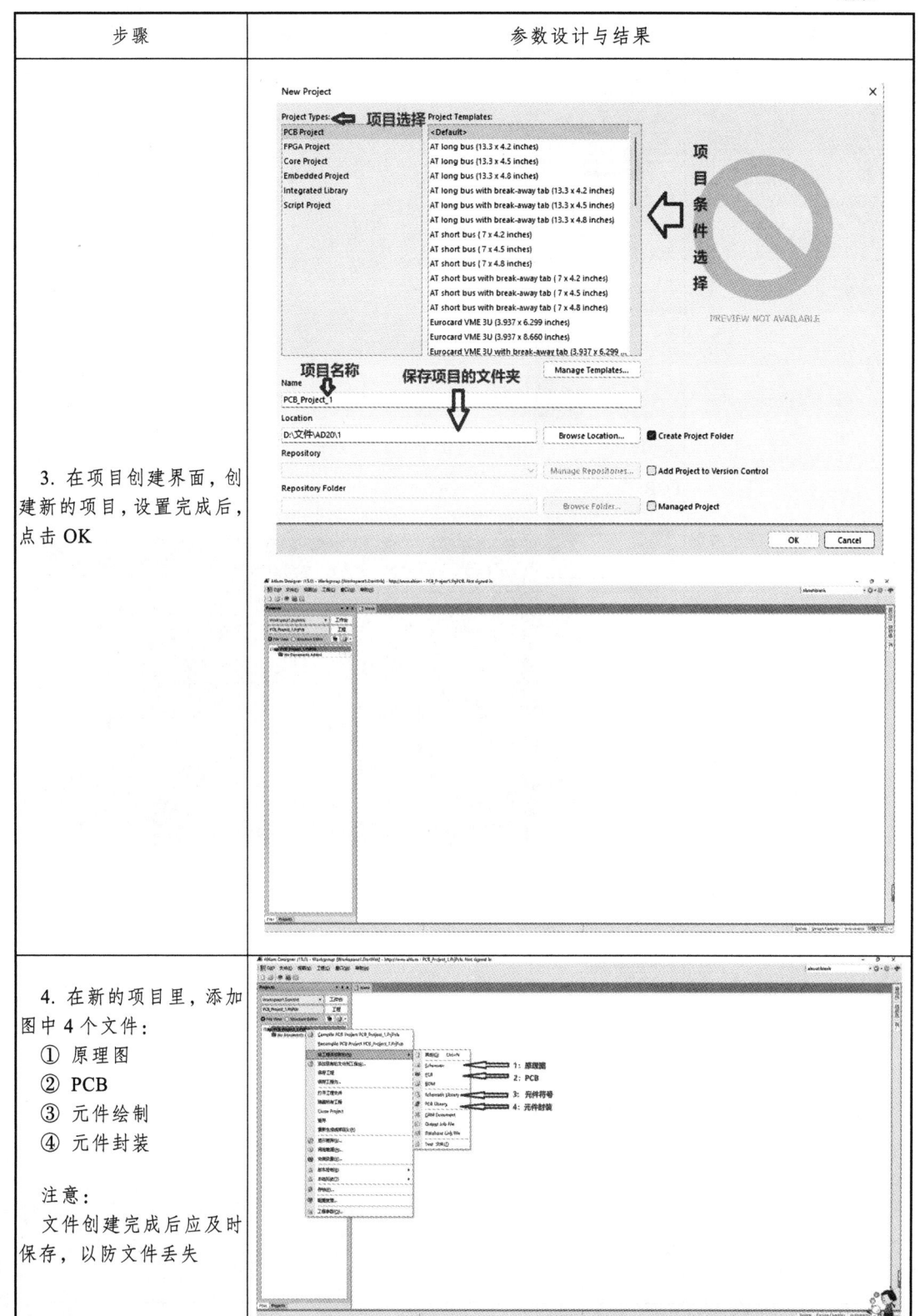

步骤	参数设计与结果
3. 在项目创建界面，创建新的项目，设置完成后，点击 OK	（项目创建界面截图）
4. 在新的项目里，添加图中 4 个文件： ① 原理图 ② PCB ③ 元件绘制 ④ 元件封装 注意： 文件创建完成后应及时保存，以防文件丢失	（添加文件操作截图）

159

续表

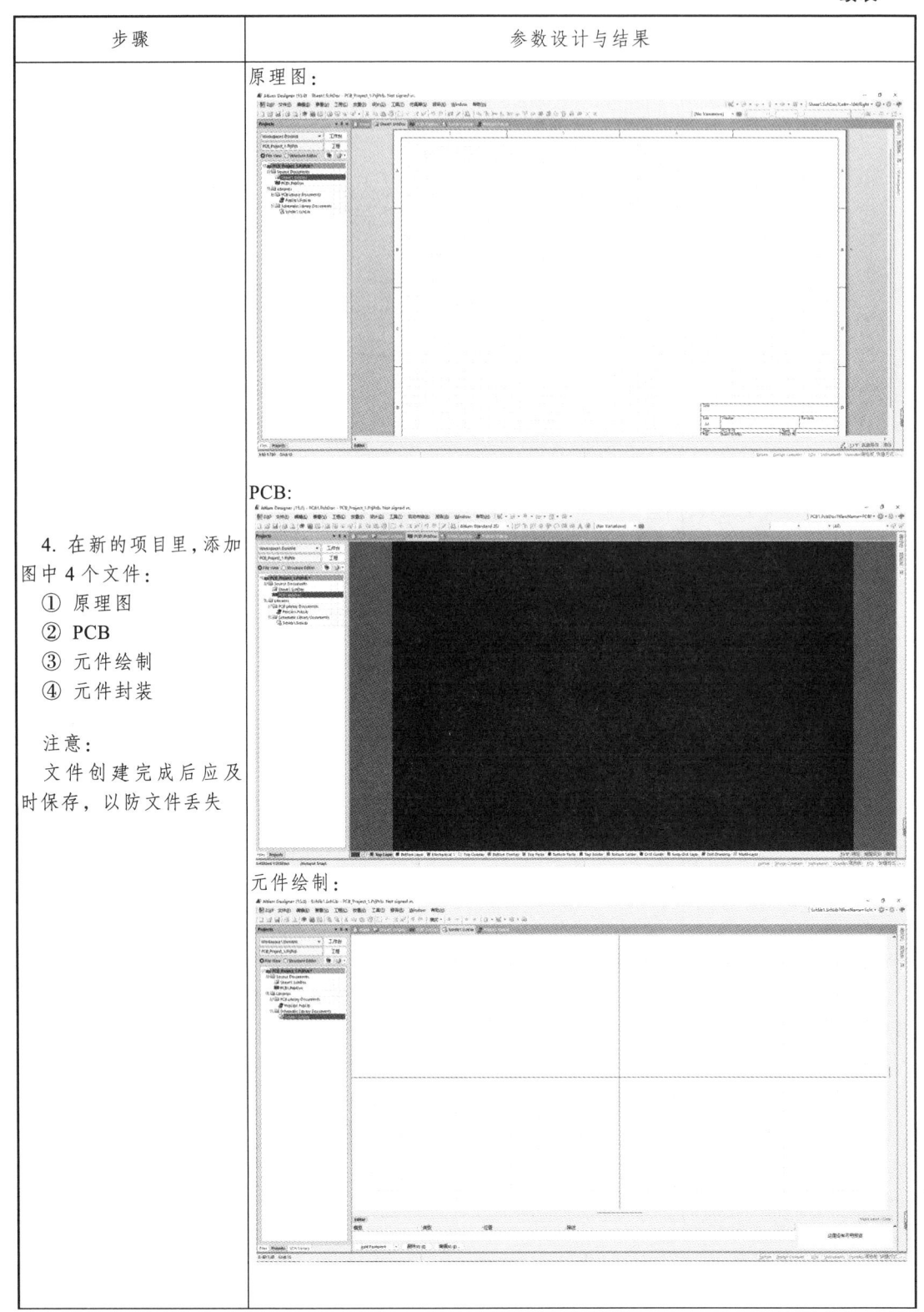

步骤	参数设计与结果
4. 在新的项目里,添加图中 4 个文件: ① 原理图 ② PCB ③ 元件绘制 ④ 元件封装 注意: 文件创建完成后应及时保存,以防文件丢失	原理图: PCB: 元件绘制:

续表

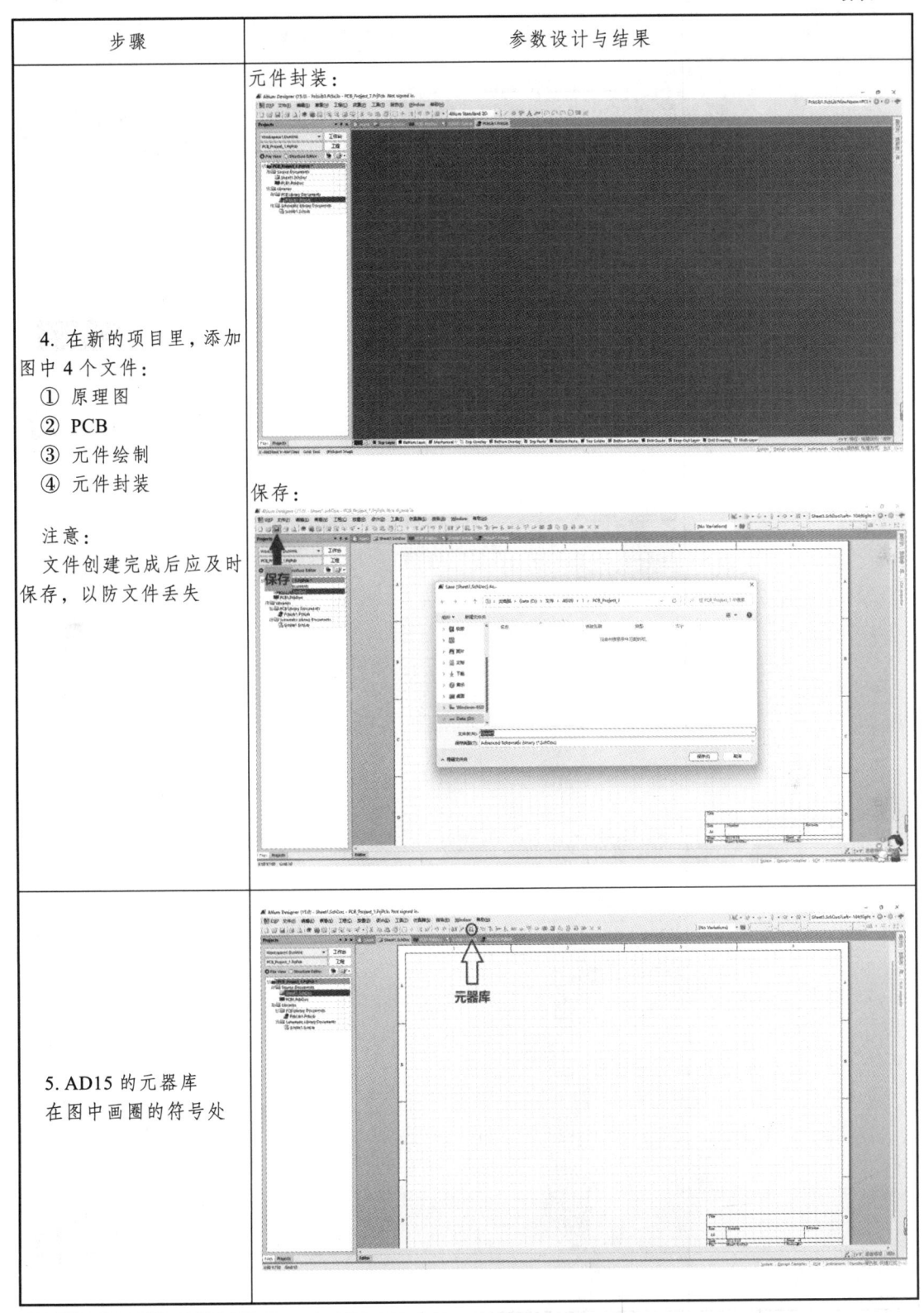

步骤	参数设计与结果
4. 在新的项目里，添加图中 4 个文件： ① 原理图 ② PCB ③ 元件绘制 ④ 元件封装 注意： 文件创建完成后应及时保存，以防文件丢失	元件封装： 保存：
5. AD15 的元器库在图中画圈的符号处	

161

续表

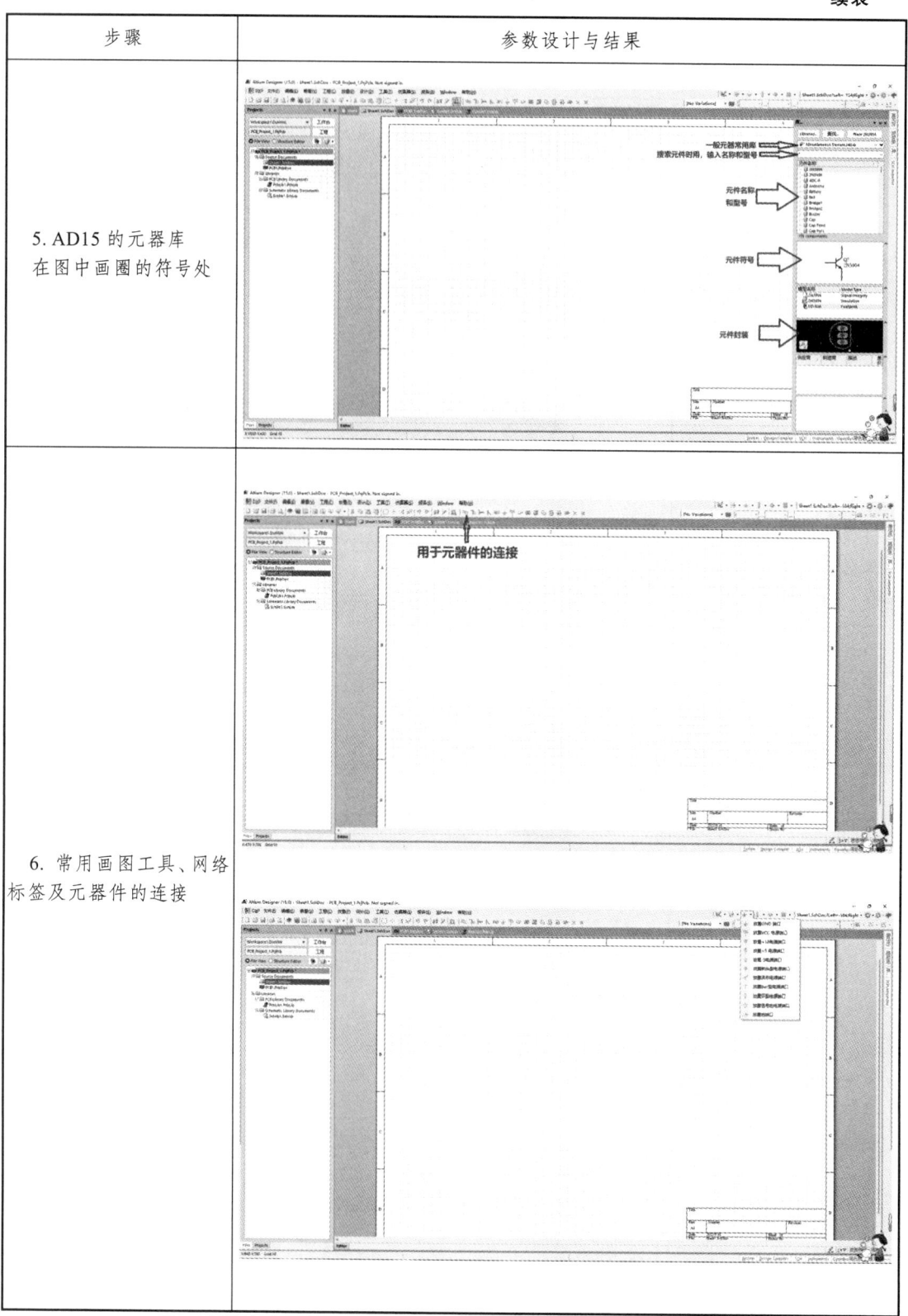

步骤	参数设计与结果
5. AD15的元器库在图中画圈的符号处	
6. 常用画图工具、网络标签及元器件的连接	

续表

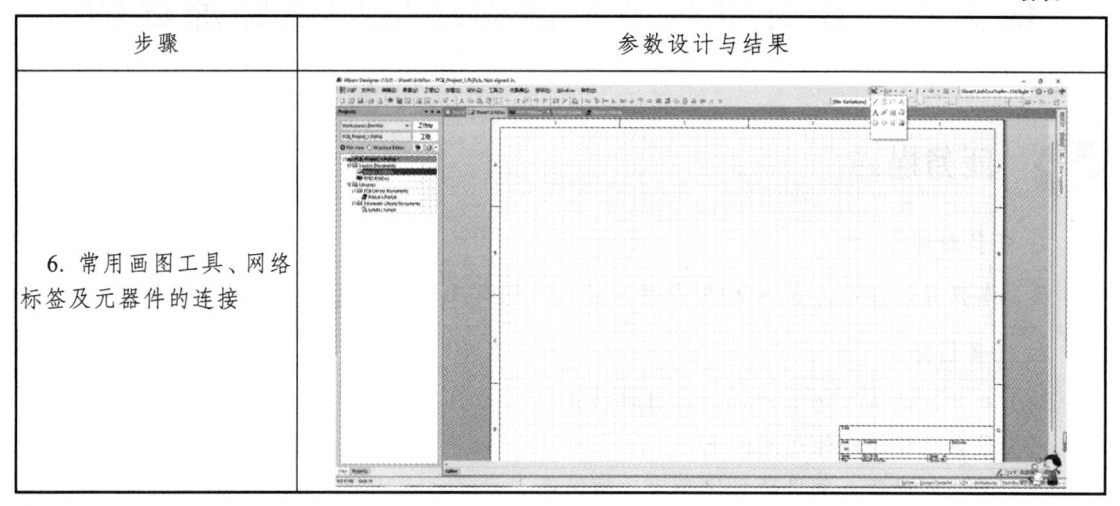

步骤	参数设计与结果
6. 常用画图工具、网络标签及元器件的连接	

任务评价

项目	标准	自我评价 50%	小组评价 30%	教师评价 20%
步骤完成情况	1. 正确完成步骤，得50分； 2. 每错1处扣10分，扣完为止			
操作熟练度	1. 班级前20%交结果者得10分； 2. 每滞后20%扣2分，扣完为止			
协作精神	有交流、讨论顺畅得5分			
纪律观念	听课安静、爱护设备得5分			
学习主动性	认真思考、积极回答问题得5分			
知识应用情况	关键知识点内化得5分			
完成任务中引以自豪的做法	能用快捷键、思路简捷有效得10分			
指导他人	解决别人问题得10分			
小　计				
总　评				

任务测评

文件如何保存？

任务二　绘制串联负反馈稳压电源电路原理图

任务描述

1. 任务概述

通过本任务的学习，在 AD 15 软件中画出串联负反馈稳压电源电路的原理图。

2. 任务目标

（1）熟练运用 AD 15 软件的元器库寻找元件。
（2）学会元件与元件之间的连接。
（3）掌握创建项目所用的文件和项目的保存。

3. 任务电路

本任务的电路界面如图 2-2-1 所示。

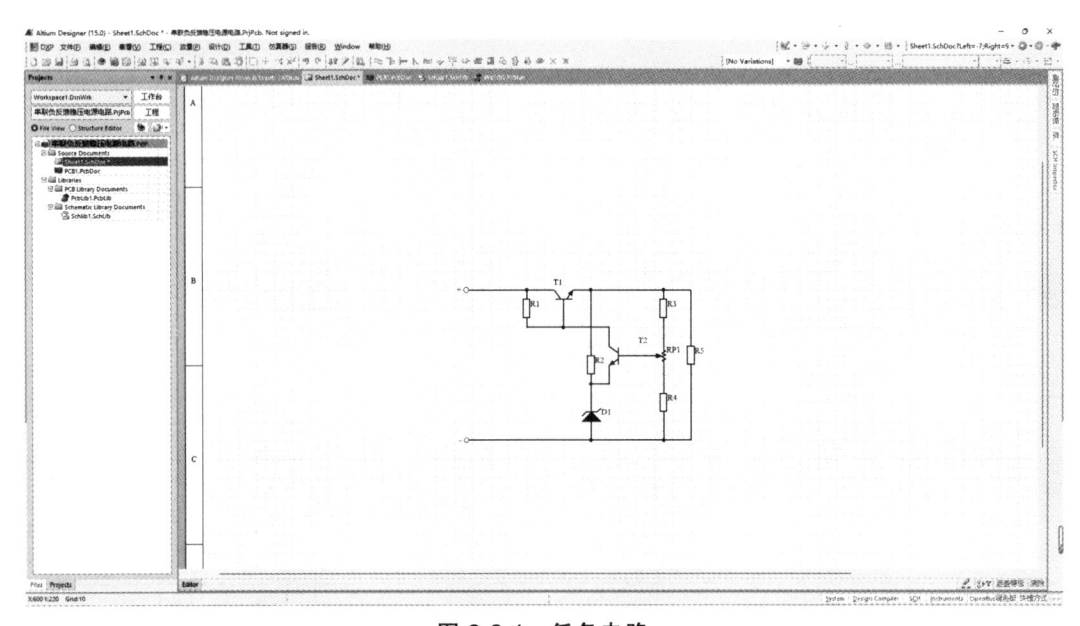

图 2-2-1　任务电路

知识链接

一、电路原理

T_1 是调整管，D_1 和 R_2 组成基准电压，T_2 为比较放大器，$R_3 \sim R_5$ 组成取样电路，R_5 是负载。

假设由于某种原因引起输出电压 U_O 降低时，通过 $R_3 \sim R_5$ 的取样电路，引起 T_2 基极电压（U_{T2}）成比例下降，由于 T_2 发射极 E 电压（U_{T2}）受稳压管 D_1 的稳压值控制保持不变，所以 T_2 发射结 BE 的电压（U_{T2}）将减小，于是 T_2 基极 B 电流（I_{T2}）减小，T_2 发射极 E 电流（I_{T2}）跟随减小，T_2 管 CE 压降（U_{T2}）增加，导致其发射极 C 电压（U_{T2}）上升，即调整管 T_1 基极 B 电压（U_{T1}）将上升，T_1 管压降（U_{T1}）减小，使输入电压 U_I 更多地加到负载上，这样输出电压 U_O 就上升。这个调整过程可以使用下面的变化关系图表示：

$U_O \downarrow \to (U_{T2}) O \downarrow \to U_{D1}$ 恒定 $\to (U_{T2}) BE \downarrow \to (I_{T2}) B \downarrow \to$

$(I_{T2}) E \downarrow \to (U_{T2}) CE \uparrow \to (U_{T2}) C \uparrow \to (U_{T1}) B \uparrow \to (U_{T1}) CE \downarrow \to U_O \uparrow$

当输出电压升高时整个变化过程与上面完全相反，这里不再赘述，简单表示如下：

$U_O \uparrow \to (U_{T2}) O \uparrow \to U_{D1}$ 恒定 $\to (U_{T2}) BE \uparrow \to (I_{T2}) B \uparrow \to (I_{T2}) E \uparrow \to (U_{T2}) CE \downarrow$

$\to (U_{T2}) C \downarrow \to (U_{T1}) B \downarrow \to (U_{T1}) CE \uparrow \to U_O \downarrow$

与简易串联稳压电源相似，当输入电压 U_I 或者负载等其他情况发生时，都会引起输出电压 U_O 的相应变化，最终都可以用上面分析的过程说明其工作原理。

二、新建或添加原理图

（一）新建原理图

（1）执行菜单命令"文件→新的→原理图"，即可创建一页新的原理图。

（2）执行"保存"命令，把新建的原理图命名之后添加到当前工程中。

（二）已存在原理图的添加与移除

同已存在元件库的添加与移除一样，可以对已存在原理图进行添加与移除操作。

原理图编辑界面如图 2-2-2 所示，主要包含菜单栏、工具栏、绘制工具栏、面板栏、编辑工作区等。

1. 菜单栏

（1）文件：主要用于完成对各种文件的新建、打开、保存等操作。

（2）编辑：用于完成各种编辑操作，包括撤销、取消、复制及粘贴。

（3）视图：用于视图操作，包括窗口的放大、缩小，工具栏的打开、关闭及栅格的设置、显示。

（4）工程：主要用于对工程的各类编译及添加、移除。

（5）放置：用于放置电气导线及非电气对象。

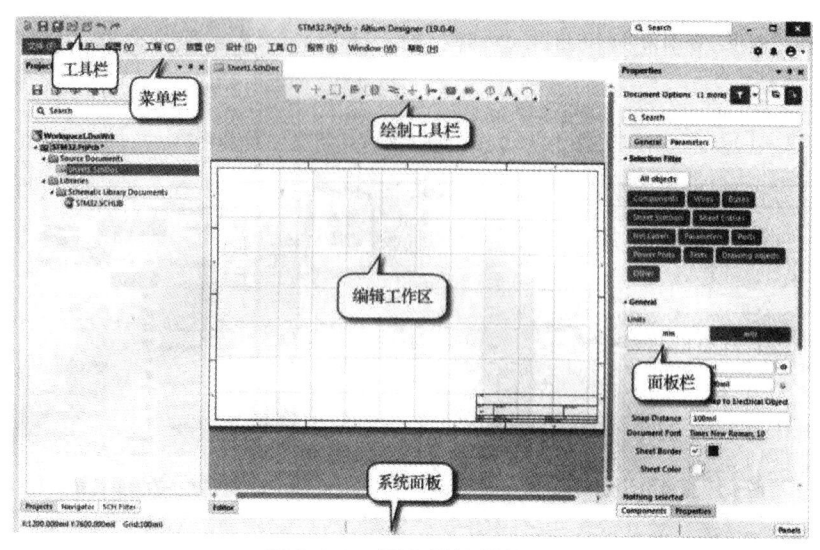

图 2-2-2 原理图编辑界面

（6）设计：为设计者提供仿真、第三方网表的导出。
（7）工具：为设计者提供各类工具。
（8）报告：为原理图提供检查报告。
（9）Window：改变窗口的显示方式，可以切换窗口的双屏或者多屏显示等。

2. 工具栏

工具栏是菜单栏的延伸显示，为操作频繁的命令提供窗口按钮（有时也称图标）显示的方式。

（三）原理图设计准备

在设计原理图之前对原理图页进行一定的设置，可以提高设计原理图的效率。虽然在实际的应用中，有时候不进行准备设置也没有很大关系，但是基于设计效率的提高，推荐读者进行设置。

1. 原理图页大小的设置

（1）双击默认原理图页的边缘，如图 2-2-3 所示。

图 2-2-3 原理图页大小的设置

166

（2）通过第（1）步进入原理图页参数设置界面，可以从 Altium Designer 提供的"Template"中选择合适的页面大小，如果标准风格中没有需要的尺寸，可以选择"Standard"使用自定义风格，"Custom"处可以定义原理图页的宽度，"Height"处可以自定义高度，"Width"处可以自定义宽度，如图 2-2-4 所示。

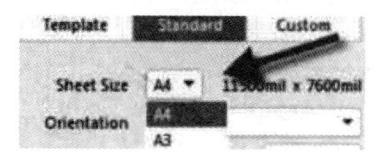

图 2-2-4

（3）一般来说，这个自定义尺寸是画完原理图之后根据实际需要来定义的，这样可以让原理图不至于过大或者过小。

2. 原理图栅格的设置

栅格的设置有利于放置元件及绘制导线的对齐，以达到规范和美化设计的目的。

执行菜单命令"工具→原理图选项→Grids"，可以进入 Grids 选项卡。

Altium Designer 提供两种栅格显示方式，即"Dot Grid"和"Line Grid"，还可以对显示的颜色进行设置，一般推荐设置为"LineGrid"，颜色为系统默认的灰色，同时可以对捕捉栅格、捕捉距离与可见栅格（也称可视栅格）的大小进行设置。参数建议设置为 5 的倍数。

任务实施

任务实施过程如表 2-2-1 所示。

表 2-2-1　原理图绘制步骤

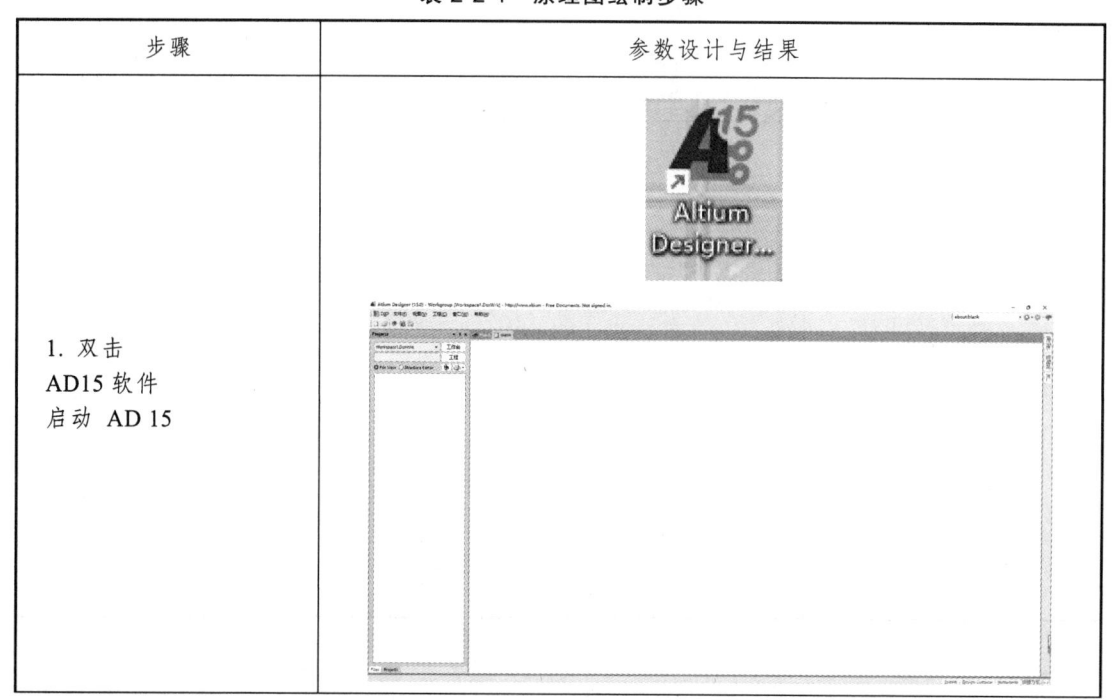

步骤	参数设计与结果
1. 双击 AD15 软件启动 AD 15	

续表

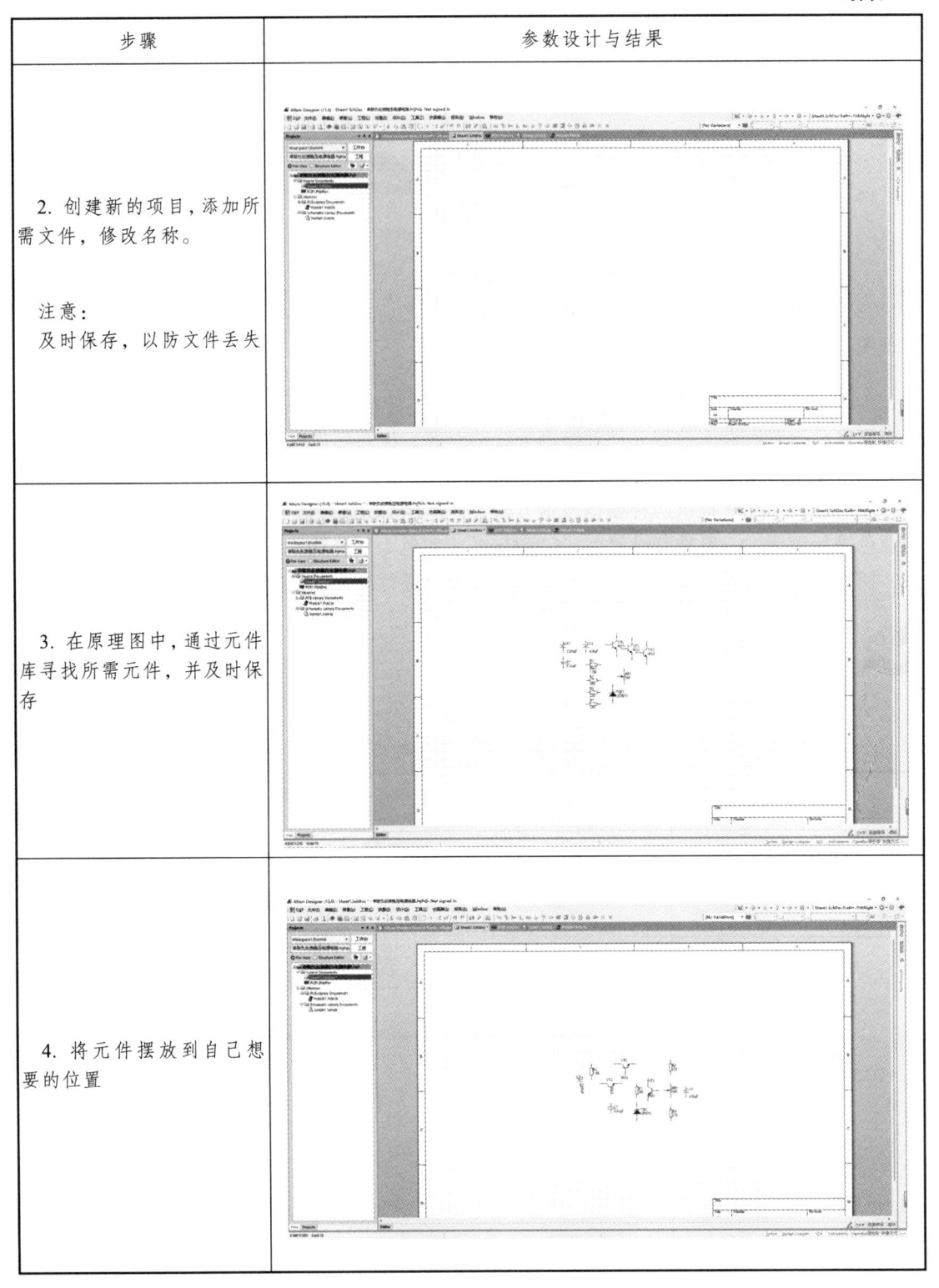

步骤	参数设计与结果
2. 创建新的项目，添加所需文件，修改名称。 注意： 及时保存，以防文件丢失	
3. 在原理图中，通过元件库寻找所需元件，并及时保存	
4. 将元件摆放到自己想要的位置	

168

续表

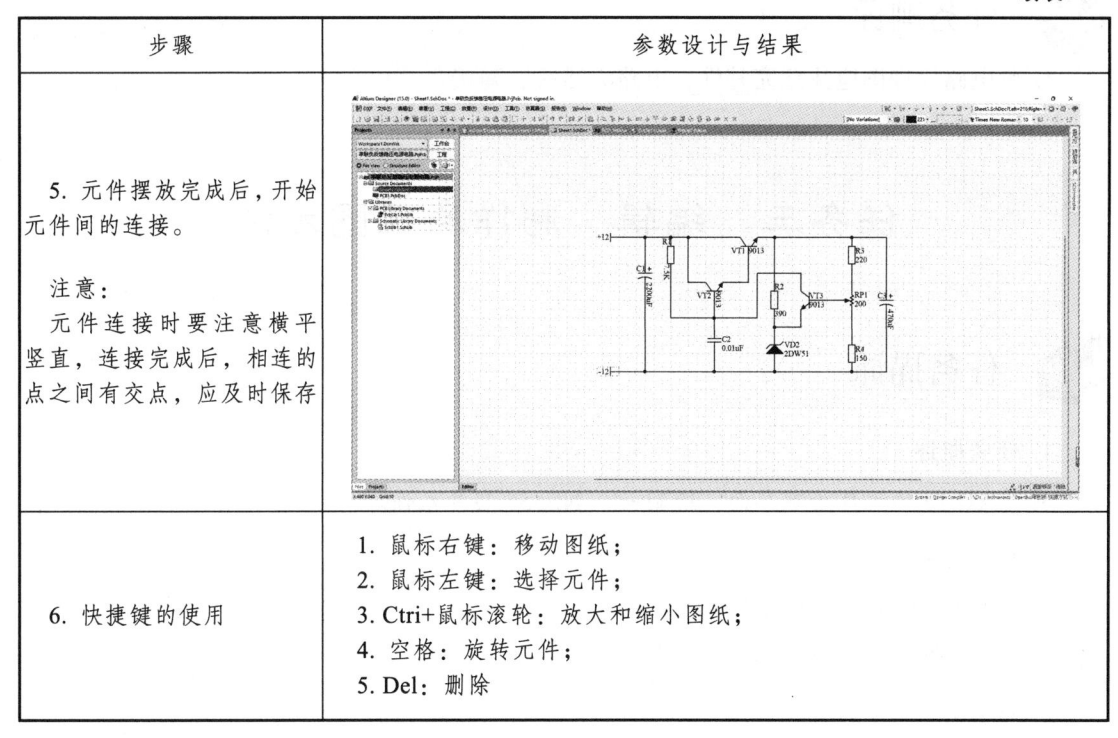

步骤	参数设计与结果
5. 元件摆放完成后，开始元件间的连接。 注意： 元件连接时要注意横平竖直，连接完成后，相连的点之间有交点，应及时保存	
6. 快捷键的使用	1. 鼠标右键：移动图纸； 2. 鼠标左键：选择元件； 3. Ctrl+鼠标滚轮：放大和缩小图纸； 4. 空格：旋转元件； 5. Del：删除

任务评价

项目	标准	自我评价 50%	小组评价 30%	教师评价 20%
步骤完成情况	1. 正确完成步骤，得 50 分； 2. 每错 1 处扣 10 分，扣完为止			
操作熟练度	1. 班级前 20%提交结果者得 10 分； 2. 每滞后 20%扣 2 分，扣完为止			
协作精神	有交流、讨论顺畅得 5 分			
纪律观念	听课安静、爱护设备得 5 分			
学习主动性	认真思考、积极回答问题得 5 分			
知识应用情况	关键知识点内化得 5 分			
完成任务中引以自豪的做法	能用快捷键、思路简捷有效得 10 分			
指导他人	解决别人问题得 10 分			
小计				
总评				

169

任务测评

1. 画电路原理图应注意完整性，电路无错接、漏接。

任务三　编辑、制作原理图元件

任务描述

1. 任务概述

利用 AD 15 的元件绘制界面，绘制一个 NE555 芯片元件。

2. 任务目标

（1）熟练运用 AD15 绘制元件的工具。
（2）学习和认识 NE555 芯片的作用。

3. 任务界面

本任务使用的元件界面如图 2-3-1 所示。

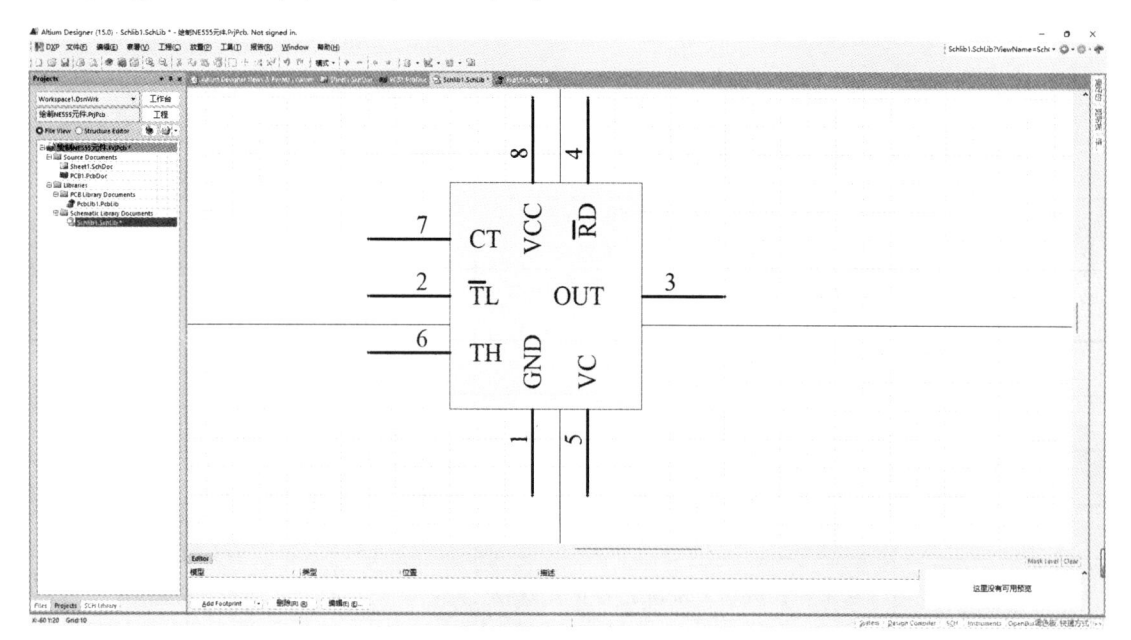

图 2-3-1　元件界面

知识链接

一、NE555 芯片

1. NE555 简介

NE555 是属于 555 系列的计时集成电路（IC）的一种型号，是一种用途很广的计时 IC，利用它再外接电阻电容可以方便地搭建出单稳态触发器和多谐振荡器，被广泛应用在波形的产生与变换、测量与控制、家用电器、电子玩具等领域。

2. 参数功能特性

（1）供电电压：45～18 V。

（2）供应电流：3～6 mA。

（3）输出电流：225 mA（max）。

（4）上升/下降时间：100 ns。

3. 内部等效逻辑结构（见图 2-3-2）

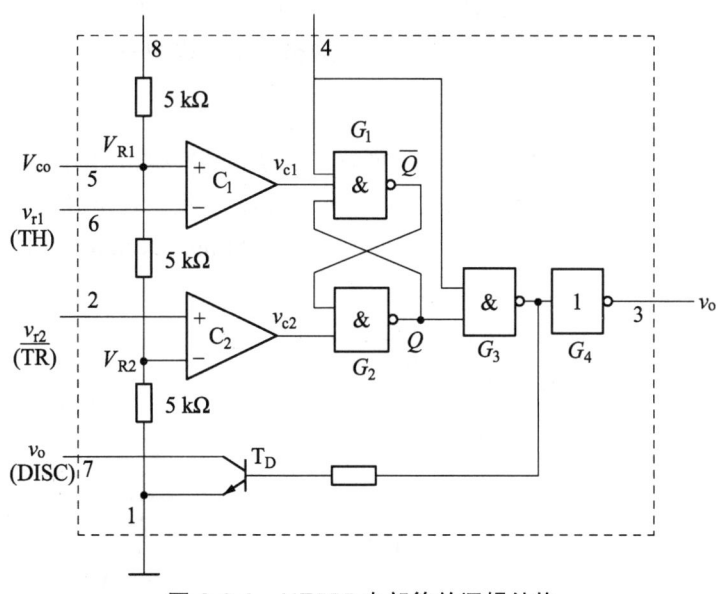

图 2-3-2　NE555 内部等效逻辑结构

二、工程的组成

为了方便读者对 Altium Designer 中文件的认识，在此罗列出 Altium Designer 电子设计中常见文件的后缀（见表 2-3-1）。

表 2-3-1　Altium Designer 电子设计中常见文件的后缀

文件类型	文件名后缀	备注
工程文件	.PijPcb	
元件库文件	.SchLib	低版本后缀为.Lib
原理图文件	.SchDoc	低版本后缀为.Sch
PCB 库文件	.PcbLib	低版本后缀为.Lib
网络表文件	.NET	
PCB 文件	.PcbDoc	低版本后缀为.PCB

1. 概　述

在用 Altium Designer 绘制原理图时，需要放置各种各样的元件。Altium Designer 内置的元件库虽然很完备，但是难免会遇到找不到所需要的元件的时候，因此在这种情况下便需要自己创建元件。Altium Designer 提供了一个完整的创建元件的编辑器，可以根据自己的需要进行编辑或者创建元件。本章将详细介绍如何创建原理图元件库。

元件符号是元件在原理图上的表现形式，主要由元件边框、管脚（包括管脚序号和管脚名称）、元件名称及元件说明组成，通过放置的管脚来建立电气连接关系。元件符号中的管脚序号是和电子元件实物的管脚一一对应的。在创建元件的时候，图形不一定和实物完全一样。但是对于管脚序号和名称，一定要严格按照元件规格书中的说明一一对应。

2. 元件库编辑器界面

元件库设计是电子设计中最开始的模型创建，通过元件库编辑器画线、放置管脚、放置矩形等编辑操作创建出需要的电子元件模型。如图 2-3-3 所示，这里对元件库编辑器界面进行了初步介绍，整个界面可分为若干个工具栏和面板。Altium Designer 元件库编辑器提供丰富的菜单及绘制工具。

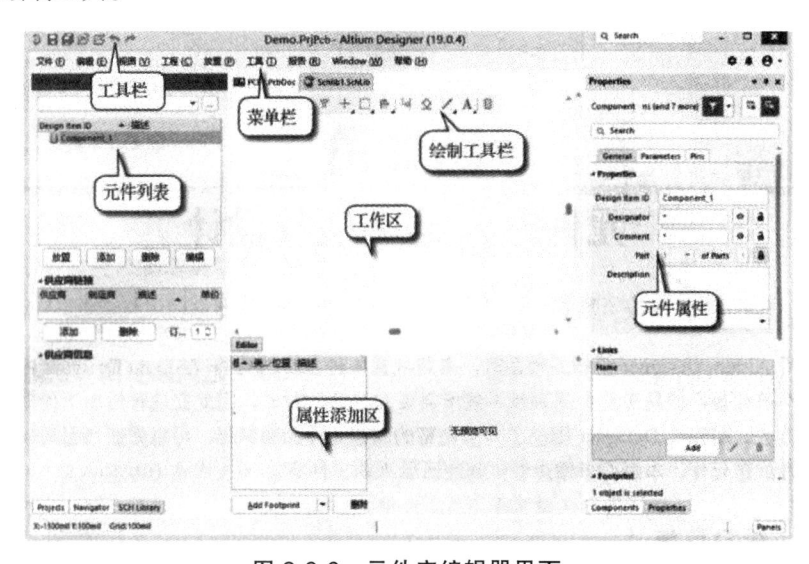

图 2-3-3　元件库编辑器界面

3. 菜单栏

（1）文件：主要用于完成对各种文件的新建、打开、保存等操作。

（2）编辑：用于完成各种编辑操作，包括撤销、取消、复制及粘贴。

（3）视图：用于视图操作，包括窗口的放大、缩小，工具栏的打开、关闭及栅格的设置、显示。

（4）工程：主要用于对工程的各类编译及添加、移除，在元件库编辑器界面中一般用得少。

（5）放置：用于放置元件符号，是元件库创建用得最多的一个命令菜单。

（6）工具：为设计者提供各类工具，包括对元件的重命名及选择等功能。

（7）报告：提供元件符号检查报告及测量等功能。

（8）Window：改变窗口的显示方式，可以切换窗口的双屏或者多屏显示等。

（9）帮助：查看 Altium Designer 的新功能、快捷键等。

三、元件库创建实例——电容的创建

实践是检验真理的唯一标准。通过前面介绍的元件的创建方法学习了如何创建元件库，下面通过从易到难的实例来巩固所学内容。

（1）执行菜单命令"文件→新的→库→原理图库"，创建一个新的元件库。

（2）在元件库面板的元件栏中，单击"添加"按钮，添加一个名称为"CAP"的新元件。

（3）执行菜单命令"放置→线"，放置两条线，代表电容的两极，如图 2-3-4（a）所示。

（4）执行菜单命令"放置→管脚"，在放置状态下按"Tab"键，对管脚属性进行设置，管脚名称和管脚序号统一为数字 1 或 2，上下分别放置管脚序号为"1"和"2"的管脚，如图 2-3-4 所示。

（5）对于这类电容，管脚不需要进行信号识别，因此双击管脚名称，然后把"Name"的是否可见选项设置为否（表示不可见），这样可以有更加清晰的显示效果。

（6）如果想要这个电容有极性，可以根据实际的管脚情况，用菜单命令"放置→线"或者"放置→文本字符串"绘制极性标识，如图 2-3-4（e）所示。

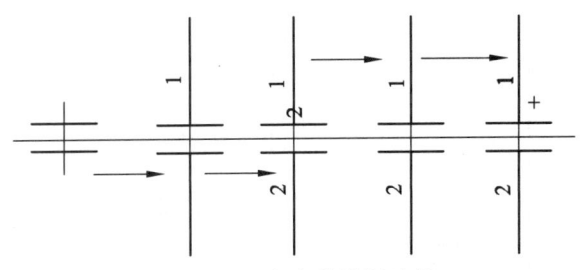

图 2-3-4 电容的绘制过程

（7）双击名称为"CAP"的元件，对其元件属性进行设置，位号设置为"C?"，Comment 值填写为"10 μF"，描述填写为"极性电容"，模型选择为"Footprint"，并填写名称为"3528C"。到这步即完成了电容元件的创建。

任务实施

任务实施过程如表 2-3-2 所示。

表 2-3-2　**AD 15 软件界面使用步骤**

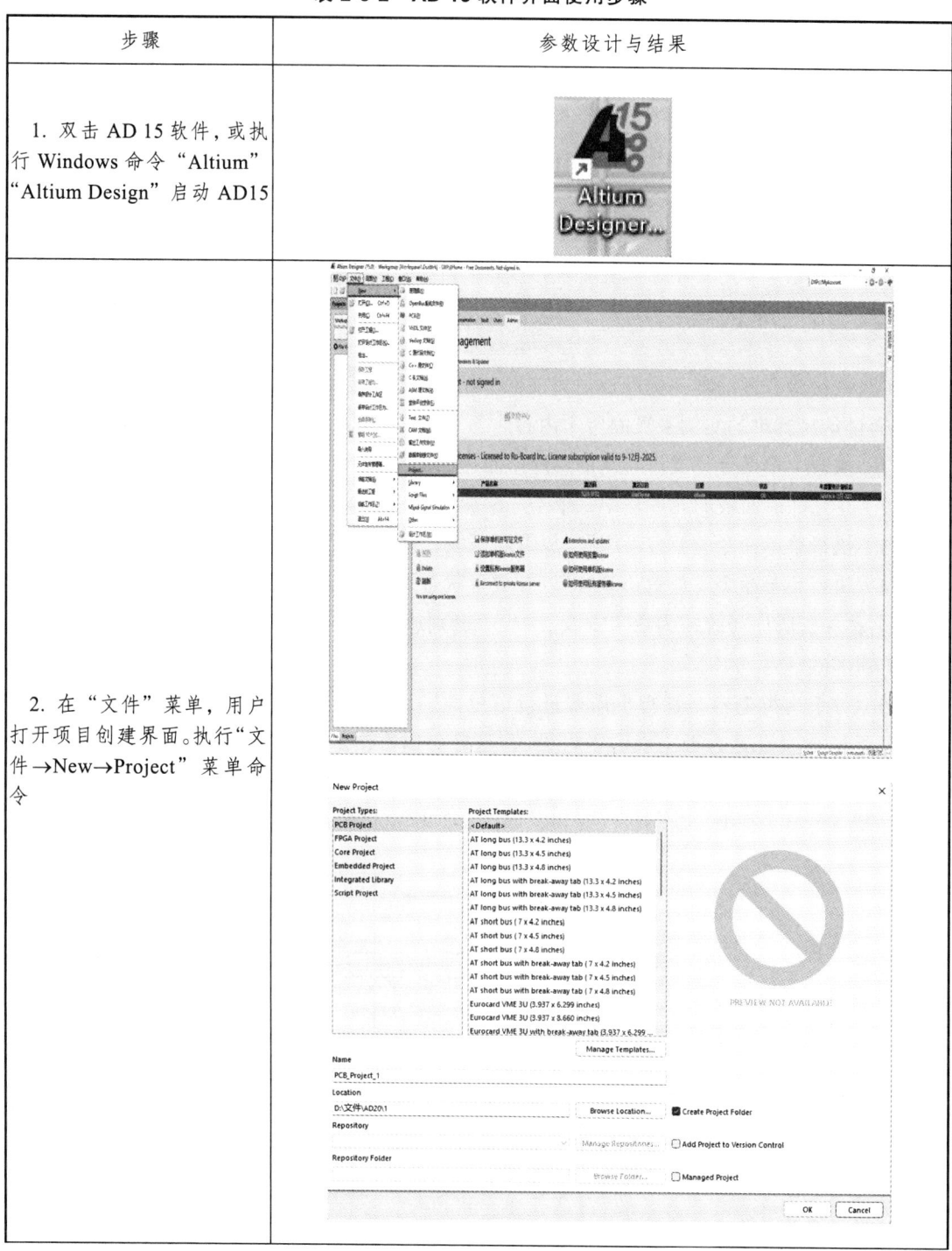

步骤	参数设计与结果
1. 双击 AD 15 软件，或执行 Windows 命令"Altium""Altium Design"启动 AD15	
2. 在"文件"菜单，用户打开项目创建界面。执行"文件→New→Project"菜单命令	

续表

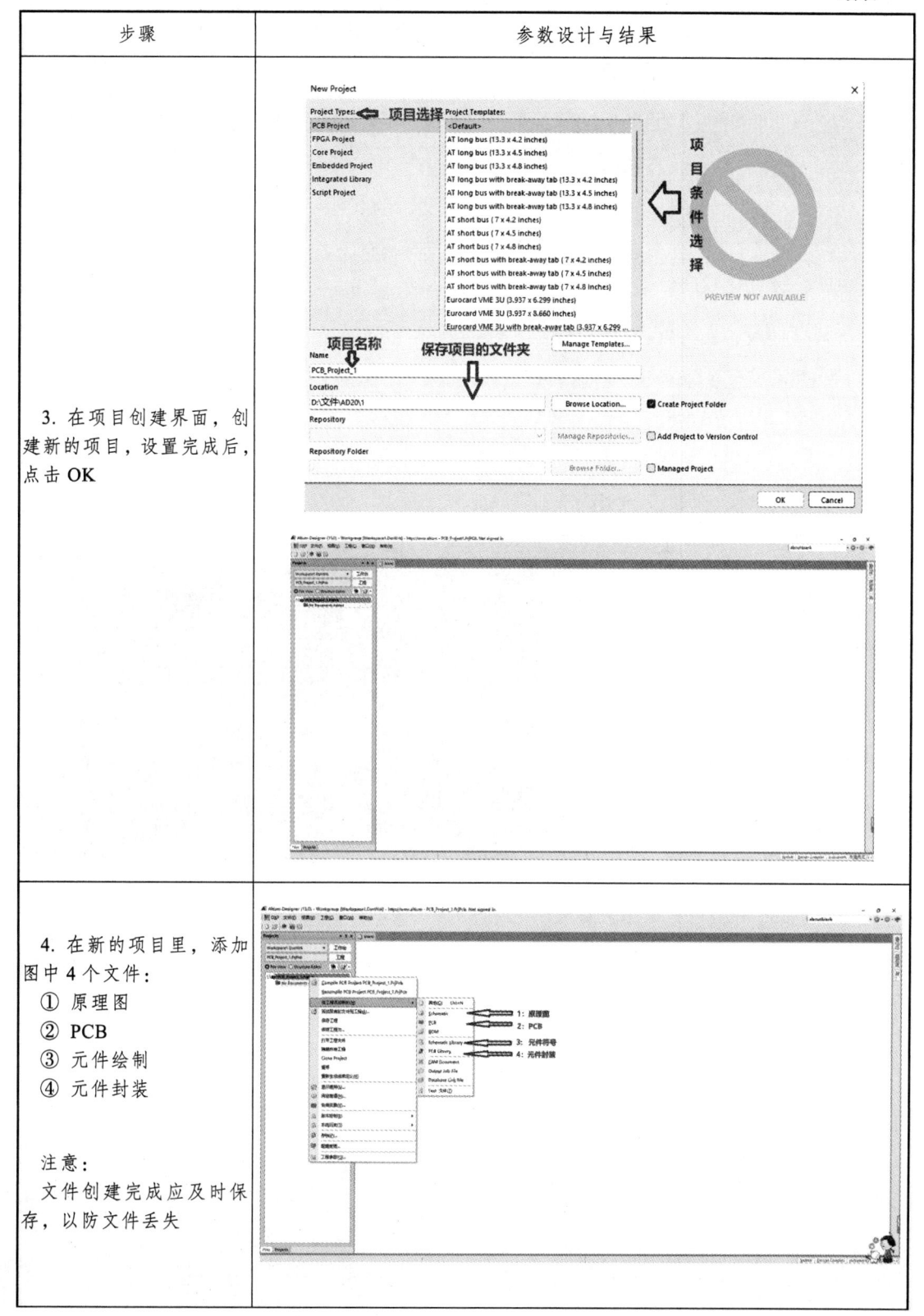

步骤	参数设计与结果
3. 在项目创建界面，创建新的项目，设置完成后，点击 OK	
4. 在新的项目里，添加图中 4 个文件： ① 原理图 ② PCB ③ 元件绘制 ④ 元件封装 注意： 文件创建完成应及时保存，以防文件丢失	

175

续表

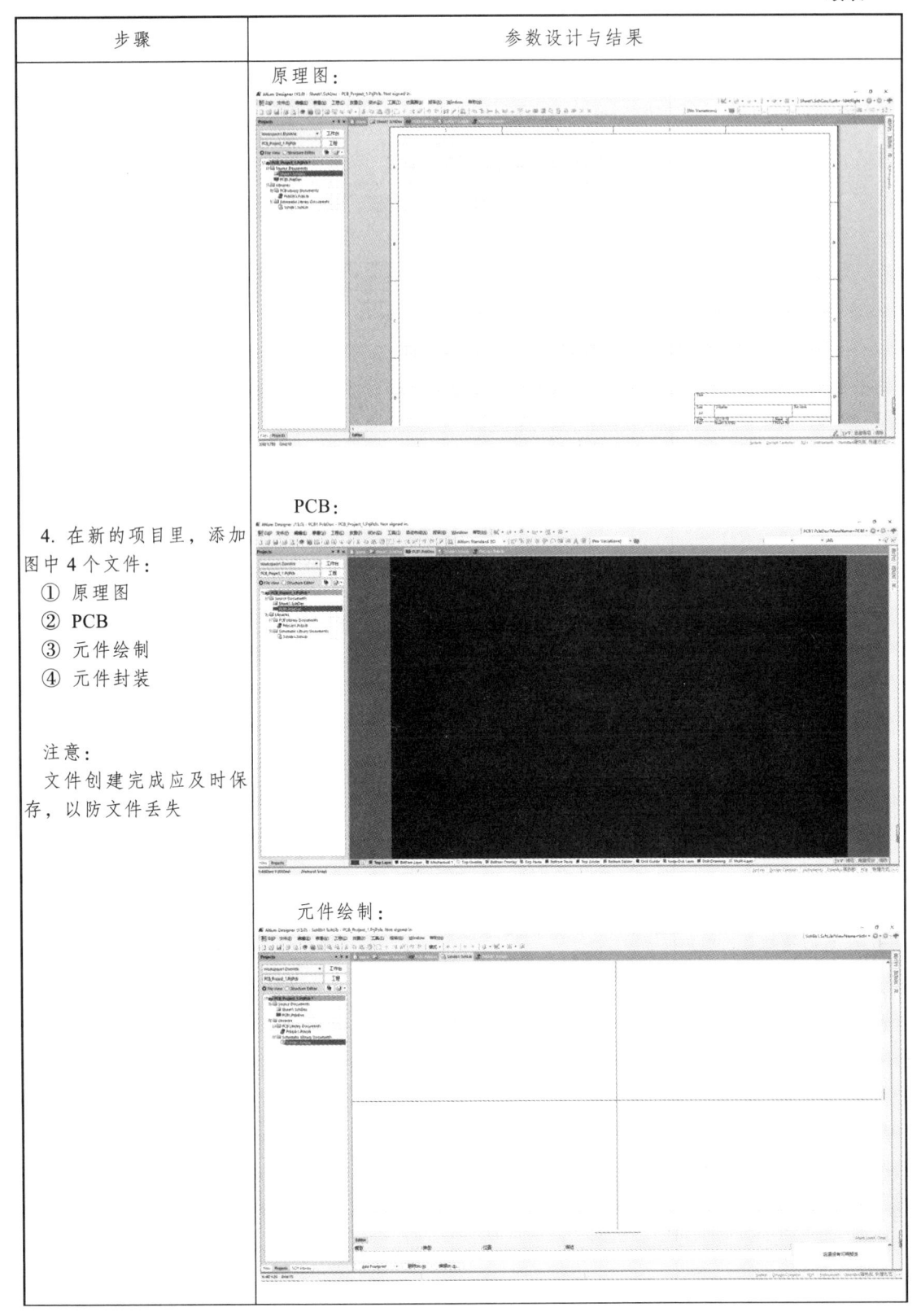

步骤	参数设计与结果
4. 在新的项目里，添加图中 4 个文件： ① 原理图 ② PCB ③ 元件绘制 ④ 元件封装 注意： 文件创建完成应及时保存，以防文件丢失	原理图： PCB： 元件绘制：

续表

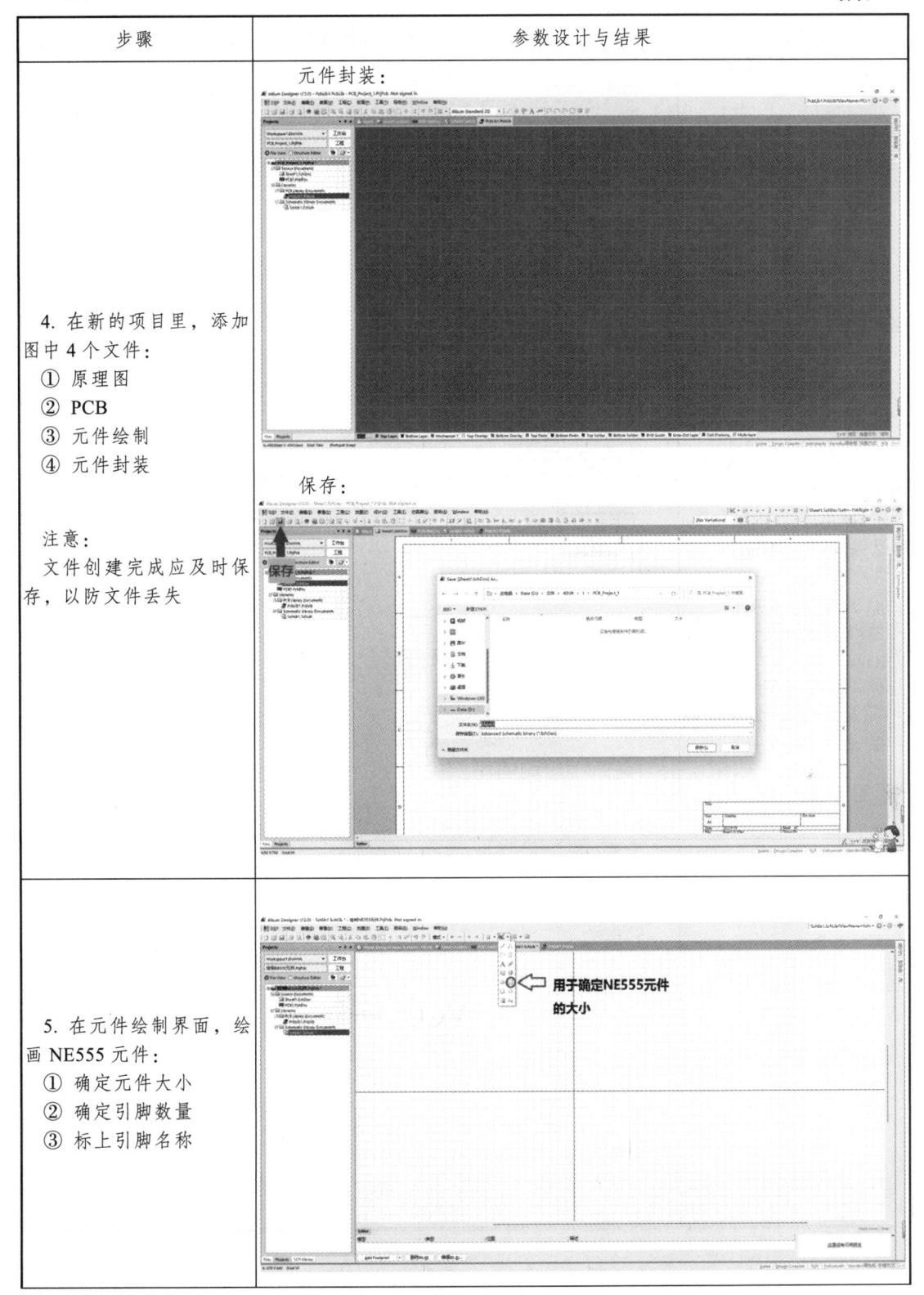

步骤	参数设计与结果
4. 在新的项目里，添加图中 4 个文件： ① 原理图 ② PCB ③ 元件绘制 ④ 元件封装 注意： 文件创建完成应及时保存，以防文件丢失	元件封装： 保存：
5. 在元件绘制界面，绘画 NE555 元件： ① 确定元件大小 ② 确定引脚数量 ③ 标上引脚名称	用于确定NE555元件的大小

177

续表

步骤	参数设计与结果
5. 在元件绘制界面，绘画 NE555 元件： ① 确定元件大小 ② 确定引脚数量 ③ 标上引脚名称 根据资料知道，NE555 有 8 个引脚，分别为： ① 脚接地：GND ② 脚触发：Trigger ③ 脚输出：Output ④ 脚复位：Reset ⑤ 脚控制电压：Control Voltage ⑥ 脚阈值：Threshold ⑦ 脚放电端：Discharge ⑧ 脚电源：V_{CC} 注意： 完成后应及时保存，防止文件丢失	

178

续表

步骤	参数设计与结果
5. 在元件绘制界面，绘画 NE555 元件： ① 确定元件大小 ② 确定引脚数量 ③ 标上引脚名称 根据资料知道，NE555 有 8 个引脚，分别为： ① 脚接地：GND ② 脚触发：Trigger ③ 脚输出：Output ④ 脚复位：Reset ⑤ 脚控制电压：Control Voltage ⑥ 脚阈值：Threshold ⑦ 脚放电端：Discharge ⑧ 脚电源：VCC 注意： 完成后应及时保存，防止文件丢失	
6. 将绘制好的元件进行编辑	

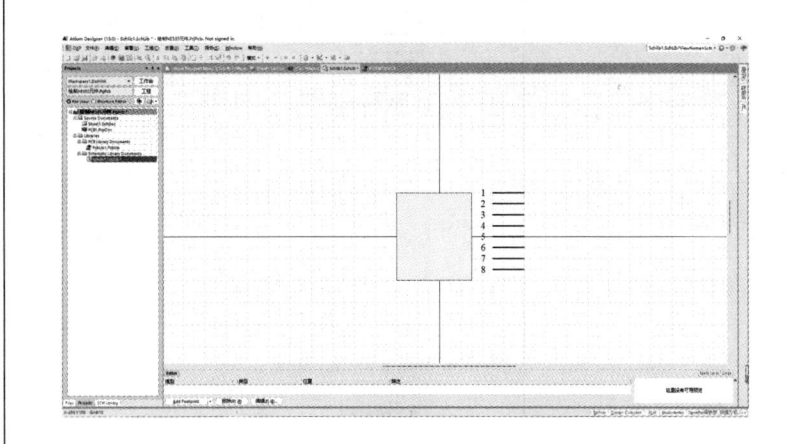

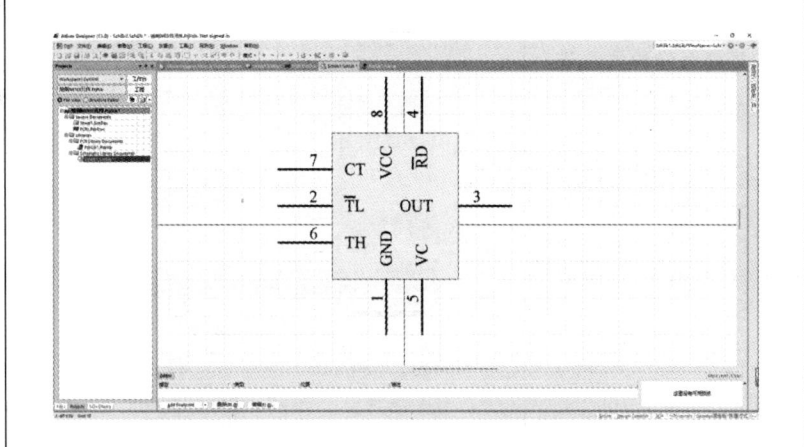

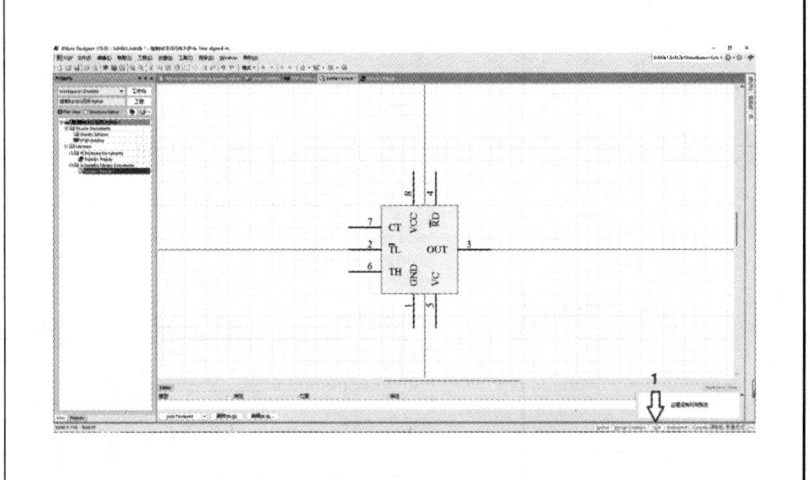

续表

步骤	参数设计与结果
6. 将绘制好的元件进行编辑	
7. 最后添加到原理图界面	

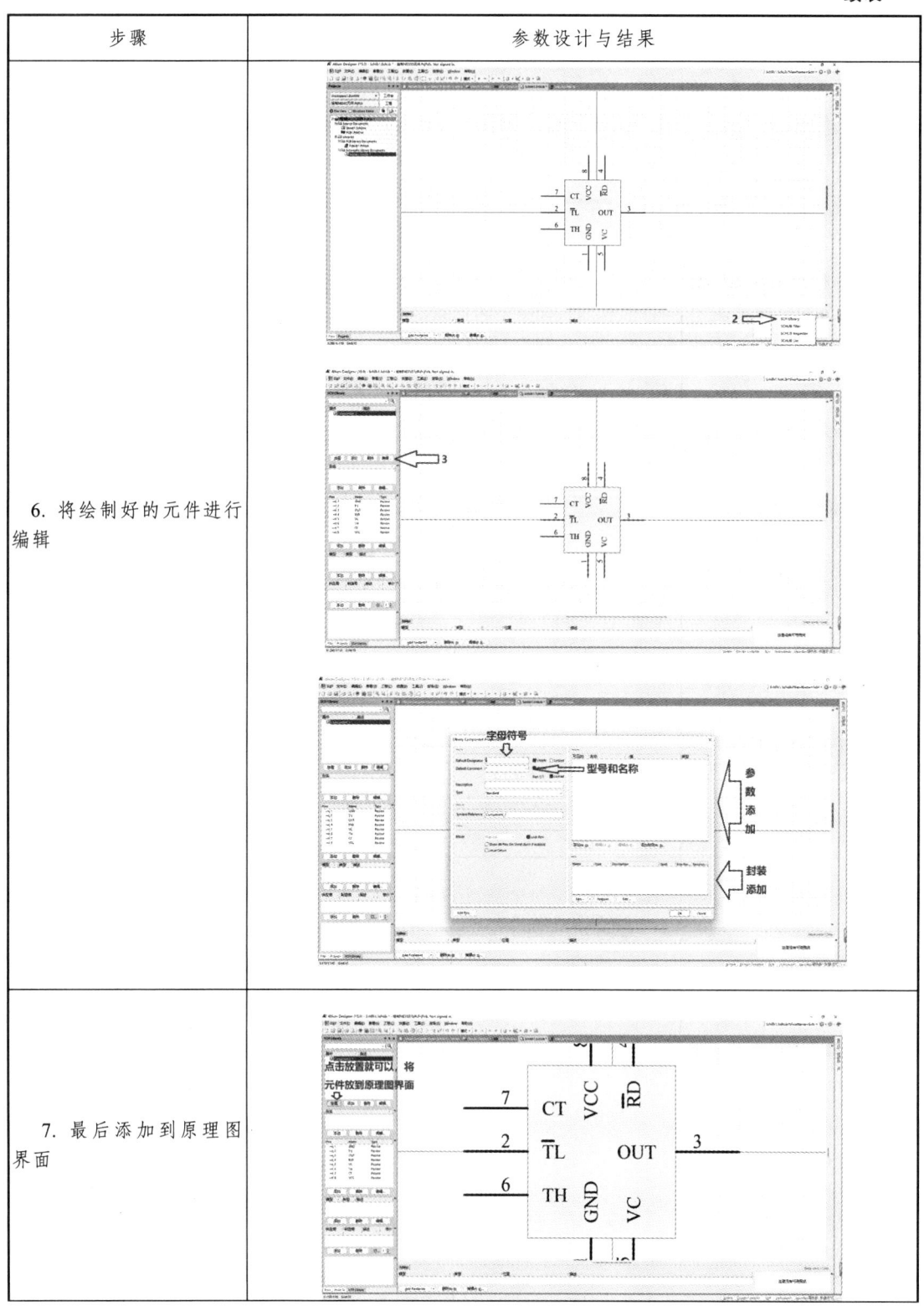

180

续表

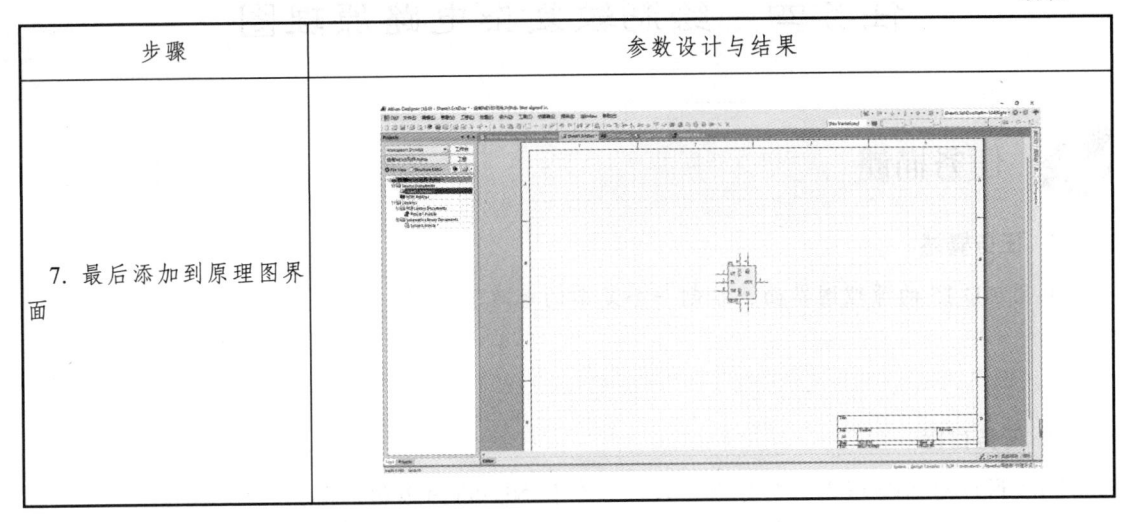

步骤	参数设计与结果
7. 最后添加到原理图界面	

任务评价

项目	标准	自我评价 50%	小组评价 30%	教师评价 20%
步骤完成情况	1. 正确完成步骤，得50分； 2. 每错1处扣10分，扣完为止			
操作熟练度	1. 班级前20%交结果者得10分； 2. 每滞后20%扣2分，扣完为止			
协作精神	有交流、讨论顺畅得5分			
纪律观念	听课安静、爱护设备得5分			
学习主动性	认真思考、积极回答问题得5分			
知识应用情况	关键知识点内化得5分			
完成任务中引以自豪的做法	能用快捷键、思路简捷有效得10分			
指导他人	解决别人问题得10分			
小计				
总评				

任务测评

绘制元件应注意什么？

任务四　绘制较复杂电路原理图

任务描述

1. 任务概述

利用 AD 15 的原理图界面，绘制一个复杂的电路原理图。

2. 任务目标

（1）通过对 NE555 芯片的学习，设计一个和 NE555 有关的电路。
（2）进一步掌握电路的连接。

3. 任务电路图

本任务使用的电路如图 2-4-1 所示。

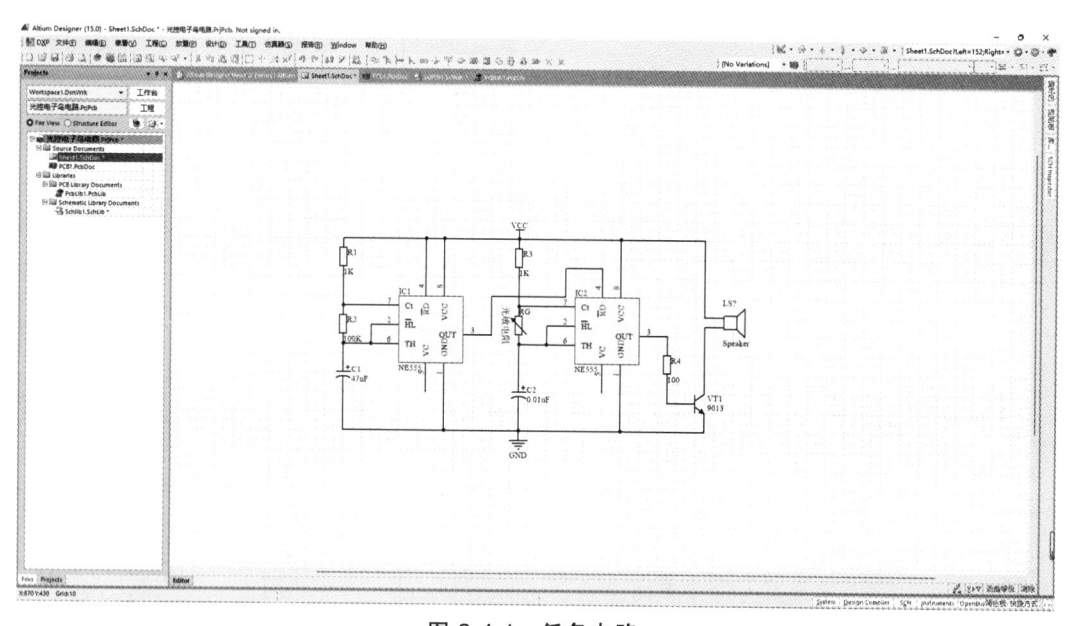

图 2-4-1　任务电路

知识链接

一、光控电子鸟电路的基本原理

本电路在不同的光照下，发出忽高忽低、变幻莫测的鸟叫声，非常有趣。电路中的集成电路、R、C 等元件组成一个低频振荡器，产生连续脉冲信号，控制 ICa、R、R_G、C 等元件组成频振荡器。R_G 是光敏电阻，其阻值会随照射光的强度而发生变化，当光照强时阻值变小，光照弱时阻值变大。利用光敏特性来改变振荡器频率，连接好电路后，用手指在光敏电阻晃动，根据手指晃动的快慢，可发出多变的鸟叫声。

二、原理图设计实例——AT89C51

通过前面的元件库及原理图设计的说明，相信读者看到这里已经可以进行一些简单的原理图设计了。本节就通过一个实例温习前面所讲述的内容，同时便于读者自学。

1. 工程的创建

分别执行菜单命令"文件→新的→项目→PCB 工程"、菜单命令"文件→新的→库→原理图库"和 菜单命令"文件→新的→原理图"，创建好工程文件、元件库及原理图，并且命名为"89C51"，如图 2-4-2 所示。

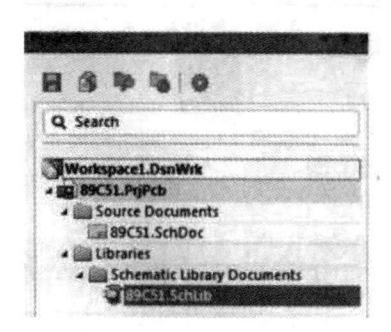

图 2-4-2 工程的创建

2. 元件库的创建

（1）双击元件库文件，进入元件库编辑器界面，并在右下角执行命令"Panels-SCH Library"，调出元件的工作面板，单击元件栏中的"添加"按钮，添加一个"89C51"的元件，如图 2-4-3 所示。

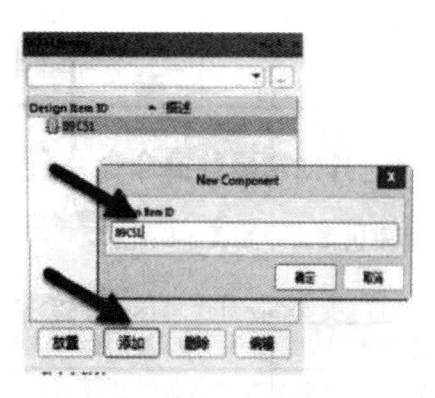

图 2-4-3 添加新元件

183

（2）执行菜单命令"放置→矩形"，在工作区的中心位置放置一个合适的矩形框。

（3）执行菜单命令"放置→管脚"，在矩形框的边缘放置管脚。在放置状态下按"Tab"键，更改管脚名称为"P1.0"，管脚序号为"1"。

（4）重复第（3）步，直至把89C51芯片的管脚都放置完毕。

（5）在元件列表中双击"89C51"元件，可以对此元件的属性进行设置。

① Designator：填写"U?"。

② Comment：填写"89C51"。

③ Footprint：填写封装名称为"DIP40"。

（6）重复第（1）~（5）步的操作，完成对元件"7805""CAP""CON2""CON8""CRY""RES"及"CON11"的创建。

3. 原理图的设计

（1）双击打开原理图页面，进行准备设置。

（2）再次进入元件库，在元件列表中选择需要放置的元件，如"89C51"，单击"放置"按钮，这个时候鼠标指针会自动跳转到原理图页，并且鼠标指针附着"89C51"这个元件，单击放置在原理图页的合适位置。

绘制好的原理图如图 2-4-4 所示。

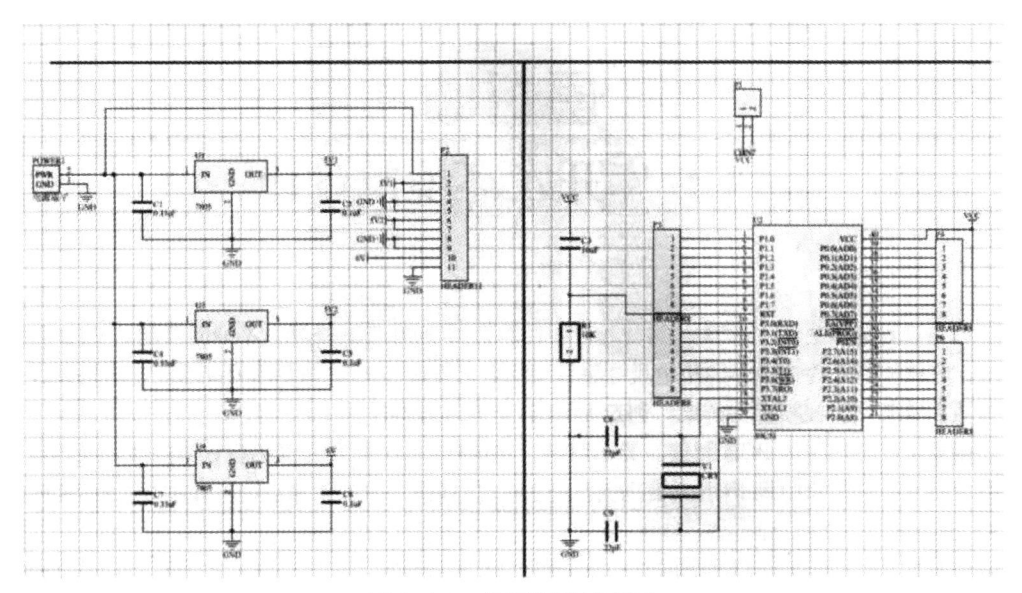

图 2-4-4　绘制好的原理图

三、本章小结

本章介绍了原理图编辑界面，并通过原理图设计流程化讲解的方式，对原理图设计的过程进行了详细讲述，目的是让读者可以一步一步设计出自己需要的原理图；同时也对层次原理图的设计进行了讲述；最后以一个实例教程结束，让读者可以结合实际练习，理论联系实际，融会贯通。

任务实施

任务实施过程如表 2-4-1 所示。

表 2-4-1　AD 15 软件界面使用步骤

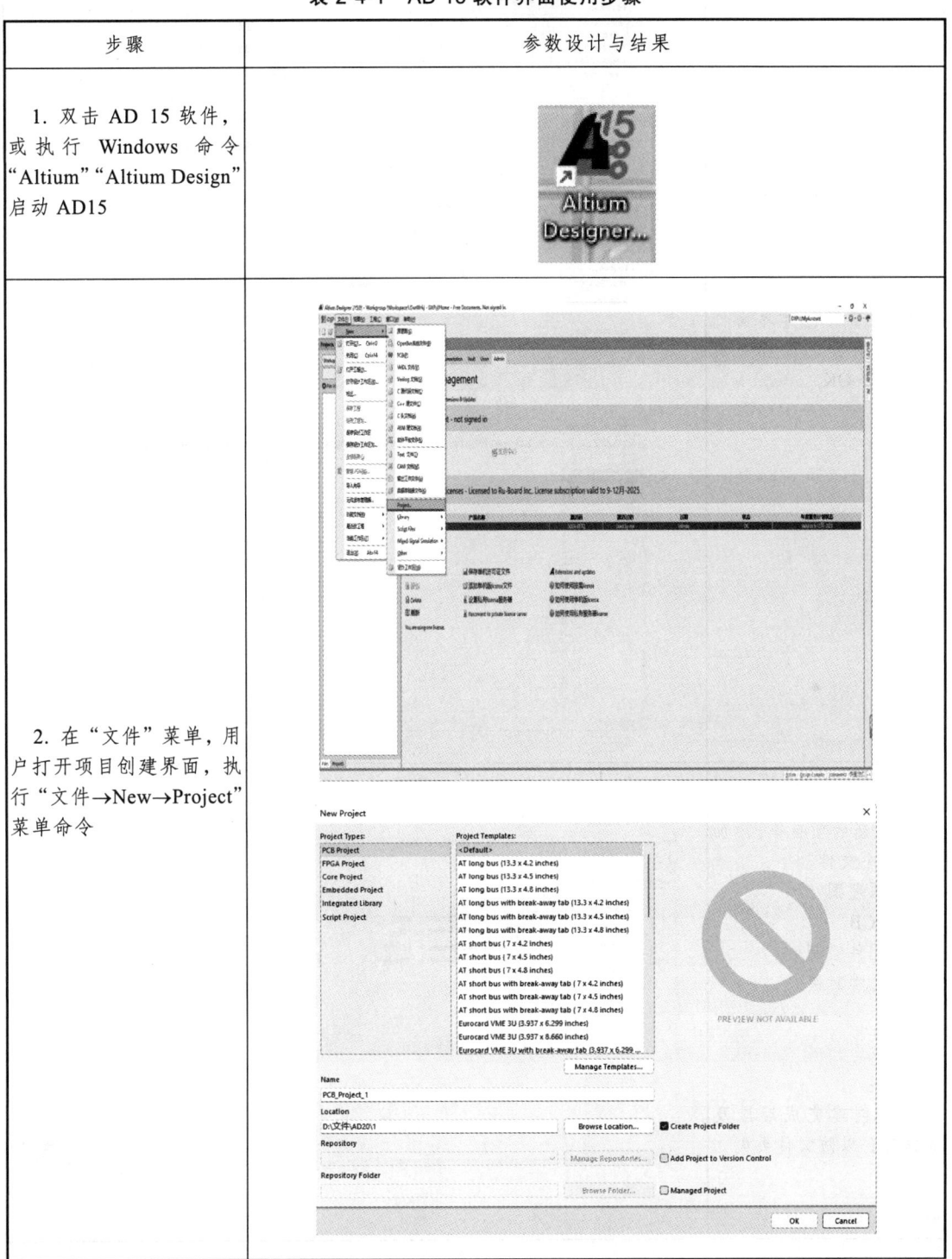

步骤	参数设计与结果
1. 双击 AD 15 软件，或执行 Windows 命令"Altium""Altium Design"启动 AD15	
2. 在"文件"菜单，用户打开项目创建界面，执行"文件→New→Project"菜单命令	

续表

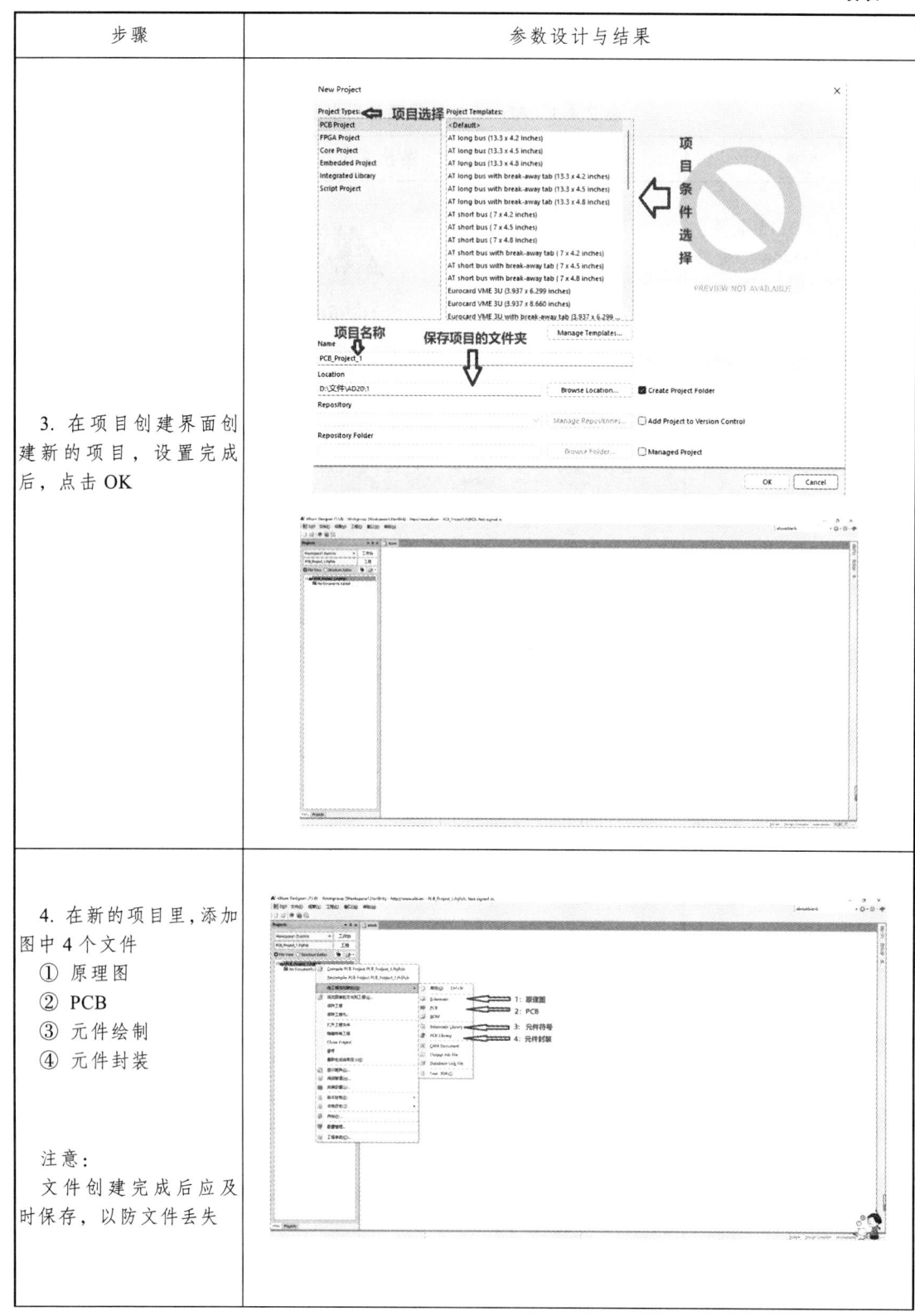

步骤	参数设计与结果
3. 在项目创建界面创建新的项目，设置完成后，点击OK	
4. 在新的项目里，添加图中4个文件 ① 原理图 ② PCB ③ 元件绘制 ④ 元件封装 注意： 文件创建完成后应及时保存，以防文件丢失	

续表

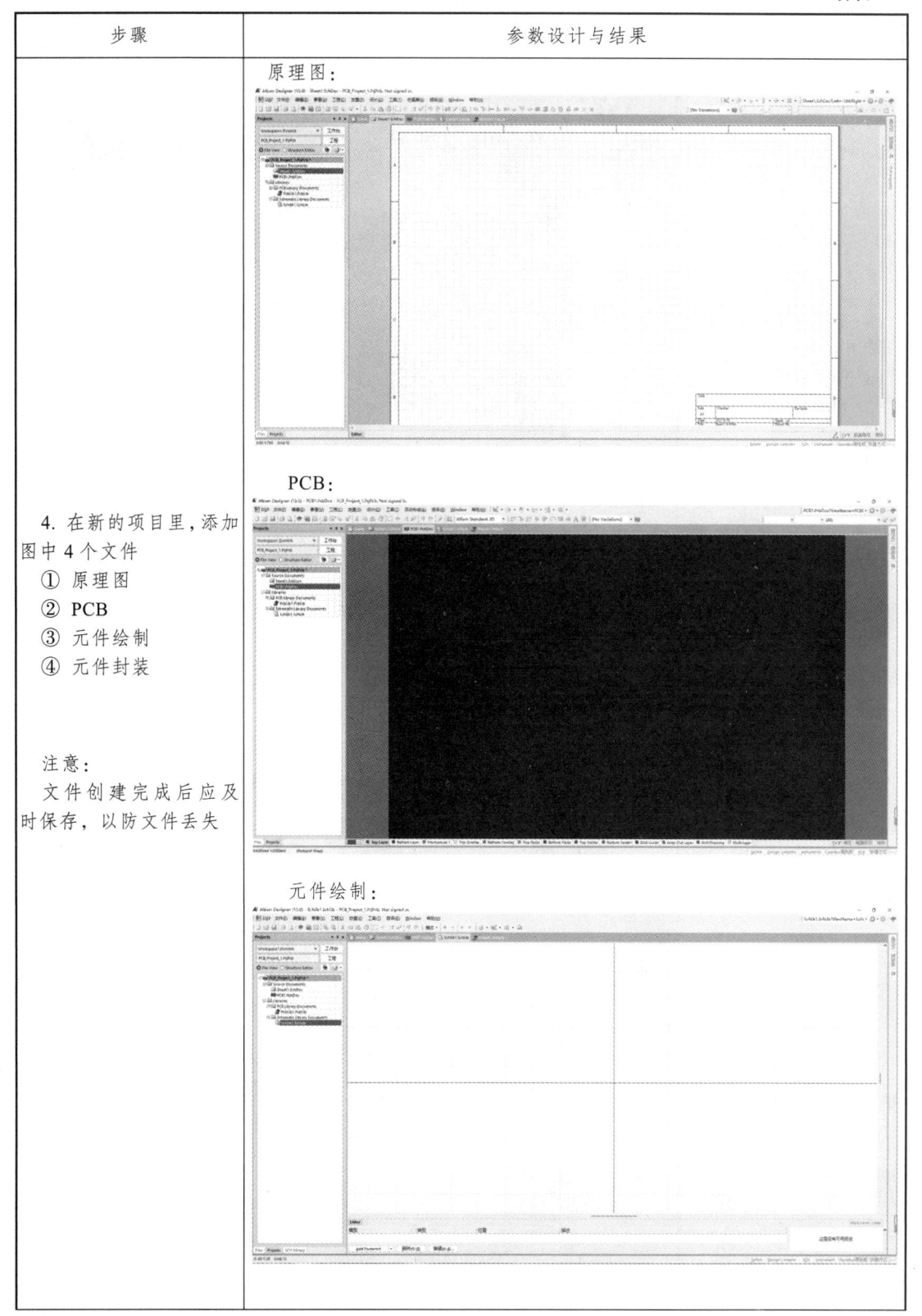

步骤	参数设计与结果
4. 在新的项目里，添加图中 4 个文件 ① 原理图 ② PCB ③ 元件绘制 ④ 元件封装 注意： 　文件创建完成后应及时保存，以防文件丢失	原理图： PCB： 元件绘制：

187

续表

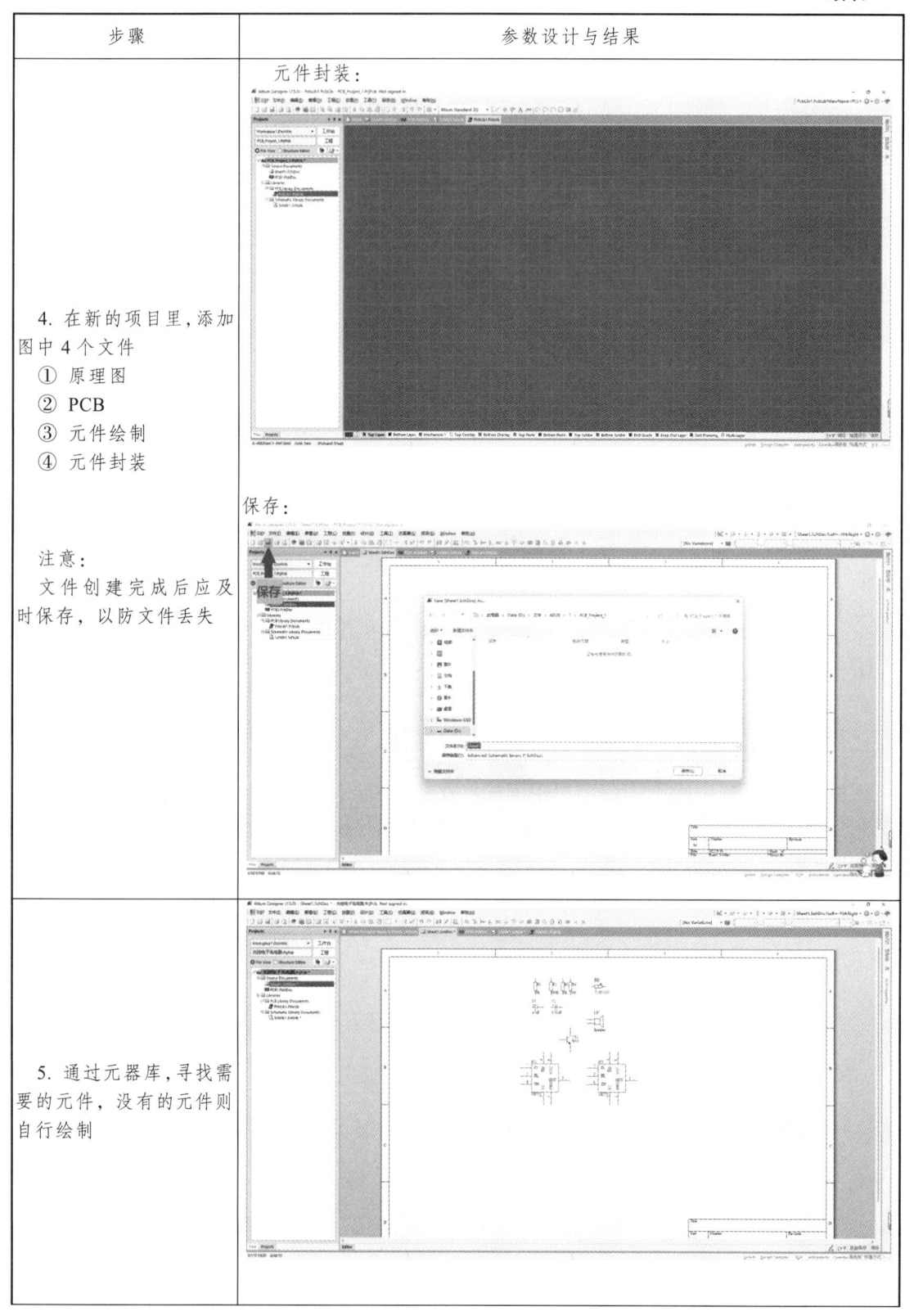

步骤	参数设计与结果
4. 在新的项目里,添加图中 4 个文件 ① 原理图 ② PCB ③ 元件绘制 ④ 元件封装 注意: 文件创建完成后应及时保存,以防文件丢失	元件封装: 保存:
5. 通过元器库,寻找需要的元件,没有的元件则自行绘制	

188

续表

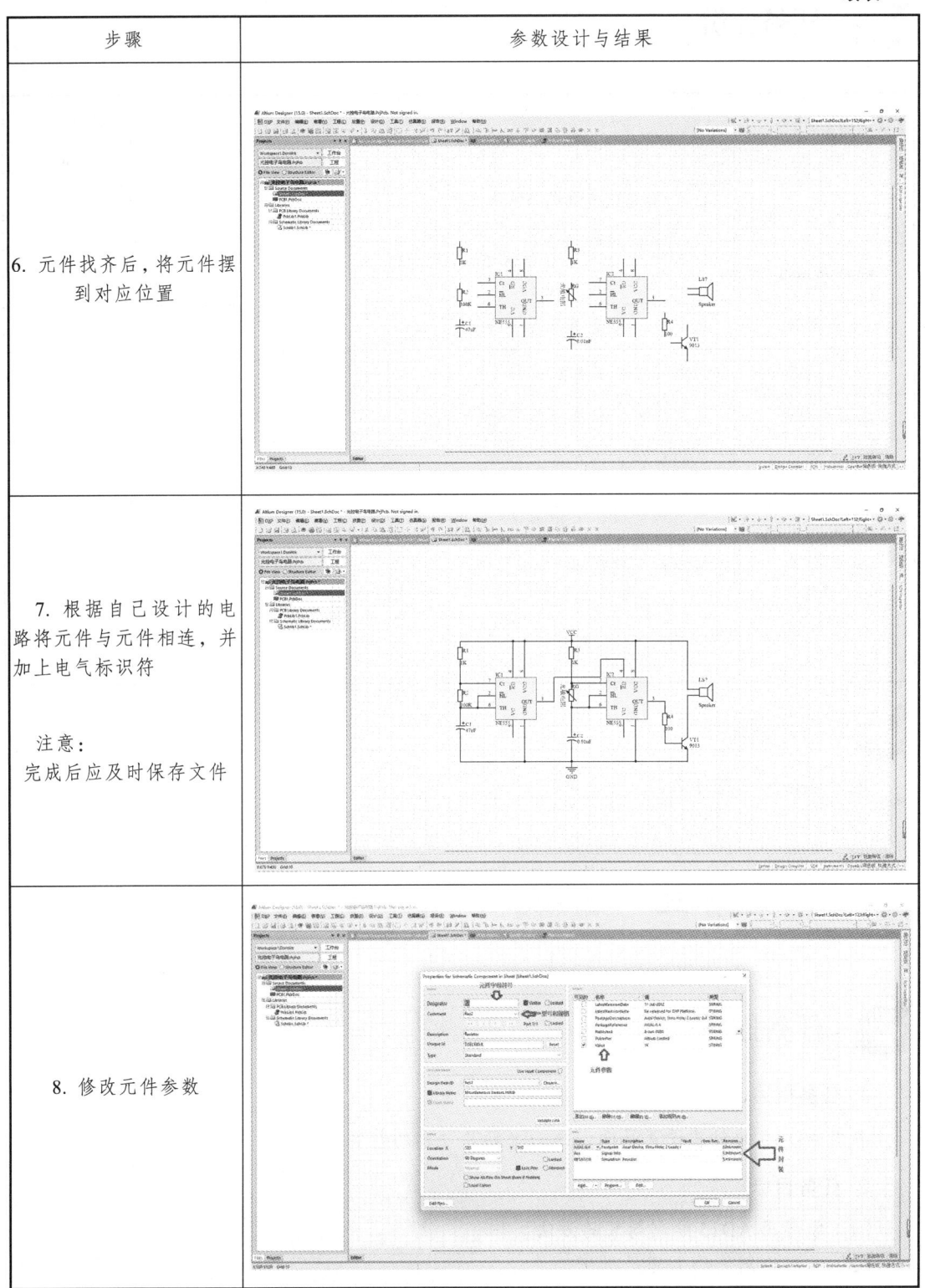

步骤	参数设计与结果
6. 元件找齐后,将元件摆到对应位置	
7. 根据自己设计的电路将元件与元件相连,并加上电气标识符 注意: 完成后应及时保存文件	
8. 修改元件参数	

189

任务评价

项目	标准	自我评价 50%	小组评价 30%	教师评价 20%
步骤完成情况	1. 正确完成步骤得 50 分； 2. 每错 1 处扣 10 分，扣完为止			
操作熟练度	1. 班级前 20%上交结果者得 10 分； 2. 每滞后 20%扣 2 分，扣完为止			
协作精神	有交流、讨论顺畅得 5 分			
纪律观念	听课安静、爱护设备得 5 分			
学习主动性	认真思考、积极回答问题得 5 分			
知识应用情况	关键知识点内化得 5 分			
完成任务中引以自豪的做法	能用快捷键、思路简捷有效得 10 分			
指导他人	解决别人问题得 10 分			
小计				
总评				

任务测评

电路连接应注意什么？

任务五 编辑、制作 PCB 元件封装

任务描述

1. 任务概述

利用 AD 15 的封装设置界面，画一个贴片电容的封装。

2. 任务目标

（1）学习用 AD15 绘制封装的方法。

（2）掌握绘制装的工具。

（3）能通过百度查找元件封装尺寸。

3. 任务元件封装

本任务使用界面如图 2-5-1 所示。

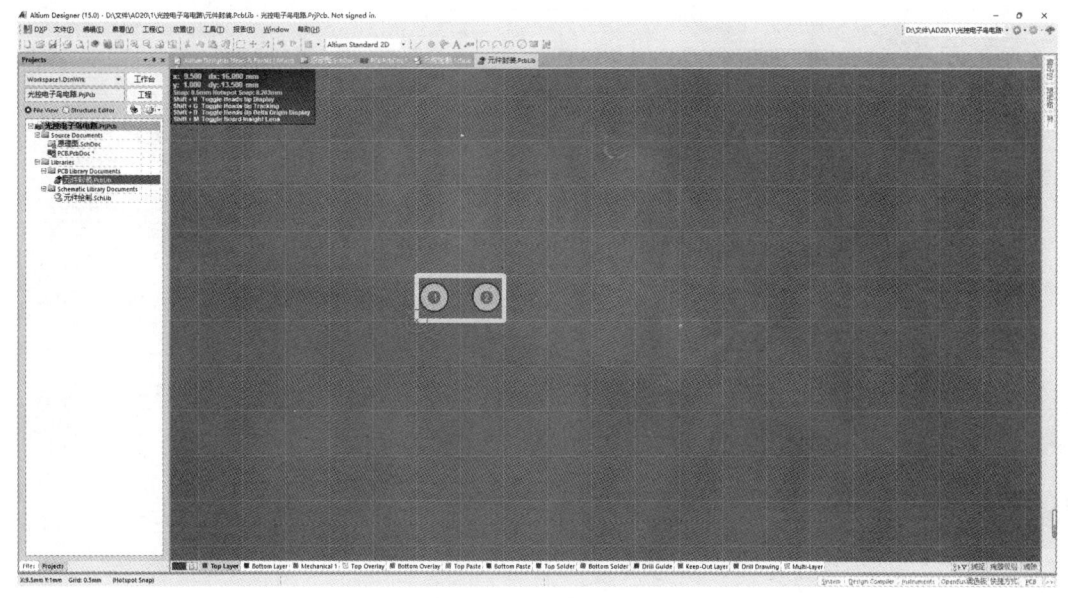

图 2-5-1 任务界面

知识链接

电路设计完成后，PCB 封装是元件实物映射到 PCB 上的产物。不能随意赋予 PCB 封装尺寸，应该按照元件规格书的精确尺寸进行绘制。元件库与 PCB 库的相互结合，是电路设计连接关系和实物电路板衔接的桥梁，创建 PCB 封装有其必要性。

一、PCB 封装的组成

PCB 封装的组成一般有以下元素：
（1）PCB 焊盘：用来焊接元件管脚的载体。
（2）管脚序号：用来和元件进行电气连接关系匹配的序号。
（3）元件丝印：用来描述元件腔体大小的识别框。
（4）阻焊：放置绿油覆盖，可以有效地保护焊盘焊接区域。
（5）1 脚标识/极性标识：主要是用来定位元件方向的标识符号。

二、PCB 库编辑界面

PCB 库编辑界面主要包含菜单栏、工具栏、绘制工具栏、面板栏、PCB 封装列表、PCB 封装信息显示、层显示、状态信息显示及绘制工作区域，如图 2-5-2 所示。丰富的信息及绘

191

制工具组成了非常人性化的交互界面。同元件库编辑器界面一样，状态信息及工作面板会随绘制工作的不同而有所不同。

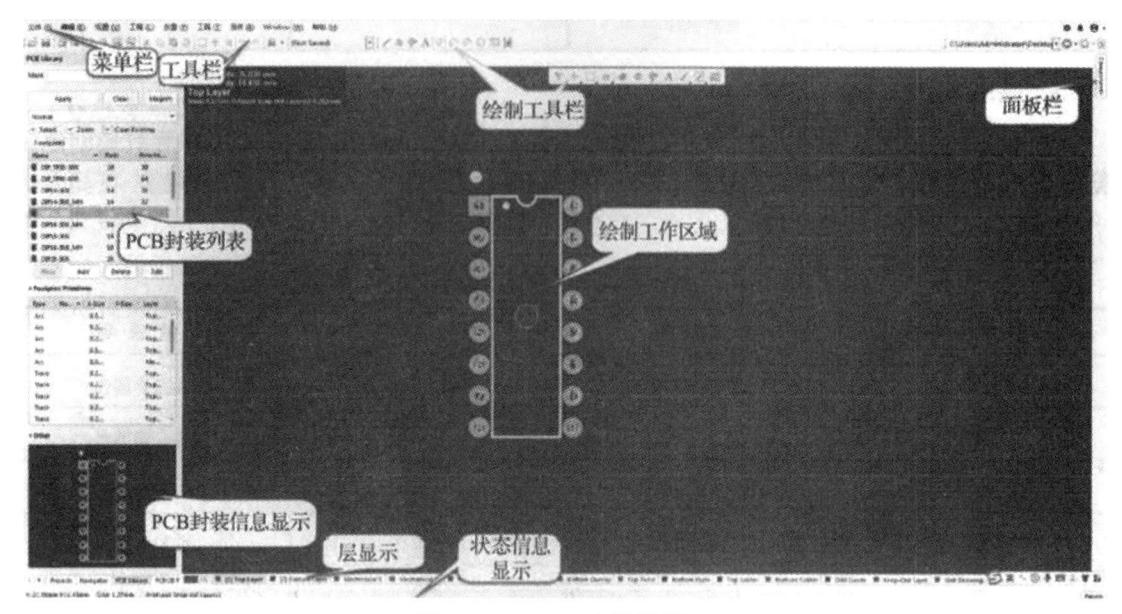

图 2-5-2 PCB 库编辑界面

菜单栏包括：

（1）文件：主要用于完成对各种文件的新建、打开、保存等操作。

（2）编辑：用于完成各种编辑操作，包括撤销、取消、复制及粘贴。

（3）视图：用于视图操作，包括窗口的放大、缩小，工具栏的打开、关闭，以及栅格的设置、显示。

（4）工程：主要用于对工程的各类编译及添加、移除。

（5）放置：用于放置过孔、焊盘、走线、圆弧、多边形等。

（6）工具：为设计者提供各类工具。

（7）报告：提供 PCB 封装检查报告及测量等功能。

（8）Window：改变窗口的显示方式，可以切换窗口的双屏或者多屏显示等。

三、标准封装创建

常见的封装创建方法包含向导创建法和手工创建法。对于一些管脚数目比较多、形状又比较规范的封装，一般倾向于利用向导法创建封装；对于一些管脚数目比较少或者形状比较不规范的封装，一般倾向于利用手工法创建封装。下面说明这两种方法的步骤及不同之处。

1. 向导创建法

PCB 库编辑界面包含一个封装向导，用它创建元件的 PCB 封装是基于对一系列参数的问答。此处以创建 DIP14 封装为例详细讲解向导创建法的步骤。

（1）在工作面板的 Footprints 栏中单击鼠标右键，选择执行向导命令"Footprint Wizard..."，出现封装向导，如图 2-5-3、图 2-5-4 所示。

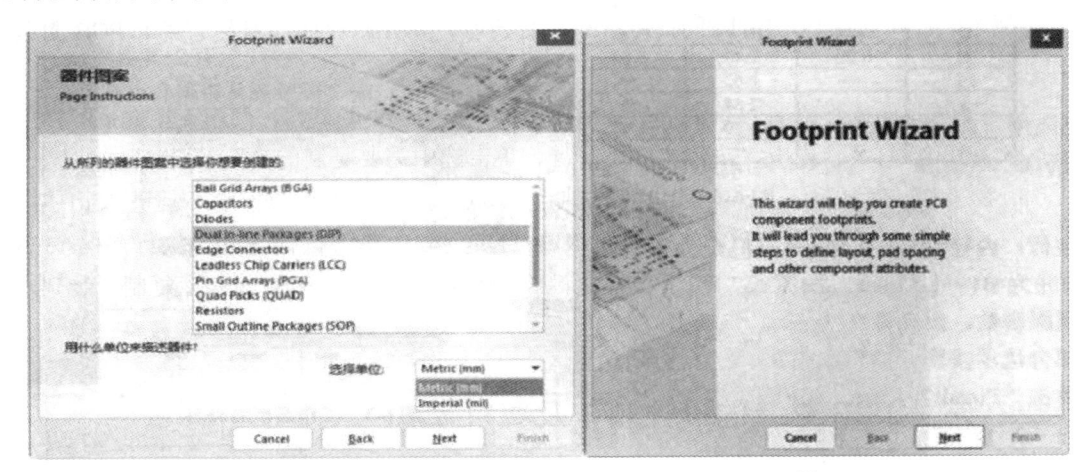

图 2-5-3　　　　　　　　　　　　　图 2-5-4

（2）按照向导流程，选择创建 DIP 系列，单位选择 mm。
（3）下载 DIP14 的数据手册，按照数据手册填写相关参数。

例如：焊盘参数：内径 B 为 0.46 mm，但是为了考虑余量，一般比数据手册的数据大，此处选择 0.8 mm，外径 Bl 为 1.52 mm。

焊盘间距参数：纵向间距 e 为 2.54 mm，横向间距 El 为 7.62 mm。

剩下部分选项选择默认即可，选择需要的焊盘数量为 14。

（4）单击"Finish"按钮，DIP14 封装创建完成，如图 2-5-5 所示。

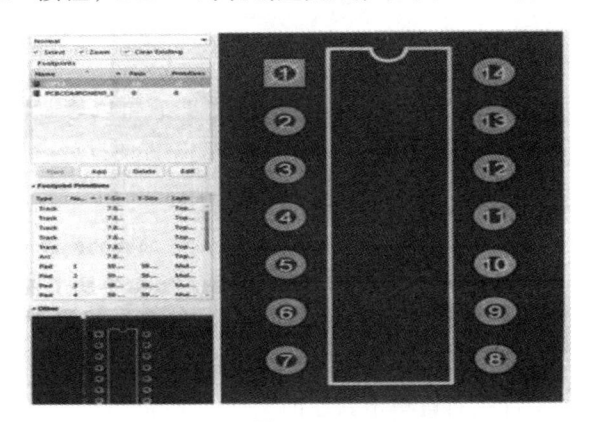

图 2-5-5

2. PCB 文件生成 PCB 库

有时已存在放置好元件的 PCB 文件，这时就不必一个一个地创建 PCB 封装，而是直接从已存在的 PCB 文件导出 PCB 库即可。

（1）打开目标 PCB 文件。
（2）执行菜单命令"设计→生成 PCB 库"或者按快捷键"DP"，即可完成 PCB 库的生成。

四、PCB 封装的复制

类似于元件库，有时候由于拥有多个 PCB 封装库，不方便管理，需要把多个 PCB 封装合并到一个库中。

（1）在 PCB 库编辑界面的右下角执行命令"Panels-PCB Library"，调用工作面板。
（2）在 PCB 封装列表中，按住"Shift"键，单击选中需要复制的 PCB 封装。
（3）在选中的 PCB 封装上单击鼠标右键，执行"Copy"（复制）命令，或者按快捷键"Ctrl+C"。
（4）在需要合并的目的 PCB 封装库 PCB 封装列表中单击鼠标右键，执行"Paste N Components"（粘贴封装）命令，或者按快捷键"Ctrl+V"，完成从其他 PCB 库复制封装到当前 封装库中的操作。

五、常见 PCB 封装的设计规范及要求

PCB 封装是元件物料在 PCB 上的映射。封装是否设计规范牵涉到元件的贴片装配，需要正确地处理封装数据，满足实际生产的需求。有的工程师做的封装无法满足手工贴片，有的无法满足机器贴片，也有的未创建 1 脚标识，手工贴片的时候无法识别正反，造成 PCB 短路的现象时有发生，这个时候需要设计工程师对自己创建的封装进行一定的约束。

封装设计应统一采用公制单位，对于特殊元件，资料上没有采用公制标注的，为了避免英制到公制的转换误差，可以采用英制单位。精度要求：以 mil 为单位时，精度为 2；以 mm 为单位时，精度为 4。

六、集成库的创建

集成库的创建是在元件库和 PCB 库的基础上进行的。它可以让原理图的元件关联好 PCB 封装、电路仿真模块、信号完整性模块、3D 模型等文件，方便设计者直接调用存储。集成库具有很好的共享性，特别适合于公司集中管理。

下面介绍集成库的创建方法。

（1）执行菜单命令"文件→新的→项目→集成库"，新建一个集成库工程文件。
（2）执行菜单命令"文件→新的→库→原理图库"，新建一个元件库文件。
（3）执行菜单命令"文件→新的→库→PCB 元件库"，新建一个 PCB 库文件。

保存以上 3 个新建的文件：右键单击新建的文件，选择保存。

（4）按照前文提到过的创建元件和创建 PCB 封装的方法，创建电阻元件，分别在元件库和 PCB 库中添加库元素。

（5）添加好之后，元件库中的元件和 PCB 库中的 PCB 封装其实还是没有关联的，需要对 这个库工程文件进行编译才行。在库工程文件上单击鼠标右键，执行"wCompile Integrated Library Integrated Library 1 .LibPkg"命令，对其进行编译操作。

（6）编译完成之后，在文件夹"Project Outputs fbr Integrated_Libraryl"中，会自动生成一个"Integrated_Library 1 .IntLib"文件，这个文件就是集成库文件。

任务实施

任务实施过程如表 2-5-1 所示。

表 2-5-1 AD 15 软件界面使用步骤

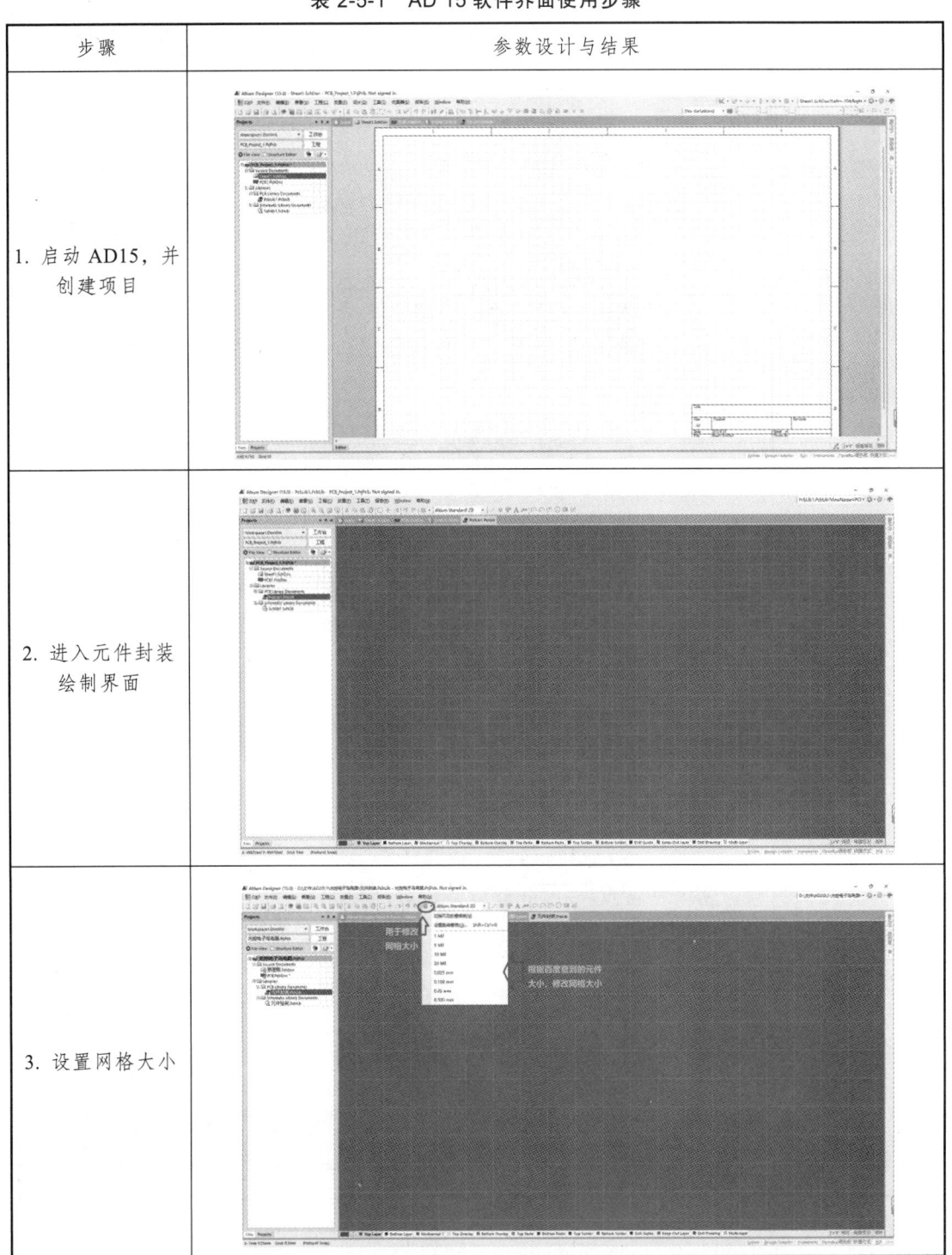

步骤	参数设计与结果
1. 启动 AD15，并创建项目	
2. 进入元件封装绘制界面	
3. 设置网格大小	

195

续表

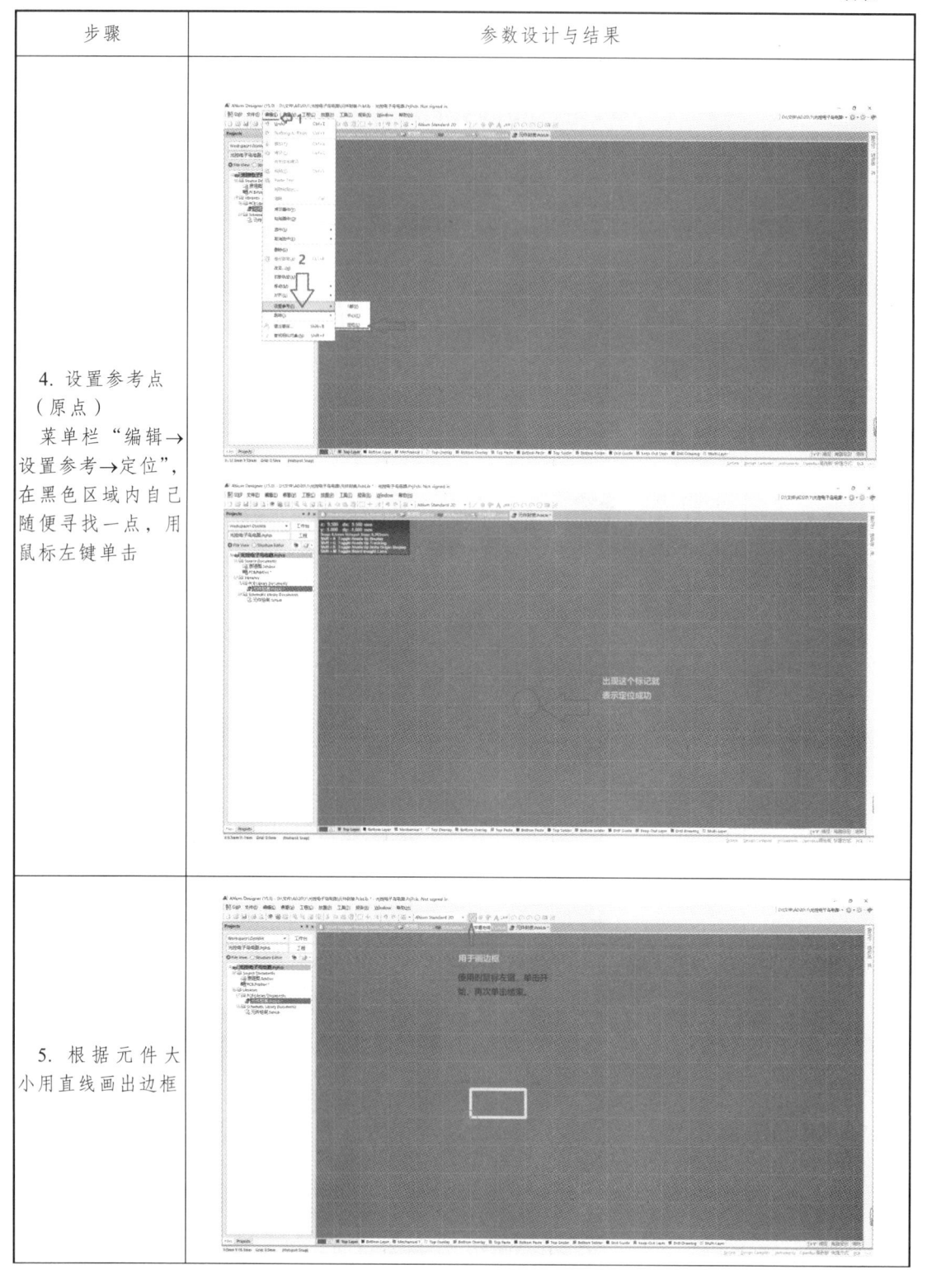

步骤	参数设计与结果
4. 设置参考点（原点） 菜单栏"编辑→设置参考→定位"，在黑色区域内自己随便寻找一点，用鼠标左键单击	
5. 根据元件大小用直线画出边框	

续表

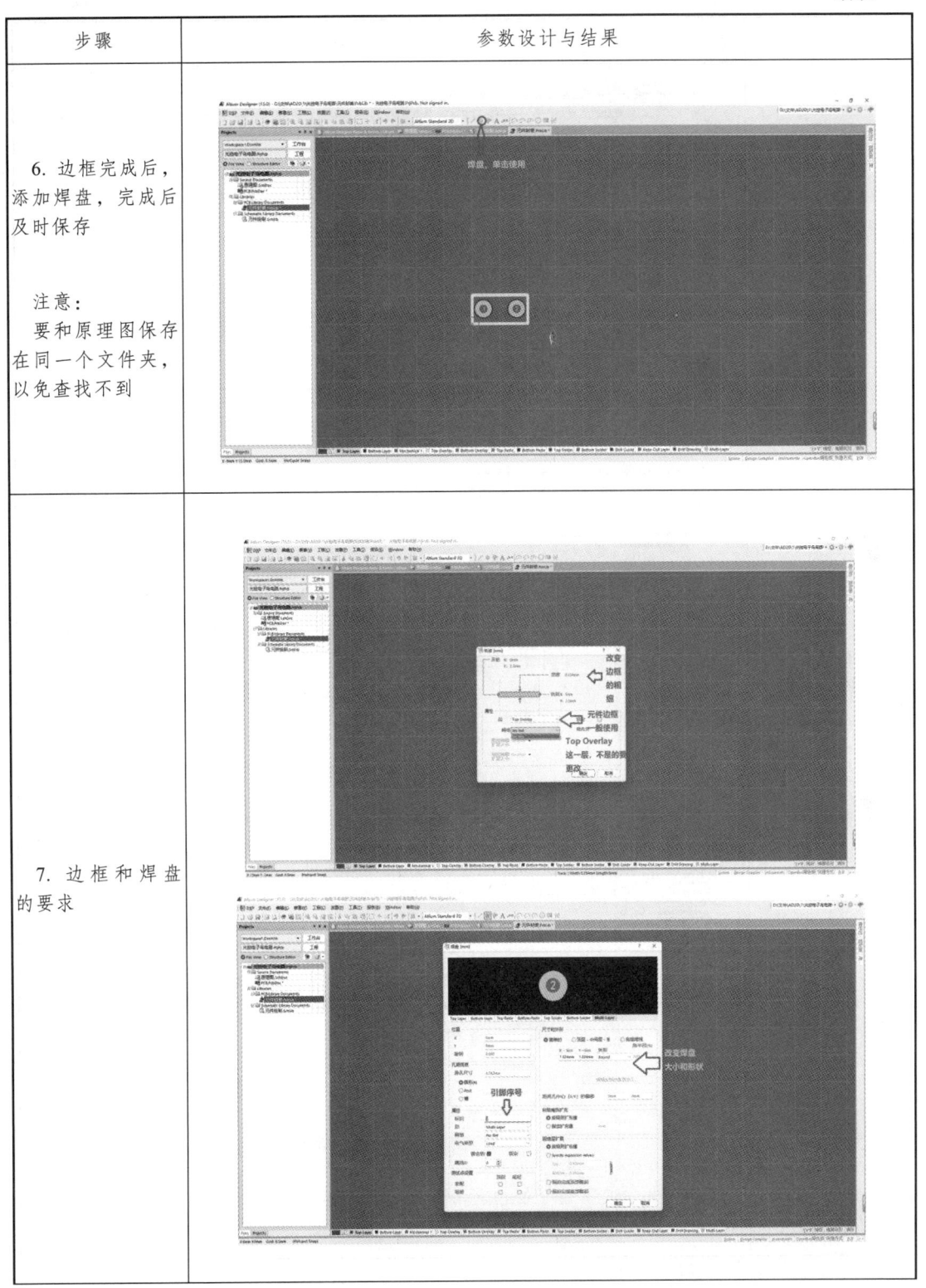

步骤	参数设计与结果
6. 边框完成后，添加焊盘，完成后及时保存 注意： 要和原理图保存在同一个文件夹，以免查找不到	
7. 边框和焊盘的要求	

197

续表

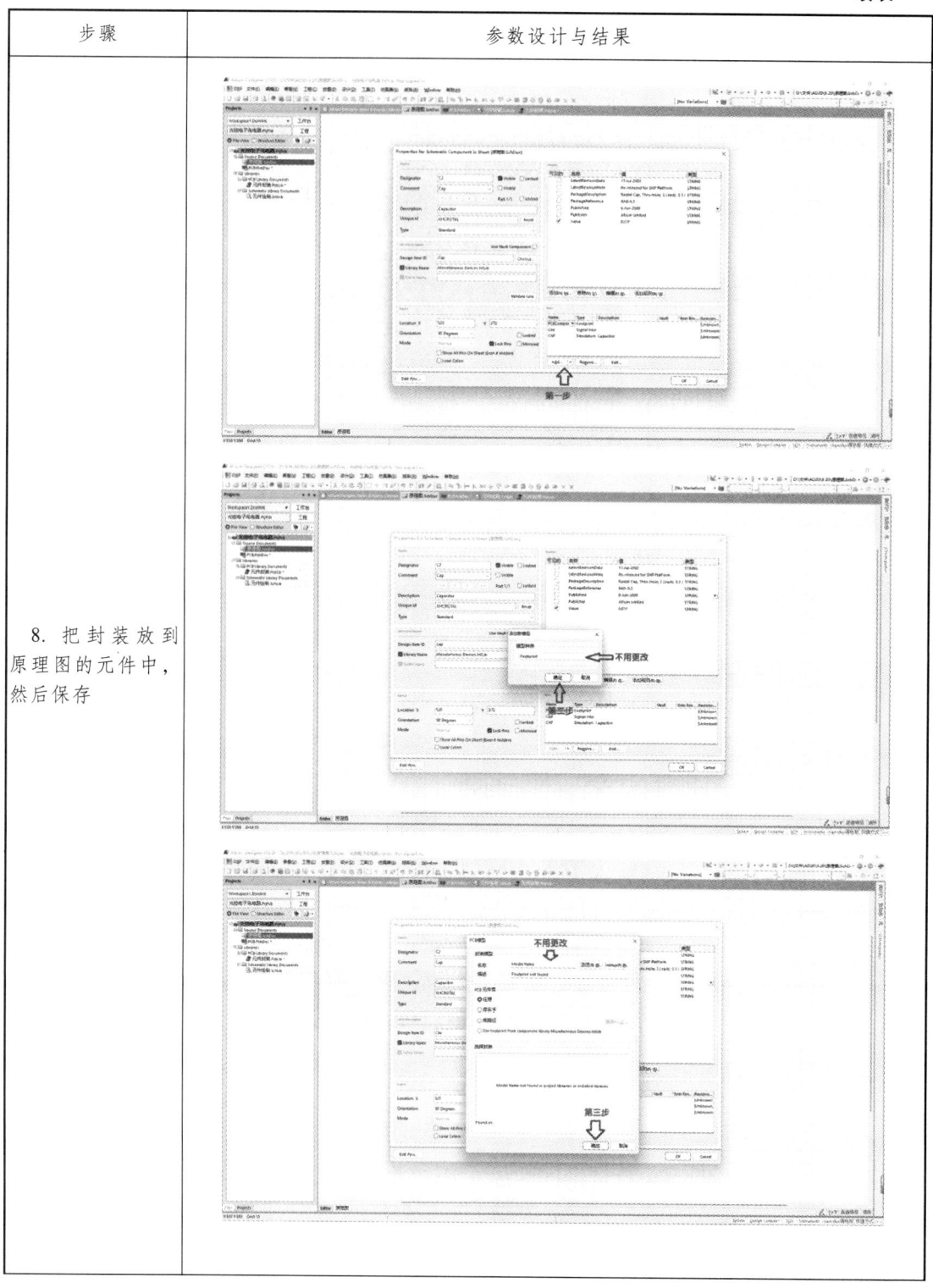

步骤	参数设计与结果
8. 把封装放到原理图的元件中,然后保存	

198

续表

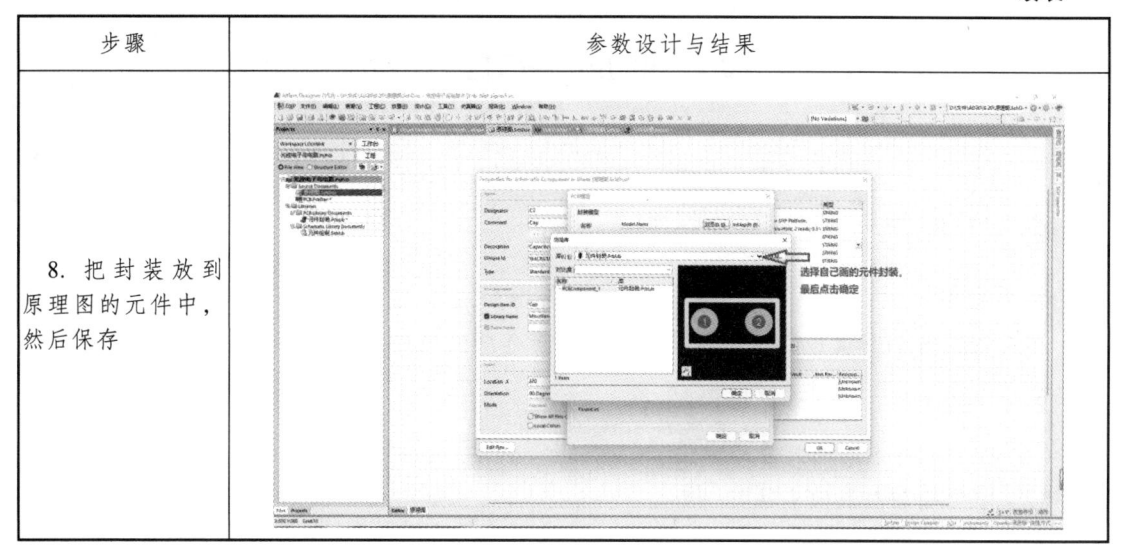

步骤	参数设计与结果
8. 把封装放到原理图的元件中，然后保存	

任务评价

项目	标准	自我评价 50%	小组评价 30%	教师评价 20%
步骤完成情况	1. 正确完成步骤得 50 分； 2. 每错 1 处扣 10 分，扣完为止			
操作熟练度	1. 班级前 20%上交结果者得 10 分。 2. 每滞后 20%扣 2 分，扣完为止			
协作精神	有交流、讨论顺畅得 5 分			
纪律观念	听课安静、爱护设备得 5 分			
学习主动性	认真思考、积极回答问题得 5 分			
知识应用情况	关键知识点内化得 5 分			
完成任务中引以自豪的做法	能用快捷键、思路简捷有效得 10 分			
指导他人	解决别人问题得 10 分			
小计				
总评				

任务测评

1. 检查本任务元件封装是否正确。
2. 检查本任务文件保存是否正确。

199

任务六　单面 PCB 手动设计

任务描述

1. 任务概述
利用 AD 15 的封装设置界面，绘制一个串联负反馈稳压电源电路的 PCB 图。

2. 任务目标
（1）学习 AD15 绘制封装的方法。
（2）掌握绘制封装的工具。

3. 任务电路图
本任务使用的电路如图 2-6-1 所示。

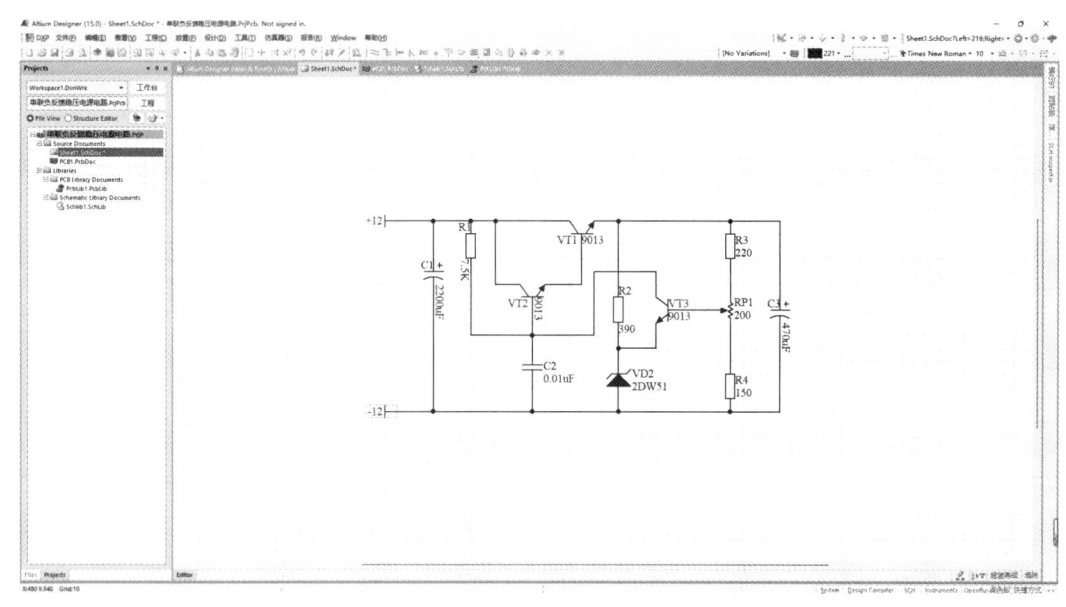

图 2-6-1　任务电路

知识链接

一、PCB 设计工作界面介绍

1. PCB 设计交互界面

与 PCB 库编辑界面类似，PCB 设计交互界面主要包含菜单栏、工具栏、绘制工具栏、工作面板、层显示、状态信息显示及绘制工作区域,如图 2-6-2 所示。丰富的信息及绘制工具组成了非常人性化的交互界面。状态信息及工作面板会随绘制工作的不同而有所不同。

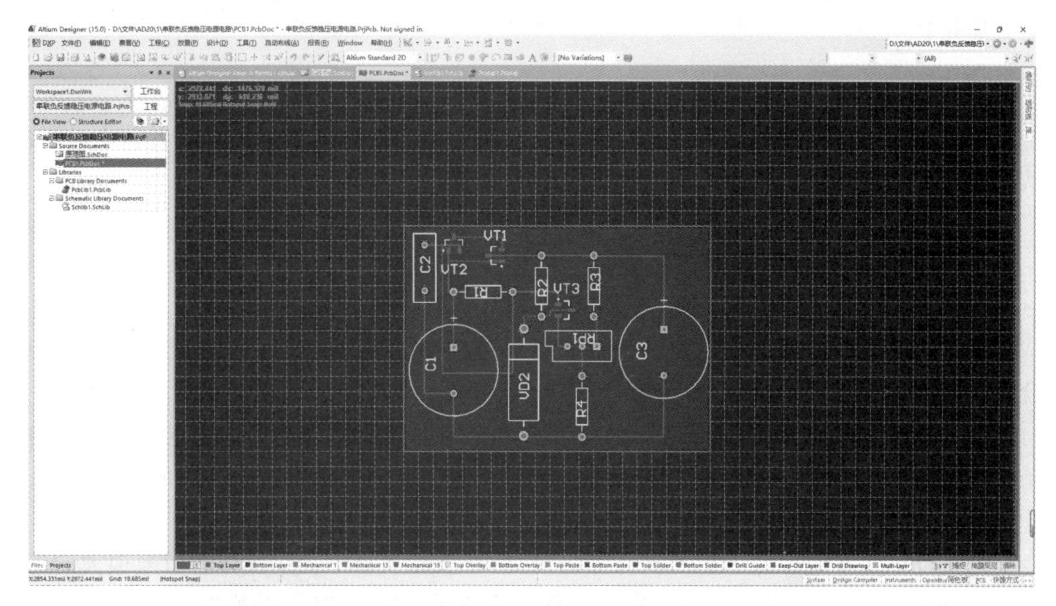

图 2-6-2　PCB 绘制界面

2. PCB 对象编辑窗口

在 PCB 设计交互界面的右下角执行命令"Panels-PCB",可以调出 PCB 对象编辑窗口。该窗口主要涉及对 PCB 相关的对象进行编辑操作,如元件选择、差分添加、铜皮 管理、孔分类信息等,可以专门以总体的形式进行处理。

3. PCB 设计常用面板

Altium Designer 提供非常丰富的面板,为 PCB 设计效率的提高起到了很大的促进作用。执行右下角的"Panels"命令,可以从中调出"PCB Filter"和"PCB List"等实用面板。

二、PCB 设计工具栏

Altium Designer 提供非常实用的工具栏及工具操作命令,直接在 PCB 设计交互界面单击即可激活所需要的操作命令,增强了人机交互的联动性。

下面针对 PCB 设计常用操作命令进行介绍说明。

1. 常用布局布线放置命令

对于各种电气属性的连接,可以通过走线、铺铜、放置填充等操作来实现。Altium Designer 提供丰富的放置电气连接元素的命令。

2. 常用绘制命令

除了放置电气属性元素之外,经常需要绘制一些非电气性能的辅助线及图表,可以利用常用绘制命令。

3. 常用排列与对齐命令

类似于原理图的排列与对齐命令，PCB 设计也有同样的排列与对齐命令，并且用得比原理图更加频繁。

4. 常用尺寸标注命令

设计当中，经常需要用到尺寸标注。清晰的尺寸标注，有助于设计师或者客户对设计进行清晰的尺寸大小认识。

三、常用系统快捷键

Altium Designer 自带很多组合快捷键，可以多次执行字母按键组合成需要的操作。那么组合快捷键如何得来呢？

其实，系统的组合快捷键都是依据菜单中命令的下划线字母组合起来的。"放置（P）-线条（L）"这个命令，组合的快捷键就是"PL"。平时多记忆操作这些快捷的组合方式，有利于 PCB 设计效率的提高。

Altium Designer 也推荐了很多默认的快捷键，在实际项目中会给操作者带来很大的帮助：

（1）L：打开层设置开关选项（在元件移动状态下，按下"L"键换层）。

（2）S：打开选择，如 S+L（线选）、S+I（框选）、S+E（滑动选择）。

（3）J：跳转，如 J+C（跳转到元件）、J+N（跳转到网络）。

（4）Q：英寸和毫米相互切换。

（5）Delete：删除已被选择的对象，E+D 点选删除。

（6）按鼠标中键向前后推动或者按 Page Up> Page Down：放大、缩小。

（7）小键盘上面的"+"和"-"，点选下面层选项：切换层。

（8）A+T：顶对齐；A+L：左对齐；A+R：右对齐；A+B：底对齐。

（9）Shift+S：单层显示与多层显示切换。

（10）Ctrl+M：哪里要测点哪里。R+P：测量边距。

（11）空格键：翻转选择某对象（导线、过孔等），同时按"Tab"键可改变其属性（导线长度、过孔大小等）。

（12）Shifts 空格键：改走线模式。

（13）P+S：字体（条形码）放置。

（14）Shift+W：线宽选择；ShiR+V：过孔选择。

（15）T+T+M：不可更改间距的等间距走线；P+M：可更改间距的等间距走线。

（16）Shift+G：走线时显示走线长度。

（17）Shift+H：显示或关闭坐标显示信息。

（18）Shift+M：显示或关闭放大镜。

（19）Shift+A：局部自动走线。

此处仅列出最常用的一些快捷键，其他快捷键可以参考系统帮助文件（在不同的界面检索出来的会不相同），执行命令"帮助-快捷键"即可调出。

任务实施

任务实施过程如表 2-6-1 所示。

表 2-6-1　AD 15 软件界面使用步骤

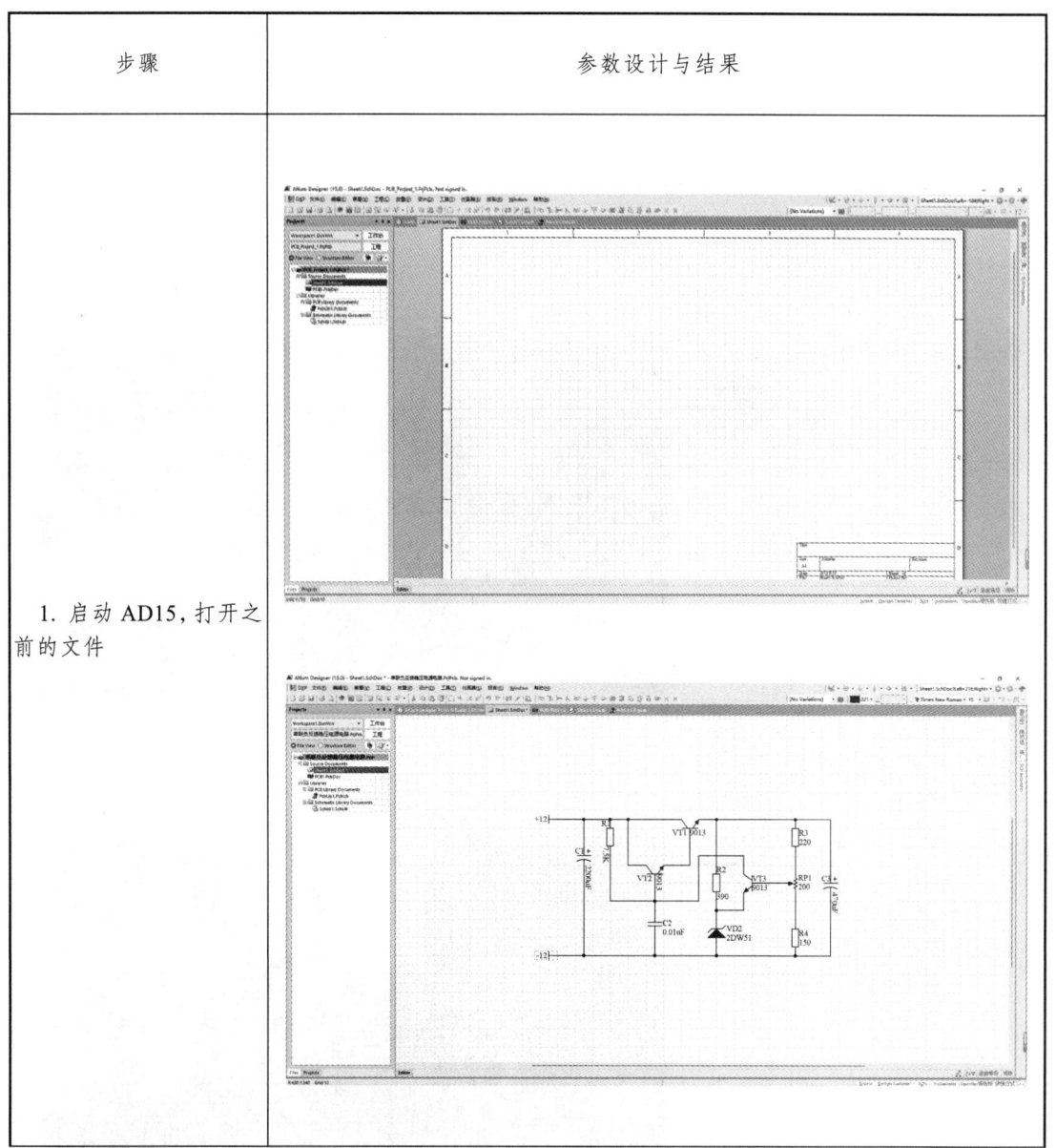

步骤	参数设计与结果
1. 启动 AD15，打开之前的文件	

203

续表

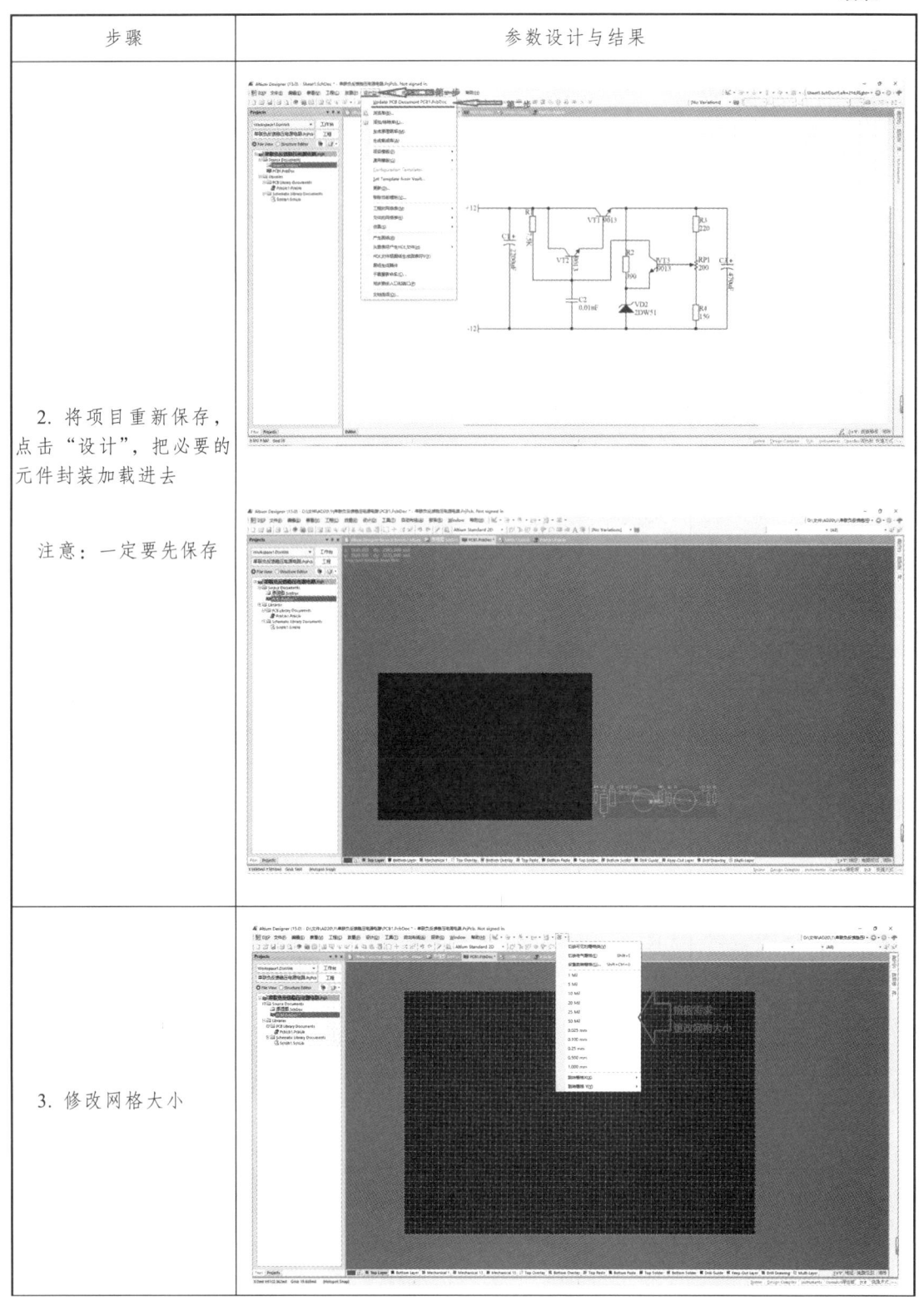

步骤	参数设计与结果
2. 将项目重新保存，点击"设计"，把必要的元件封装加载进去 注意：一定要先保存	
3. 修改网格大小	

续表

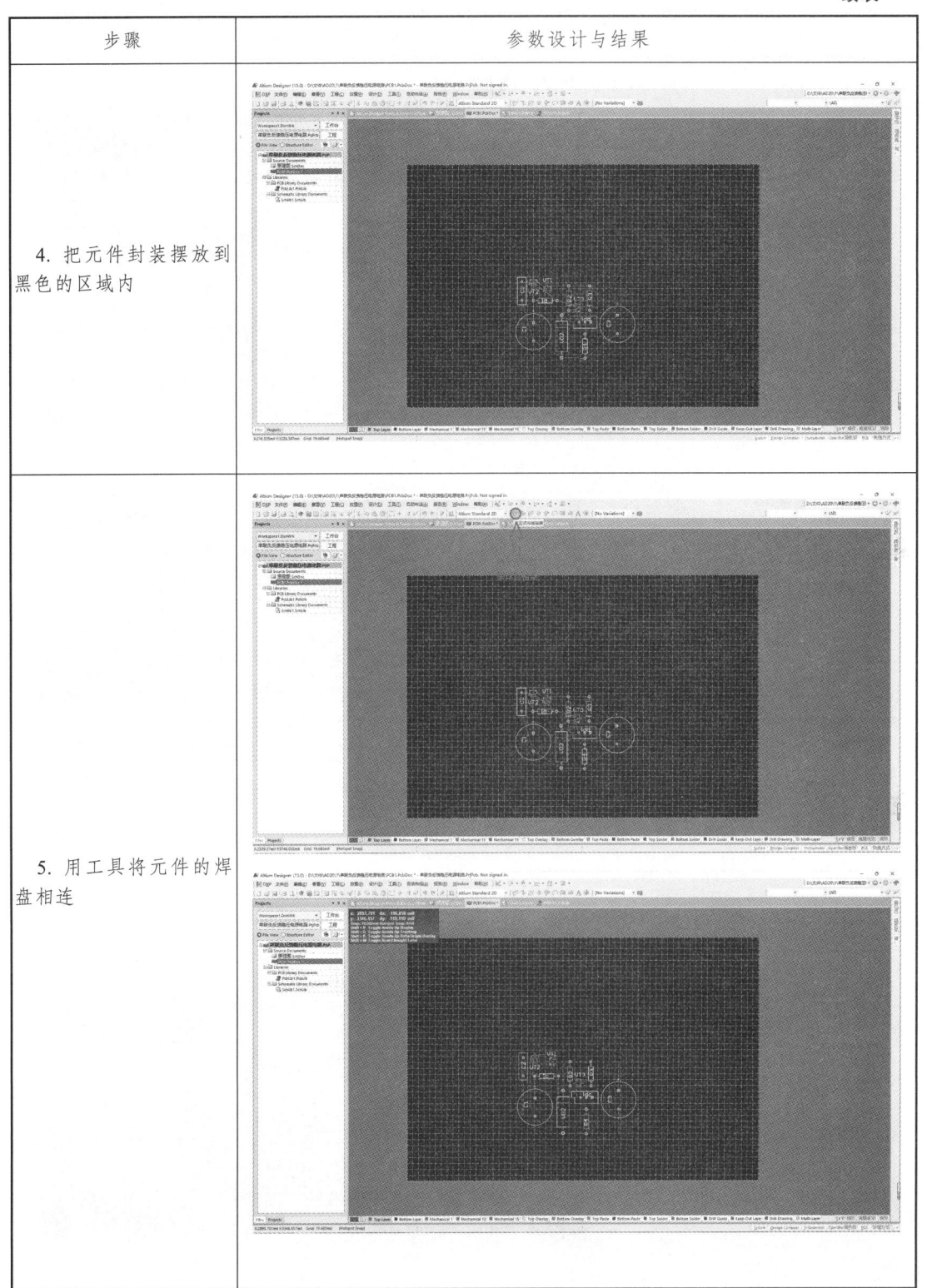

步骤	参数设计与结果
4. 把元件封装摆放到黑色的区域内	
5. 用工具将元件的焊盘相连	

205

续表

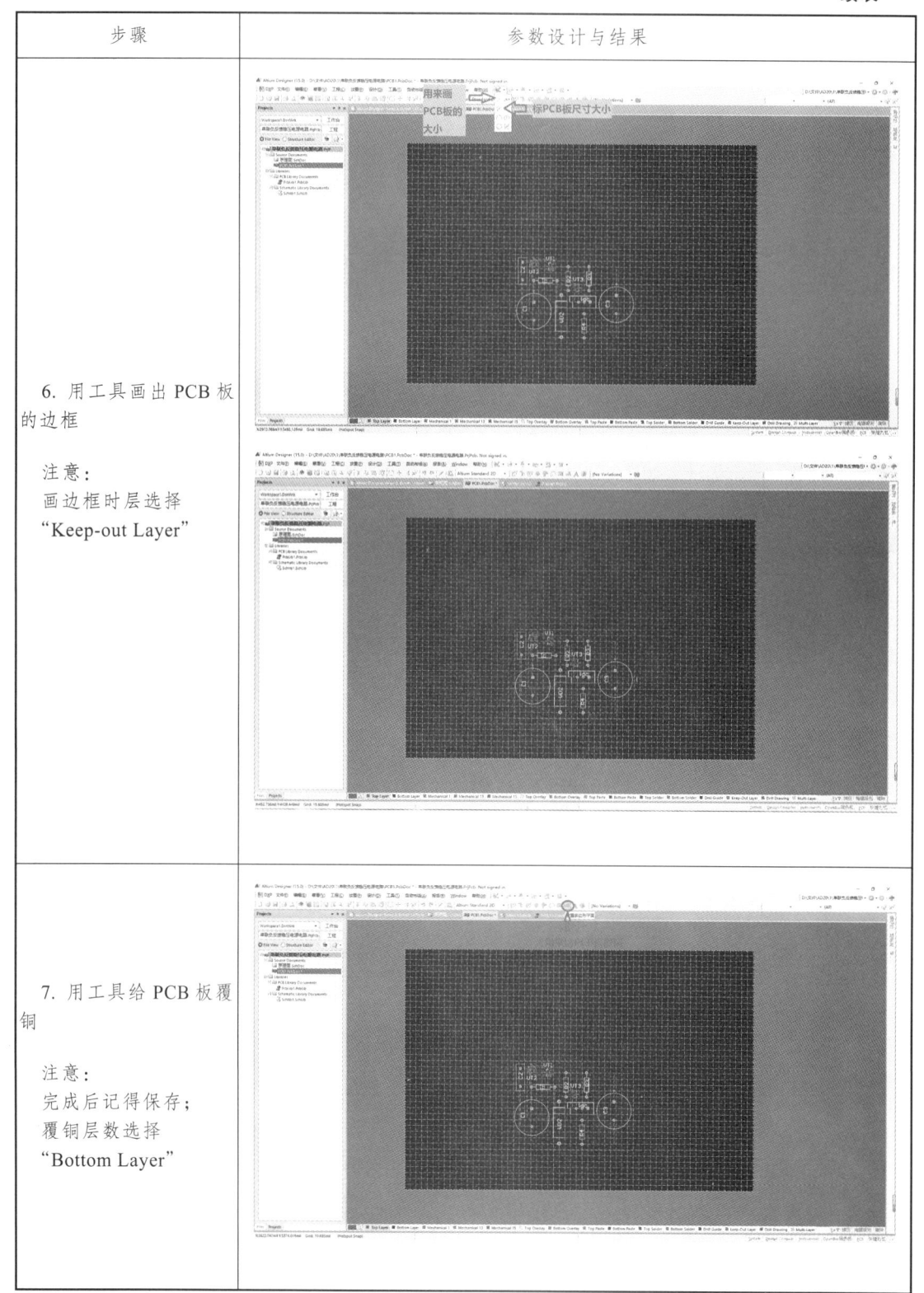

步骤	参数设计与结果
6. 用工具画出 PCB 板的边框 注意： 画边框时层选择"Keep-out Layer"	
7. 用工具给 PCB 板覆铜 注意： 完成后记得保存； 覆铜层数选择"Bottom Layer"	

续表

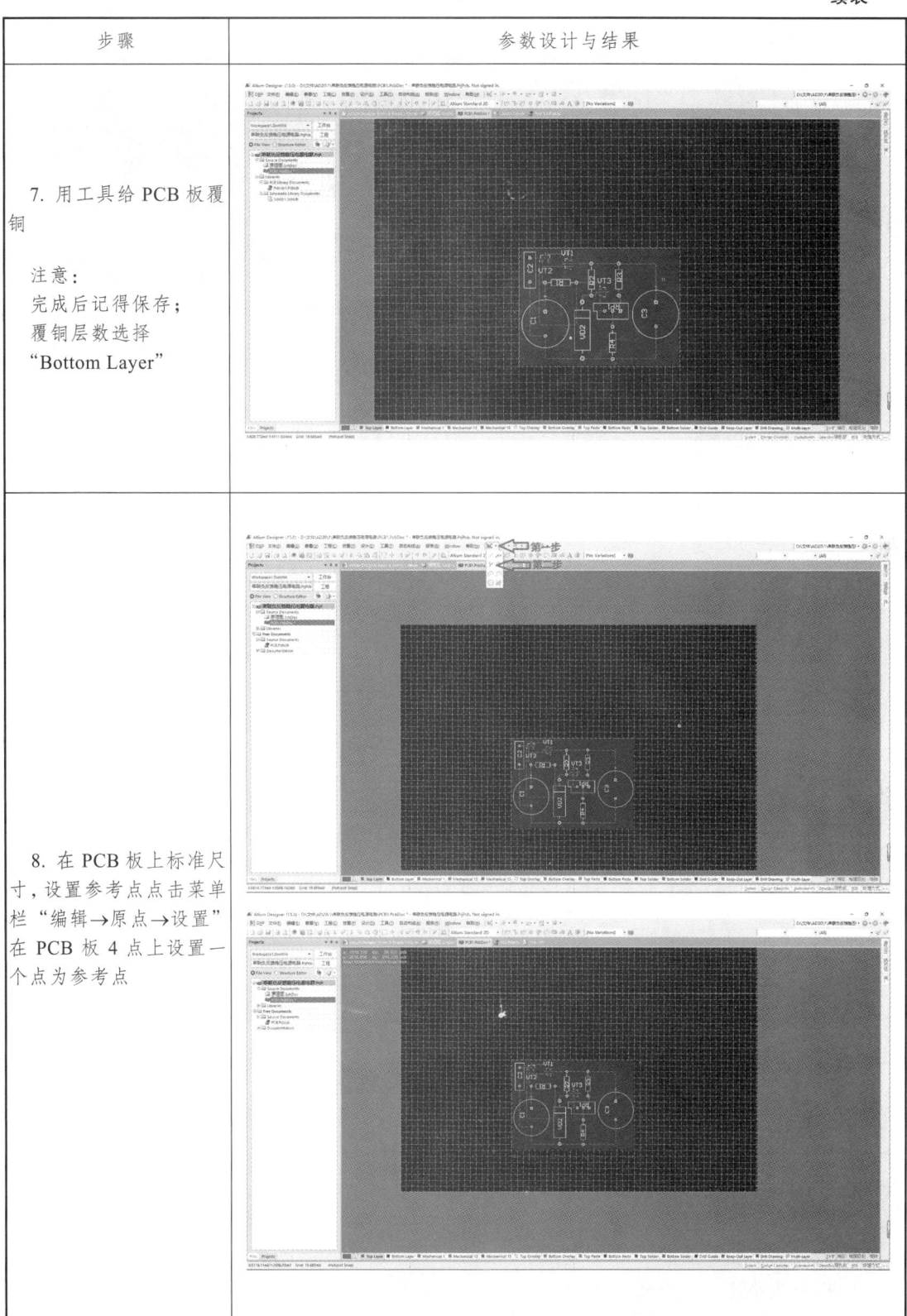

步骤	参数设计与结果
7. 用工具给 PCB 板覆铜 注意： 完成后记得保存； 覆铜层数选择"Bottom Layer"	
8. 在 PCB 板上标准尺寸，设置参考点点击菜单栏"编辑→原点→设置"在 PCB 板 4 点上设置一个点为参考点	

207

续表

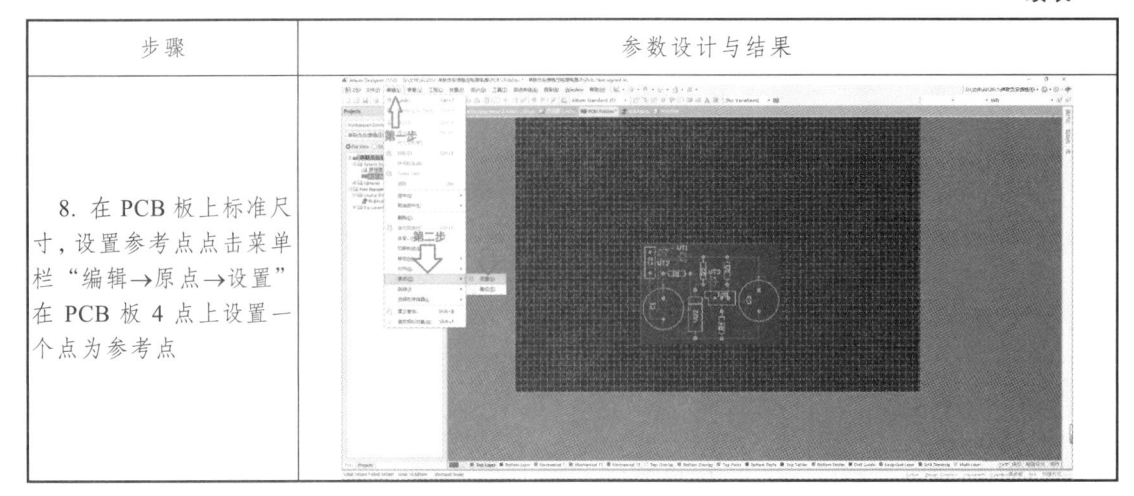

步骤	参数设计与结果
8. 在 PCB 板上标准尺寸，设置参考点点击菜单栏"编辑→原点→设置"在 PCB 板 4 点上设置一个点为参考点	

任务评价

项目	标准	自我评价 50%	小组评价 30%	教师评价 20%
步骤完成情况	1. 正确完成步骤，得 50 分； 2. 每错 1 处扣 10 分，扣完为止			
操作熟练度	1. 班级前 20%上交结果者得 10 分； 2. 每滞后 20%扣 2 分，扣完为止			
协作精神	有交流、讨论顺畅得 5 分			
纪律观念	听课安静、爱护设备得 5 分			
学习主动性	认真思考、积极回答问题得 5 分			
知识应用情况	关键知识点内化得 5 分			
完成任务中引以自豪的做法	能用快捷键、思路简捷有效得 10 分			
指导他人	解决别人问题得 10 分			
	小计			
	总评			

任务测评

1. 检查元件是不是都转化成功。
2. 检查线路连接是否都正确。

任务七　双面 PCB 自动设计

任务描述

1. 任务概述
利用 AD 15 绘制光控电子鸟电路的 PCB 图。

2. 任务目标
（1）认识 AD15 的自动布线功能。
（2）合理摆放元件封装。

3. 任务电路图（见图 2-7-1、图 2-7-2）

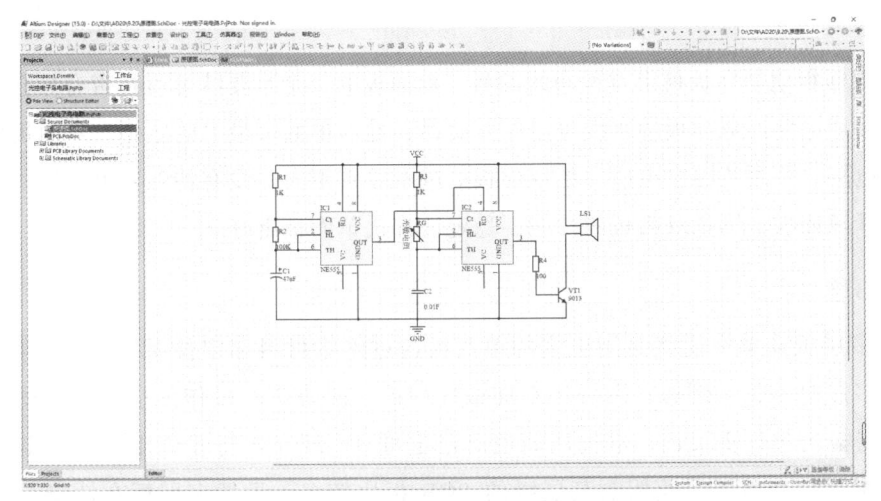

图 2-7-1

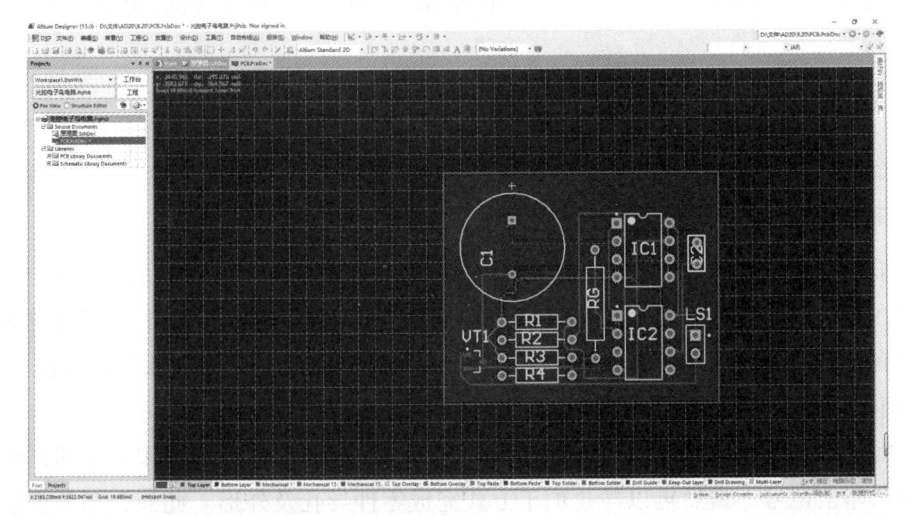

图 2-7-2

知识链接

一、PCB 板分类

1. PCB 单面板

PCB 单面板是 PCB 行业最基础的电路板，单面板顾名思义就是导线在一面，插件零件在另一面。PCB 单面板早期在各行业应用比较广泛，但由于 PCB 单面板对布线要求高，每条线都必须有单独的路径，不能交叉；对于布线多的 PCB 板，稳定性不够，性能也有缺失，开始逐渐往双面板发展。因此，PCB 单面板的使用率和产率也在逐步下降。目前，PCB 单面板在电源板方面应用比较多。

2. PCB 双面板

PCB 双面板就是在板材上双面布线的板。双面板的一个重要特征就是带有导孔，把两面的导线连接成电路。双面板的布线可以相互交错，是与单面板最大的区别；双面板更适合用于复杂的电路，使用范围也更广。单双面板的成本差别不大，没有特殊要求的话，各行业都会优先选择双面板，毕竟双面板的性能、稳定性都比单面板更好。

3. PCB 多层板

PCB 多层板简单来说就是用更多的单双板通过绝缘材料和定位系统交替，再把线路互连，形成多层电路板。例如，用一块双面板作内层、两块单面板作内层，通过技术形成四层板。多层板的设计更灵活，电气性能也更稳定可靠。现在各行业应用最多的多层板还是四、六层板，消费电子行业用更高层级的 PCB 板比较多。虽然多层板在性能、稳定性、噪声等方面都比双面板更有优势，但更多企业和工程师出于成本考虑，还是会优先选择双面板。

二、PCB 板的制作

1. 单面板的特点

单面板就是在最基本的 PCB 上，零件集中在其中一面，导线则集中在另一面上。因为导线只出现在其中一面，所以我们就称这种 PCB 叫作单面板（Single-sided）。因为单面板在设计线路上有许多严格的限制（因为只有一面，布线间不能交叉而必须绕独自的路径），所以只有早期的电路才使用这类的板子。

单面板的布线图以网路印刷（ScreenPrinting）为主，亦即在铜表面印上阻剂，经蚀刻后再以防焊阻印上记号，最后再以冲孔加工方式完成零件导孔及外形。此外，部分少量多样生产的产品，则采用感光阻剂形成图样的照相法。

2. 双面板和多层板的区别

从工序上来讲，双面板与多层板的区别表现在：第一，双面板的压板材料只有 P 片和铜（Cu）箔；多层板的压板材料既有 P 片和最外层的两层 Cu 箔，还有 P 片之间的内层板。第二，多层板的生产多了内层板的生产制造，内层板的制造与外层板大体相似。

3. 双面板

双面板（Double-sided）的两面都有布线。不过要用上两面的导线，必须要在两面间有适当的电路连接才行。这种电路间的"桥梁"叫作导孔（via）。导孔是在 PCB 上充满或涂上金属的小洞，它可以与两面的导线相连接。因为双面板的面积比单面板大了一倍，而且因为布线可以互相交错（可以绕到另一面），它更适合用在比单面板更复杂的电路上。严格意义上来说双面板是电路板中很重要的一种 PCB 板，他的用途是很大的，看一块 PCB 板是不是双面板也很简单，双面板的重要特征就是有导通孔，简单点说就是双面走线，正反两面都有线路。按这个概念，如果一块板双面走线，但是只有一面有电子零件，是双面板还是单面板呢？答案是明显的，这就是双面板，只是在双面板的板材上装上了零件而已。

三、PCB 设计常用命令

1. 常用鼠标命令（见表 2-7-1）

表 2-7-1　常用鼠标命令

命令	功能	命令	功能
单击左键	选择命令	单击右键	取消或进行命令选择
长按左键	可以拖动对象	长按右键	拖动原理图页
双击左键	进行对象属性设置	按住鼠标中键+拖动	放大或缩小

2. 常用视图快捷命令（见表 2-7-2）

表 2-7-2　常用视图快捷命令

命令	快捷键	功能说明
适合文件	VD	当设计图页不在目视范围内时,可以快速归位
适合所有对象	VF	对整个图纸文档进行图纸归位
放大	PageUp	以鼠标指针为中心进行放大
缩小	PageDown	以鼠标指针为中心进行缩小
选中的对象	VE	可以快速对选择的对象进行放大显示

3. 常用排列与对齐快捷命令（见表 2-7-3）

表 2-7-3 常用排列与对齐快捷命令

命令	快捷键	功能说明
左对齐	AL	向左对齐
右对齐	AR	向右对齐
顶对齐	AT	向顶部对齐
底对齐	AB	向底部对齐
水平分布	AD	水平等间距分布对齐
垂直分布	A	垂直等间距分布对齐

4. 其他常用快捷命令（见表 2-7-4）

表 2-7-4 其他常用快捷命令

命令	快捷键	功能说明
放置→线	PW	放置导线
放置→总线	PB	放置总线
放置→器件	PP	放置元件
放置→网络标签	PN	放置网络标签
放置→文本字符串	PT	放置字符标注

任务实施

任务实施过程如表 2-7-5 所示。

表 2-7-5 AD 15 软件界面使用步骤

步骤	参数设计与结果
1. 启动 AD15，打开之前的文件	

续表

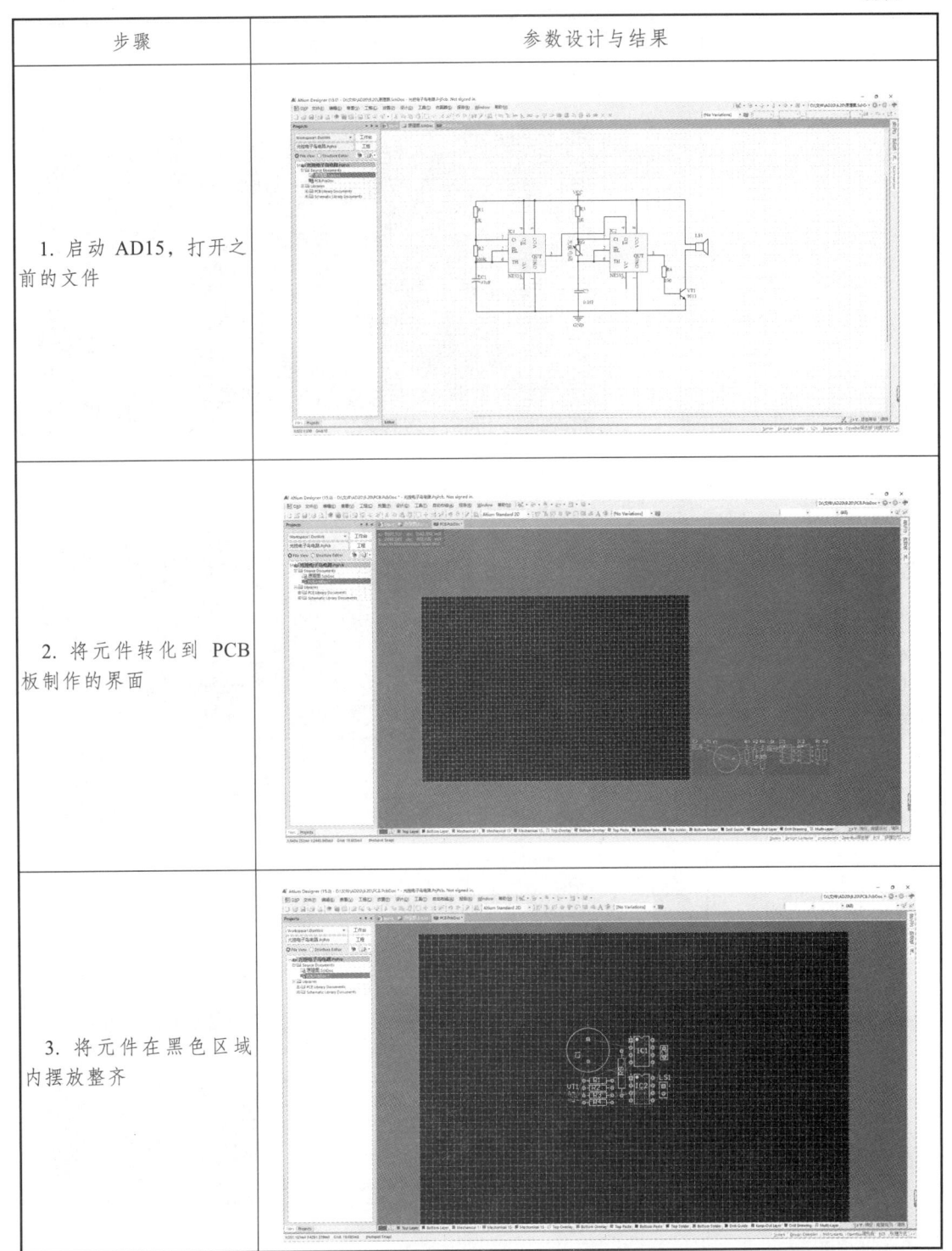

步骤	参数设计与结果
1. 启动 AD15，打开之前的文件	
2. 将元件转化到 PCB 板制作的界面	
3. 将元件在黑色区域内摆放整齐	

213

续表

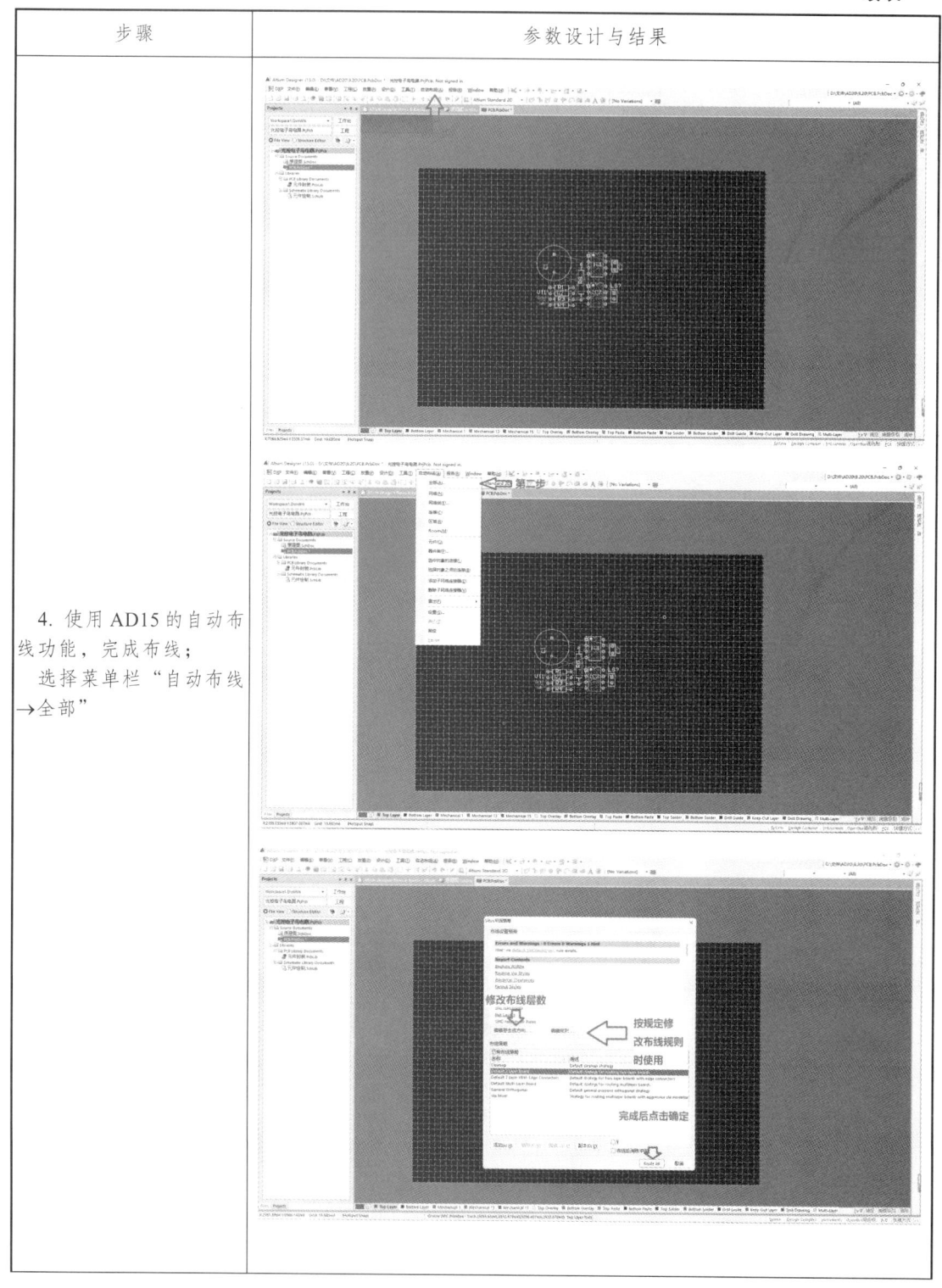

步骤	参数设计与结果
4. 使用 AD15 的自动布线功能，完成布线； 选择菜单栏"自动布线→全部"	

214

续表

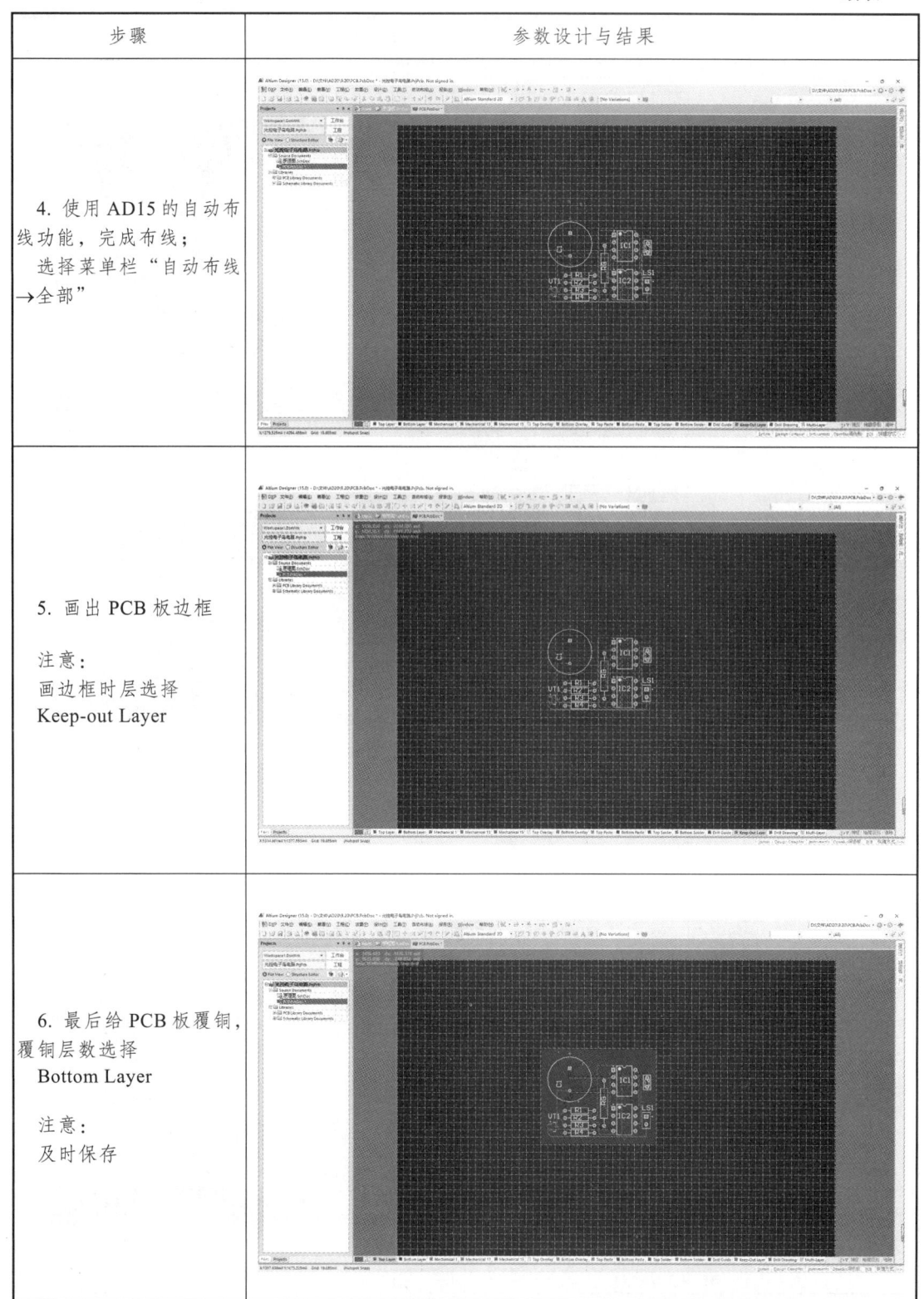

步骤	参数设计与结果
4. 使用 AD15 的自动布线功能，完成布线； 选择菜单栏"自动布线→全部"	
5. 画出 PCB 板边框 注意： 画边框时层选择 Keep-out Layer	
6. 最后给 PCB 板覆铜，覆铜层数选择 Bottom Layer 注意： 及时保存	

215

续表

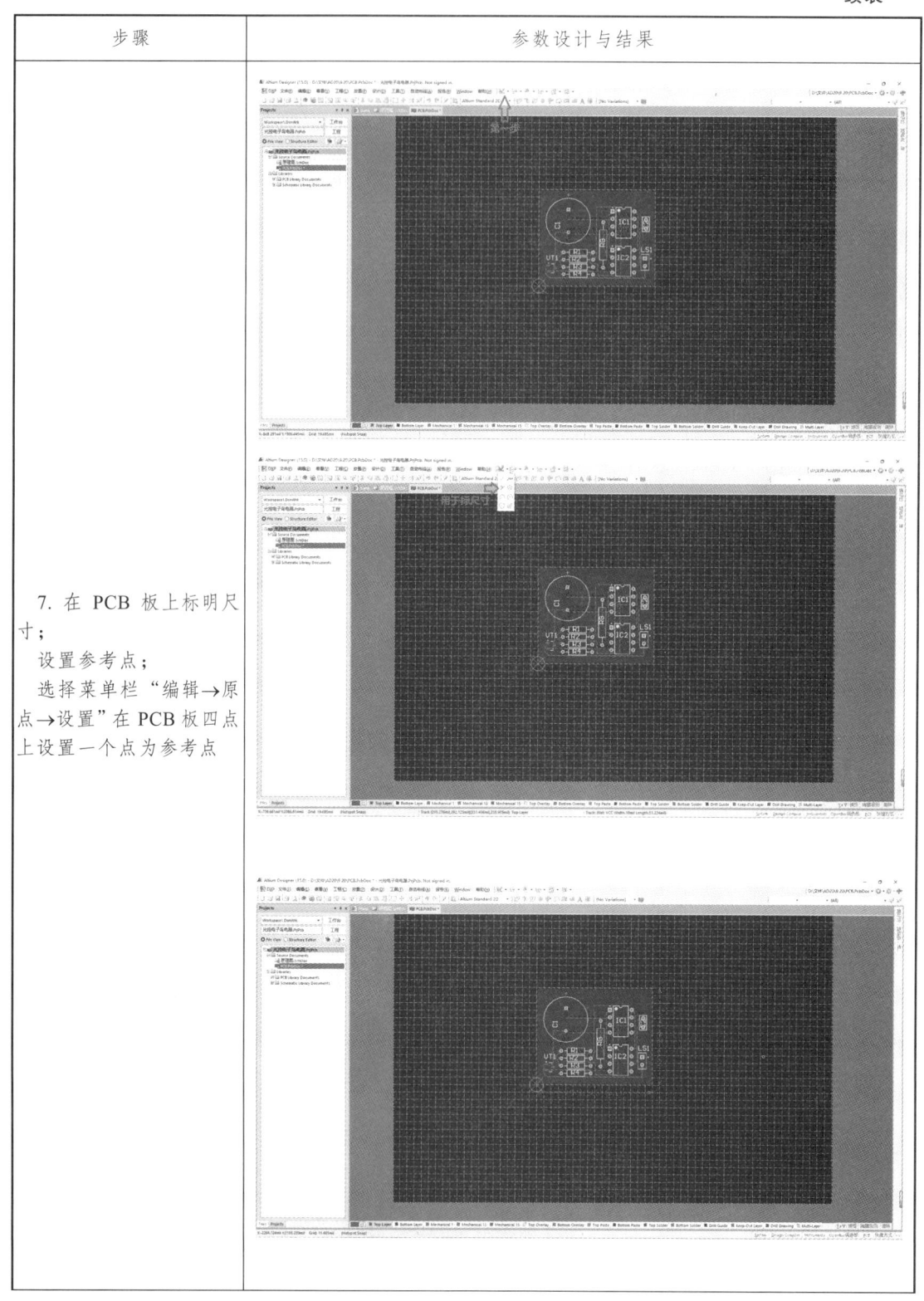

步骤	参数设计与结果
7. 在 PCB 板上标明尺寸； 设置参考点； 选择菜单栏"编辑→原点→设置"在 PCB 板四点上设置一个点为参考点	

216

续表

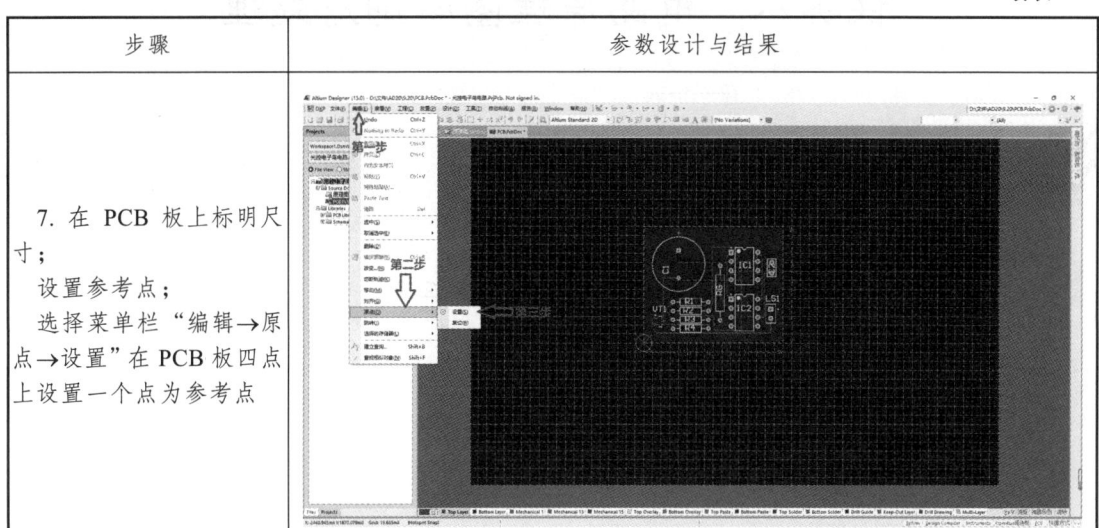

步骤	参数设计与结果
7. 在 PCB 板上标明尺寸； 设置参考点； 选择菜单栏"编辑→原点→设置"在 PCB 板四点上设置一个点为参考点	

任务评价

项目	标准	自我评价 50%	小组评价 30%	教师评价 20%
步骤完成情况	1. 正确完成步骤得 50 分； 2. 每错 1 处扣 10 分，扣完为止			
操作熟练度	1. 班级前 20%上交结果者得 10 分； 2. 每滞后 20%扣 2 分，扣完为止			
协作精神	有交流、讨论顺畅得 5 分			
纪律观念	听课安静、爱护设备得 5 分			
学习主动性	认真思考、积极回答问题得 5 分			
知识应用情况	关键知识点内化得 5 分			
完成任务中引以自豪的做法	能用快捷键、思路简捷有效得 10 分			
指导他人	解决别人问题得 10 分			
	小计			
	总评			

任务测评

1. 检查元件是否都转化成功。
2. 检查线路连接是否都正确。

217

任务八　电路原理图绘制后处理

任务描述

1. 任务概述

查看电路原理图是否有错漏，元件型号、名称是否正确。

2. 任务目标

检查项目元件封装、名称是否错误。

3. 任务电界面（见图 2-8-1）

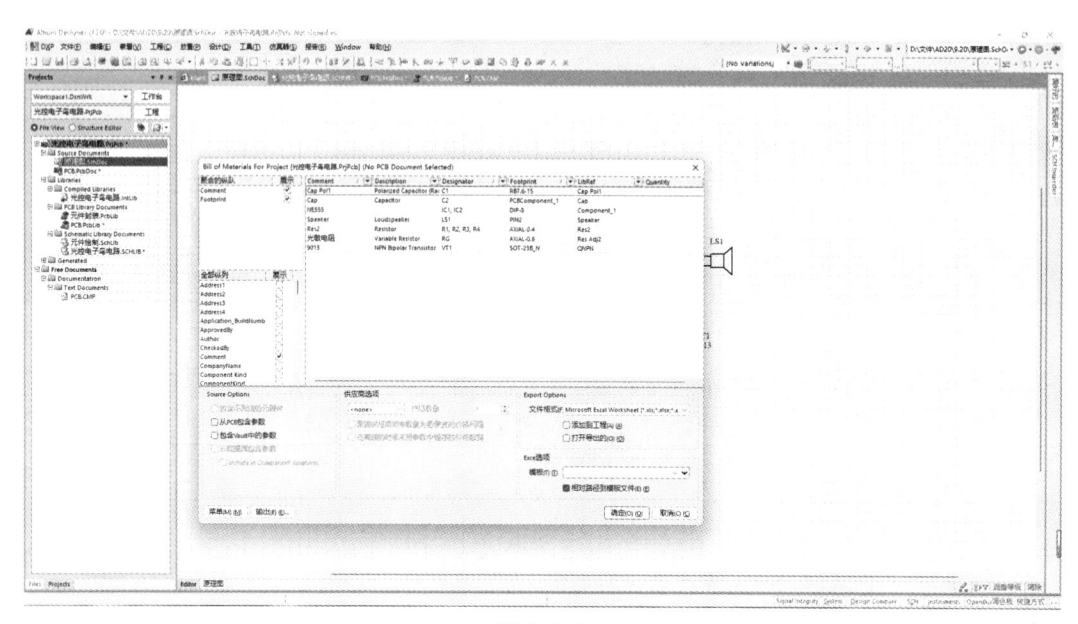

图 2-8-1

知识链接

一、原理图的编译与检查

（1）执行菜单命令"文件→新的→项目→PCB 工程"，创建一个新的 PCB 工程，将工程文件 "Demo.PrjPcb"保存到硬盘根目录下。

（2）在"Demo.PrjPcb"工程文件上单击鼠标右键，选择执行"添加已有文档到工程"命令，选择需要添加的原理图和客户提供的 PCB 库文件。

（3）执行菜单命令"文件→新的→PCB"，创建一个新的 PCB，命名为"Demo.PcbDoc"，并 保存到当前工程中。

二、原理图编译的设置

在"Demo.PijPcb"工程文件上单击鼠标右键，选择执行"工程选项"命令，设置常规编译选项，在"报告格式"栏中选择报告类型，这里选择"致命错误"类型，方便查看错误报告。设置的时候请一定检查以下常见的检查项。

（1）Duplicate Part Designators：存在重复的元件位号。
（2）Floating net labels：存在悬浮的网络标签。
（3）Nets with multiple names：存在重复命名的网络。
（4）Nets with only one pin：存在单端网络。

编译项设置之后即可对原理图进行编译，执行菜单命令"工程→Compile PCB Project Demo.PijPcb"，即可完成原理图编译。

在界面的右下角执行命令"Panels→Messages"，显示编译报告。双击报告结果，可以自动跳转到原理图相对应的存在问题的地方，将存在的问题记录下来，提交给原理图工程师进行确认并更正。

三、原理图的打印输出

在使用 Altium Designer 设计完原理图后，可以把原理图以 PDF 的形式输出图纸，发给别人阅读，从而尽量降低被直接篡改的风险。Altium Designer 是 Protel 99SE 的高级版本，自带有 PDF 文件输出功能，即"智能 PDF"这个功能，可以把原理图以 PDF 的形式进行输出。

（1）执行菜单命令"文件→智能 PDF"，进入 PDF 的创建向导，如图 2-8-2 所示，一般根据向导来进行设置。

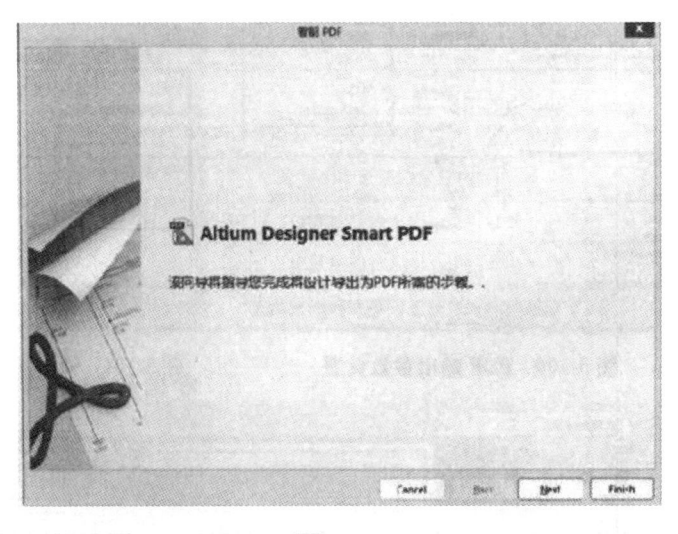

图 2-8-2

（2）单击"Next"按钮，在打开的"选择导出目标"界面中可以选择输出的文档范围。

① 当前项目：对当前整个工程的文档进行 PDF 输出。

② 当前文档：对当前选中的文档进行 PDF 输出。

（3）在接下来的界面中可以选择是否对 BOM 表进行输出。

（4）在"添加打印设置"界面中可以对 PDF 输出参数进行一定的设置。一般对其输出颜色进行选择就好了，其他的直接按照默认推荐的设置即可。

① 颜色：彩色的，设计用的什么颜色输出的就是什么颜色。

② 灰度：灰色的，一般不选择。

③ 单色：黑白的，这个因为对比度高，一般常用。

（5）进行勾选后，单击"Finish"按钮，完成 PDF 的输出，并打开 PDF。

任务实施

任务实施过程如表 2-8-1 所示。

表 2-8-1　AD 15 软件界面使用步骤

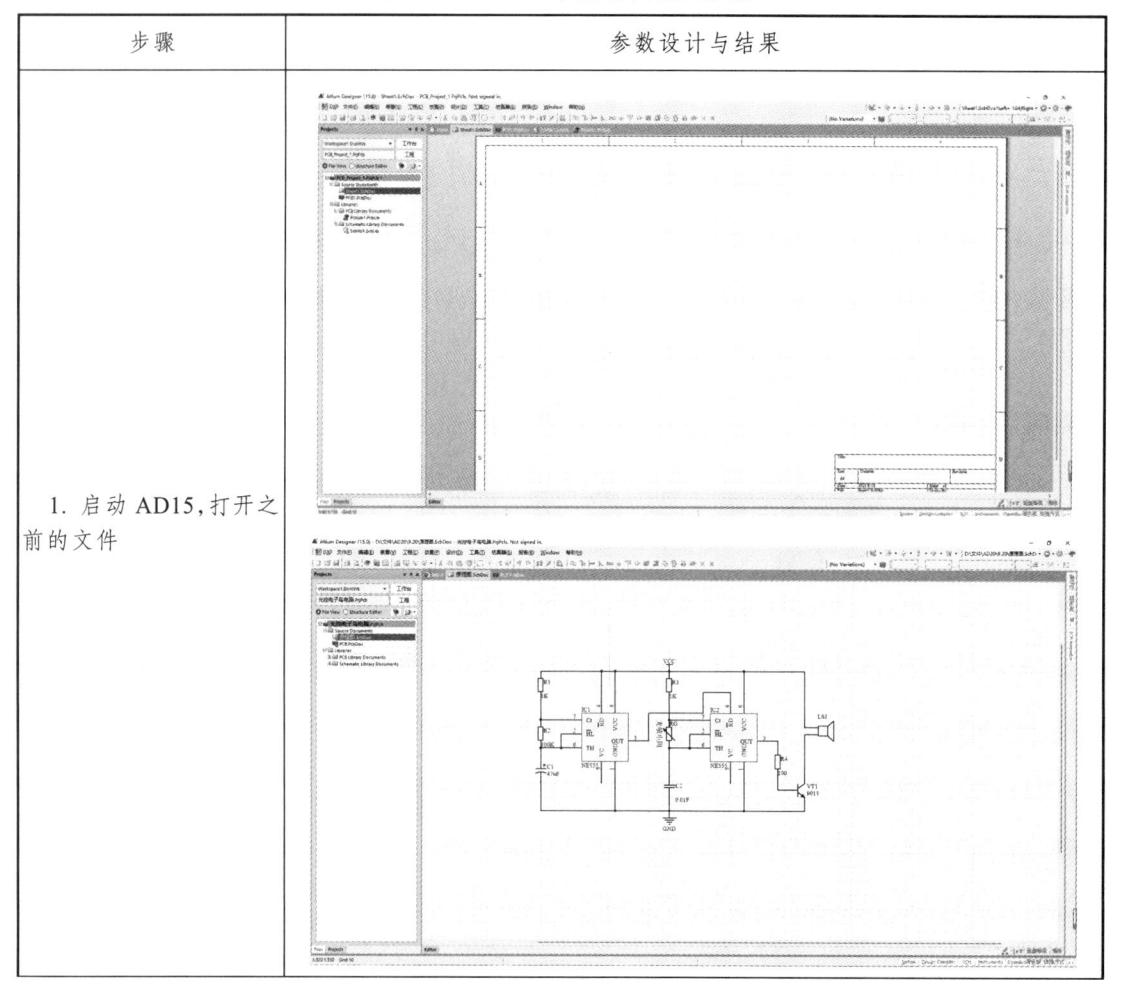

步骤	参数设计与结果
1. 启动 AD15，打开之前的文件	

续表

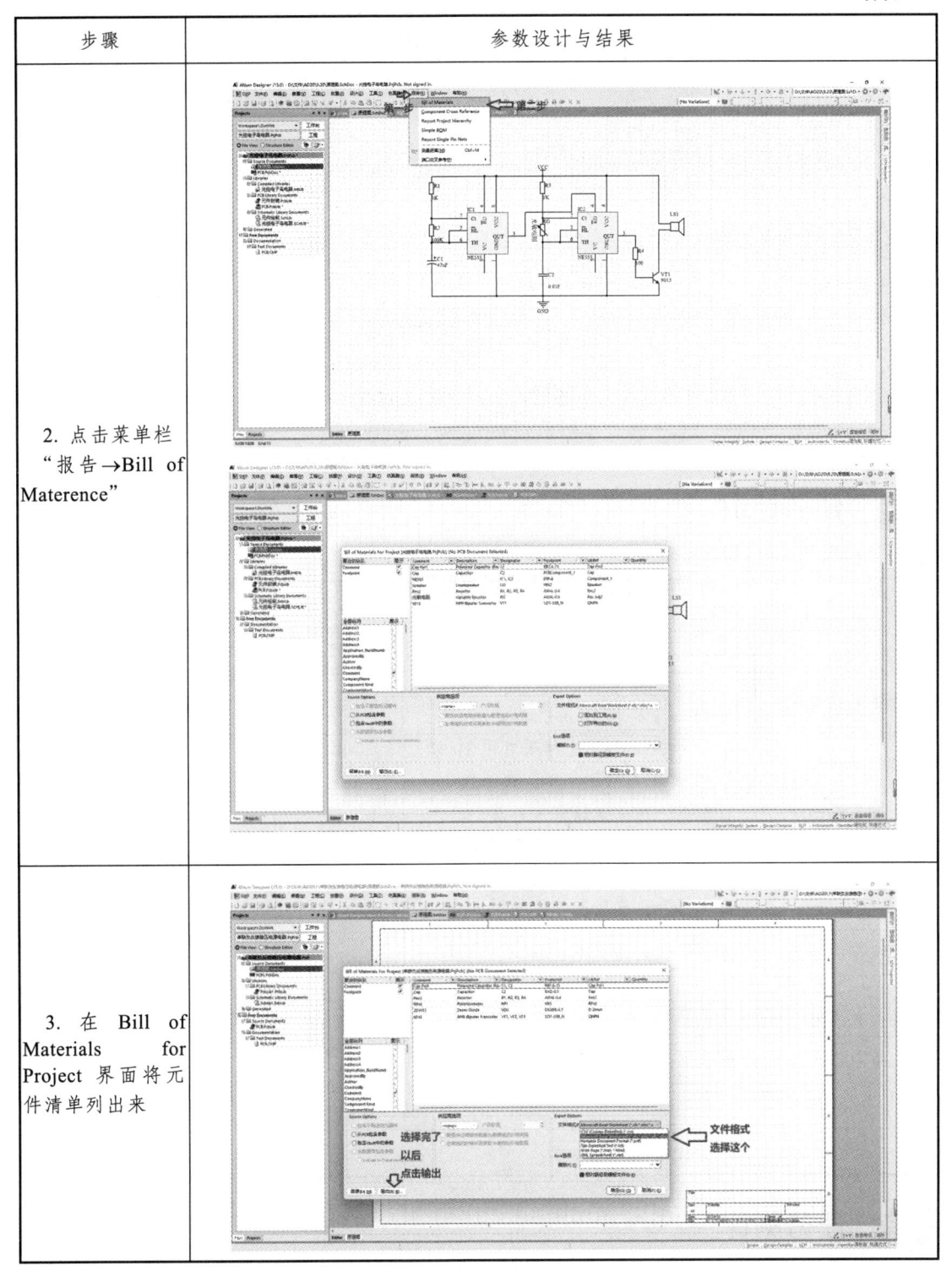

步骤	参数设计与结果
2. 点击菜单栏"报告→Bill of Materence"	
3. 在 Bill of Materials for Project 界面将元件清单列出来	

221

续表

步骤	参数设计与结果
4. 保存元件清单（最好和项目保存在一起，使用时比较方便）	

任务评价

项目	标准	自我评价 50%	小组评价 30%	教师评价 20%
步骤完成情况	1. 正确完成步骤得 50 分； 2. 每错 1 处扣 10 分，扣完为止			
操作熟练度	1. 班级前 20%上交结果者得 10 分； 2. 每滞后 20%扣 2 分，扣完为止			
协作精神	有交流、讨论顺畅得 5 分			
纪律观念	听课安静、爱护设备得 5 分			
学习主动性	认真思考、积极回答问题得 5 分			
知识应用情况	关键知识点内化得 5 分			
完成任务中引以自豪的做法	能用快捷键、思路简捷有效得 10 分			
指导他人	解决别人问题得 10 分			
	小计			
	总评			

任务测评

1. 通过报告查看元件名称、型号是否都正确。
2. 检查元件清单是否保存。

项目三　软件的使用

任务一　LABVIEW2018 程序开发环境

任务描述

1. 任务概述

学习 LabVIEW2018 软件，熟练运行该软件的打开界面，新建一个 VI 文件，熟悉控件选项板、函数选项板、工具选项板的操作，学会使用 LabVIEW2018 软件的帮助界面。

2. 任务目标

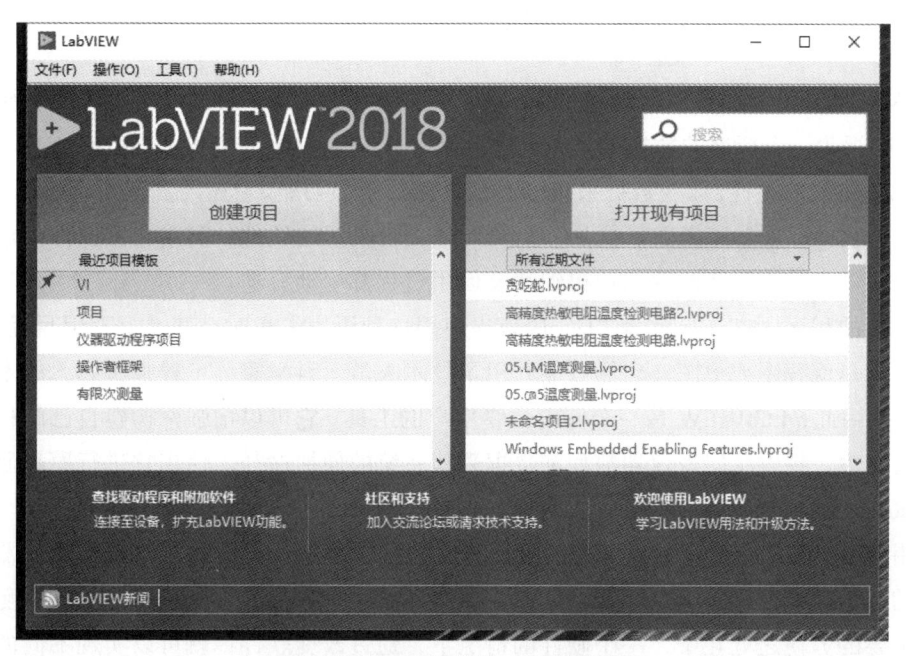

（1）熟悉 LabVIEW2018 软件界面。
（2）练习新建一个 VI 文件和查看 LabVIEW8.5 软件的帮助文件。
（3）熟练掌握控件选项板、函数选项板、工具选项板的操作。

3. 任务软件

LabVIEW2018 软件界面如图 3-1-1 所示。

图 3-1-1　LabVIEW2018 软件界面

知识链接

一、LabVIEW2018 软件简介

LabVIEW 是一种程序开发环境，由美国国家仪器（NI）公司研制开发，类似于 C 和 BASIC 开发环境。但是 LabVIEW 与其他计算机语言有显著区别：其他计算机语言都是采用基于文本的语言产生代码，而 LabVIEW 使用的是图形化编辑语言 G 编写程序，产生的程序以框图的形式呈现。

LabVIEW 软件是 NI 设计平台的核心，也是开发测量或控制系统的理想选择。LabVIEW 开发环境集成了工程师和科学家快速构建各种应用所需的所有工具，旨在帮助工程师和科学家解决问题、提高生产力和不断创新。

LabVIEW（Laboratory Virtual Instrument Engineering Workbench）是一种用图标代替文本行创建应用程序的图形化编程语言。传统文本编程语言根据语句和指令的先后顺序决定程序执行顺序，而 LabVIEW 则采用数据流编程方式，程序框图中节点之间的数据流向决定了 VI 及函数的执行顺序。VI 指虚拟仪器，是 LabVIEW 的程序模块。

LabVIEW 提供很多外观与传统仪器（如示波器、万用表）类似的控件，可用来方便地创建用户界面。用户界面在 LabVIEW 中被称为前面板。使用图标和连线，可以通过编程对前面板上的对象进行控制，这就是图形化源代码，又称 G 代码。LabVIEW 的图形化源代码在某种程度上类似于流程图，因此又被称作程序框图代码。

二、LabVIEW2018 软件特点

LabVIEW 是一种图形化的编程语言的开发环境，它广泛地被工业界、学术界和研究实验室所接受，视为一个标准的数据采集和仪器控制软件。LabVIEW 集成了 GPIB、VXI、RS-232 和 RS-485 协议的硬件，以及数据采集卡通信方面的全部功能。它还内置了便于应用 TCP/IP、ActiveX 等软件标准的库函数。这是一个功能强大且灵活的软件，利用它可以方便地建立自己的虚拟仪器，其图形化的界面使得编程及使用过程都生动有趣。

图形化的程序语言，又称为"G"语言。使用这种语言编程时，基本上不用写程序代码，取而代之的是流程图或框图。它尽可能利用了技术人员、科学家、工程师所熟悉的术语、图标和概念，因此，LabVIEW 是一个面向最终用户的工具。它可以增强你构建自己的科学和工程系统的能力，提供了实现仪器编程和数据采集系统的便捷途径。使用它进行原理研究、设计、测试并实现仪器系统时，可以大大提高工作效率。

利用 LabVIEW 可产生独立运行的可执行文件，它是一个真正的 32 /64 位编译器。像许多重要的软件一样，LabVIEW 提供了 Windows、UNIX、Linux、Macintosh 的多种版本。

它主要的方便之处在于，一个硬件的情况下，通过改变软件，就可以实现不同的仪器仪

表的功能，非常方便，相当于软件即硬件。现在的图形化主要是上层的系统，国内现在已经开发出图形化的单片机编程系统（支持32位的嵌入式系统，并且可以扩展的），正在不断完善中。

三、LabVIEW2018 软件应用领域

LabVIEW 有很多优点，尤其是在某些特殊领域其特点尤其突出。

1. 测试测量

LabVIEW 最初就是为测试、测量而设计的，因而测试、测量也就是现在 LabVIEW 最广泛的应用领域。经过多年的发展，LabVIEW 在测试、测量领域获得了广泛的承认。至今，大多数主流的测试仪器、数据采集设备都拥有专门的 LabVIEW 驱动程序，使用 LabVIEW 可以非常便捷地控制这些硬件设备。同时，用户也可以十分方便地找到各种适用于测试、测量领域的 LabVIEW 工具包。这些工具包几乎覆盖了用户所需的所有功能，用户在这些工具包的基础上再开发程序就容易多了。有时甚至只需简单地调用几个工具包中的函数，就可以组成一个完整的测试测量应用程序。

2. 控制

控制与测试是两个高度相关的领域，从测试领域起家的 LabVIEW 自然而然地首先拓展至控制领域。LabVIEW 拥有专门用于控制领域的模块——LabVIEWDSC。除此之外，工业控制领域常用的设备、数据线等通常也都带有相应的 LabVIEW 驱动程序。使用 LabVIEW 可以非常方便地编制各种控制程序。

3. 仿真

LabVIEW 包含了多种多样的数学运算函数，特别适合进行模拟、仿真、原型设计等工作。在设计机电设备之前，可以先在计算机上用 LabVIEW 搭建仿真原型，验证设计的合理性，找到潜在的问题。在高等教育领域，如果使用 LabVIEW 进行软件模拟，就可以达到同样的效果，使学生获得实践的机会。

4. 儿童教育

由于图形外观漂亮且容易吸引儿童的注意力，且图形比文本更容易被儿童接受和理解，所以 LabVIEW 非常受少年儿童的欢迎。对于没有任何计算机知识的儿童而言，可以把 LabVIEW 理解成是一种特殊的"积木"，把不同的原件搭在一起，就可以实现自己所需的功能。著名的可编程玩具"乐高积木"使用的就是 LabVIEW 编程语言。儿童经过短暂的指导就可以利用乐高积木搭建成各种车辆模型、机器人等，再使用 LabVIEW 编写控制其运动和行为的程序。除了应用于玩具，LabVIEW 还有专门用于中小学生教学使用的版本。

5. 快速开发

根据统计，完成一个功能类似的大型应用软件，熟练的 LabVIEW 程序员所需的开发时

间，大概只是熟练的 C 程序员所需时间的 1/5。所以，如果项目开发时间紧张，应该优先考虑使用 LabVIEW，以缩短开发时间。

6. 跨平台

如果同一个程序需要运行于多个硬件设备之上，也可以优先考虑使用 LabVIEW。LabVIEW 具有良好的平台一致性，且 LabVIEW 的代码不需任何修改就可以运行在常见的三大台式机操作系统上：Windows、Mac OS 及 Linux。除此之外，LabVIEW 还支持各种实时操作系统和嵌入式设备，如常见的 PDA、FPGA 以及运行 VxWorks 和 PharLap 系统的 RT 设备。

任务实施

任务实施过程如表 3-1-1 所示。

表 3-1-1 LabVIEW2018 软件界面使用步骤

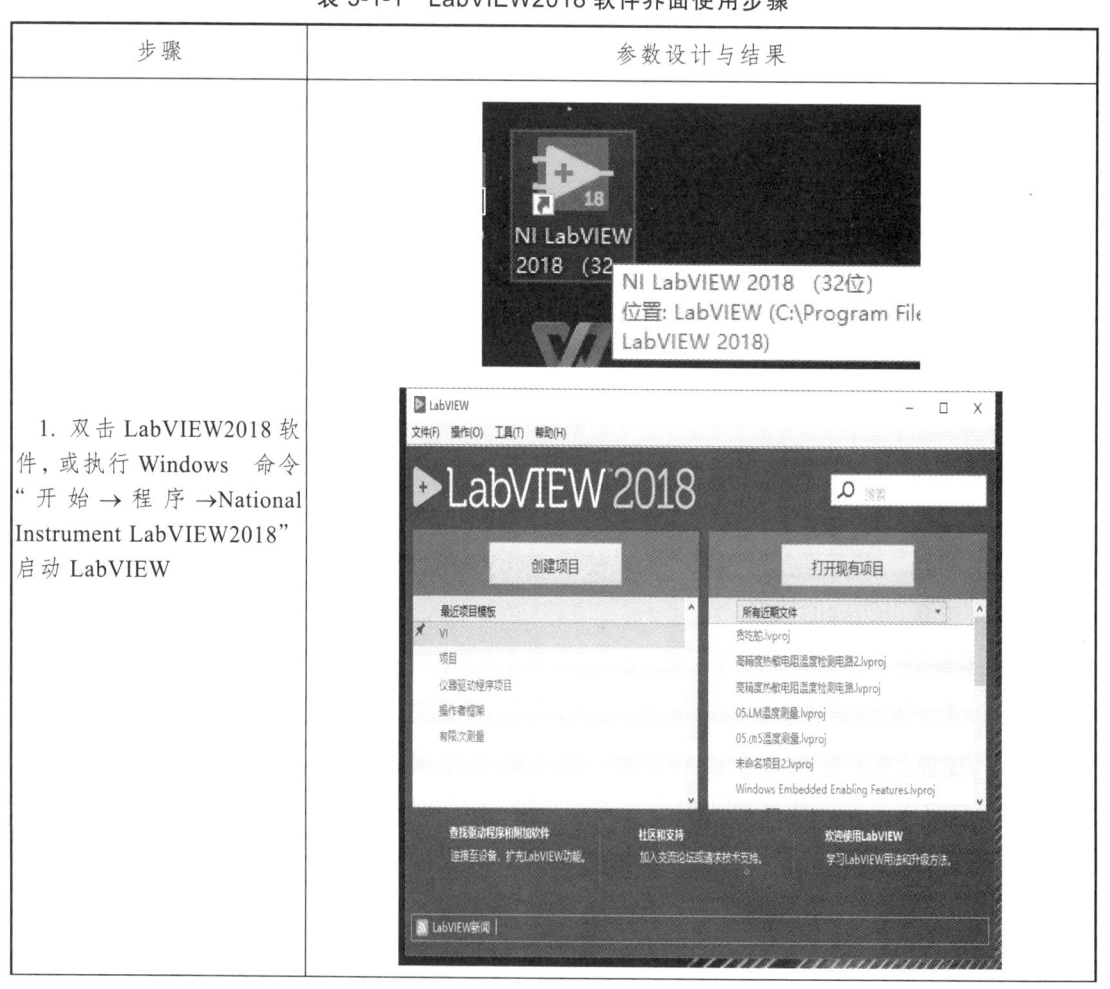

步骤	参数设计与结果
1. 双击 LabVIEW2018 软件，或执行 Windows 命令"开始 → 程序 →National Instrument LabVIEW2018"启动 LabVIEW	

续表

步骤	参数设计与结果
2. 在"文件"菜单，用户新建一个 VI，或打开一个已存的 VI。执行"文件→新建"菜单命令，系统自动弹出前面板（Front Panel）和程序框图（Block Diagram）设计窗口	
3. LabVIEW2018 软件的控件选项板	

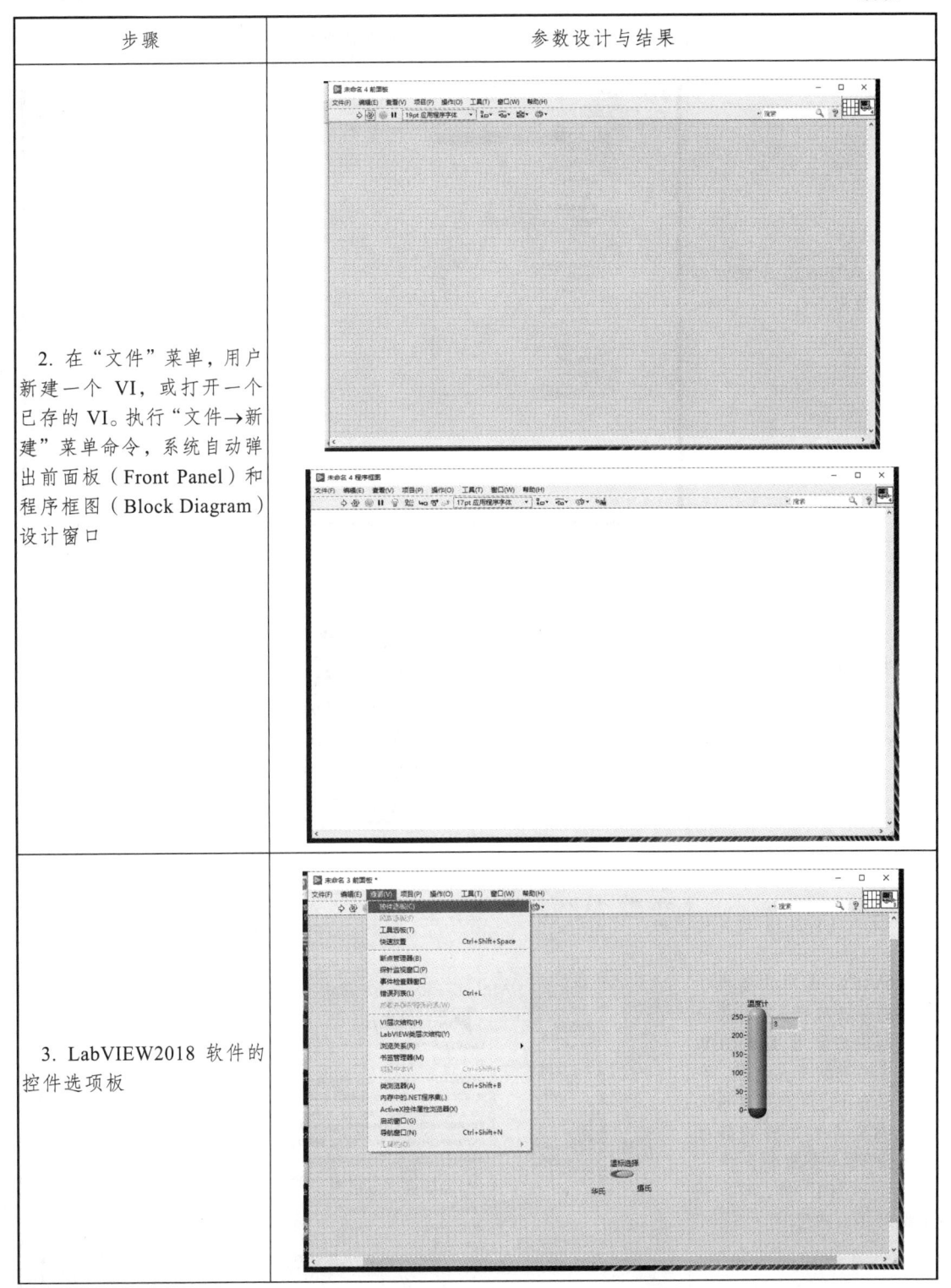

227

续表

步骤	参数设计与结果
4. LabVIEW2018 软件的函数选项板	
5. LabVIEW2018 软件的工具选项板	
6. LabVIEW2018 软件的帮助。 LabVIEW 为用户提供了强大的帮助功能,可以帮助用户解决在使用 LabVIEW 过程中遇到的常见问题。在启动界面下,用户可以根据情况在资源内选择需要寻求的帮助,查看相应的内容。按下"F1"键,可以调出帮助界面的窗口	

任务评价

项目	标准	自我评价 50%	小组评价 30%	教师评价 20%
步骤完成情况	1. 正确完成步骤得 50 分； 2. 每错 1 处扣 10 分，扣完为止			
操作熟练度	1. 班级前 20%上交结果者得 10 分； 2. 每滞后 20%扣 2 分，扣完为止			
协作精神	有交流、讨论顺畅得 5 分			
纪律观念	听课安静、爱护设备得 5 分			
学习主动性	认真思考、积极回答问题得 5 分			
知识应用情况	关键知识点内化得 5 分			
完成任务中引以自豪的做法	能用快捷键、思路简捷有效得 10 分			
指导他人	解决别人问题得 10 分			
小计				
总评				

任务测评

1. 从函数选项板里找出布尔控件，将图标拖到前面板设计窗口，截图保存。
2. 在工具选项板中找到文字框，输入"查看"，在前面板设计窗口显示，截图保存。

任务二 虚拟温度计的设计

任务描述

1. 任务概述

学习 LabVIEW8.5 软件，熟练该软件的打开界面，新建一个 VI 文件，熟悉控件选项板、函数选项板、工具选项板的操作，设计一个液罐控件来模拟传感器的输出，并设定被测量介质温度范围为 0~100 ℃。通过调节液罐中液体的多少来模拟传感器输出，用虚拟温度计来显示温度，温度可以显示摄氏温标和华氏温标。

2. 任务目标

（1）熟悉 LabVIEW2018 软件界面，熟练掌握各个选项板的操作。

（2）练习新建一个 VI 文件设计虚拟温度计的界面。

（3）正确调节虚拟温度计，正确显示数值。

3. 任务电路

虚拟温度计的设计界面如图 3-2-1 所示。

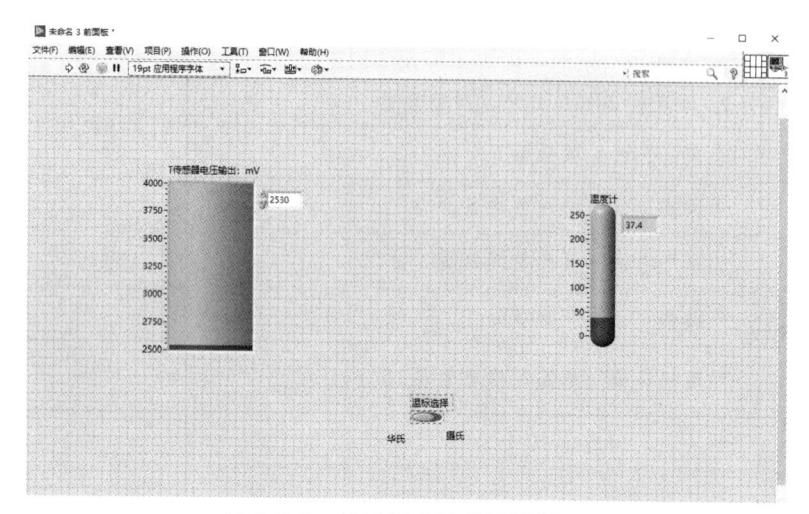

图 3-2-1 虚拟温度计的设计界面

知识链接

一、温度计量单位

华氏度（fahrenhite）和摄氏度（centigrade）都是用来计量温度的单位，包括我国在内的很多国家都使用摄氏度，美国和其他一些英语国家使用华氏度而较少使用摄氏度。

1. 摄氏温标（C）

摄氏温标的发明者是 Anderscelsius（1701—1744），用符号 C 表示，用°C 表示单位。在标准大气压下，把水的冰点规定为 0 °C，水的沸点规定为 100 °C。根据水这两个固定温度点来对玻璃水银温度计进行分度。两点间作 100 等分，每一份称为 1 摄氏度，记作 1 °C。

2. 华氏温标（F）

华氏温标是以其发明者 GabrielD.Fahrenheir（1681—1736）命名的，其结冰点是 32 °F，沸点为 212°F。1714 年德国人法勒海特（fahrenheit）以水银为测温介质，制成玻璃水银温度计，选取氯化铵和冰水的混合物的温度为温度计的零度，人体温度为温度计的 100 °F，把水银温度计从 0 度到 100 度按水银的体积膨胀距离分成 100 份，每一份为 1 华氏度，记作"1 °F"。

3. 绝对温标（T）

绝对温标规定水的三相点（水的固、液、汽三相平衡的状态点）的温度为273.16 K。绝对温标与摄氏温标的每刻度的大小是相等的，但绝对温标的 0 K，则是摄氏温标的 –273.15 °C，绝对温标用 K 作为单位符号，用 T 作为物理量符号。

目前，摄氏温标为世界上绝大多数国家采用的温标。

4. 温标换算

摄氏温标（C）与绝对温标（T）的关系为 T = C+273.15。

摄氏温标（C）与华氏温标（F）的关系为 F = 1.8C+32

例如：0 °C =（1.8×0+32）°F = 32 °F

　　　0 °C =（0+273.15）K = 273.15 K

二、门电路

1. 与门

与门（ANDgate）又称"与电路"、逻辑"积"、逻辑"与"电路，是执行"与"运算的基本逻辑门电路，有多个输入端、1个输出端。当所有的输入同时为高电平（逻辑1）时，输出才为高电平，否则输出为低电平（逻辑0）。

逻辑表达式：$Y = AB$

2. 或门

或门（ORgate），又称或电路、逻辑和电路。如果几个条件中，只要有一个条件得到满足，某事件就会发生，这种关系叫作"或"逻辑关系。具有"或"逻辑关系的电路叫作或门。或门有多个输入端、1个输出端，只要输入中有1个为高电平时（逻辑1），输出就为高电平（逻辑1）；只有当所有的输入全为低电平（逻辑0）时，输出才为低电平（逻辑0）。

逻辑表达式：$Y = A + B$

3. 非门

非门（NOTgate）又称非电路、反相器、倒相器、逻辑否定电路，简称非门，是逻辑电路的基本单元。非门有1个输入和1个输出端，当其输入端为高电平（逻辑1）时，输出端为低电平（逻辑0）；当其输入端为低电平时，输出端为高电平。也就是说，输入端和输出端的电平状态总是反相的。非门的逻辑功能相当于逻辑代数中的非，电路功能相当于反相，这种运算亦称非运算。

逻辑表达式：$Y = \overline{A}$

4. 与非门

与非门（NANDgate）是数字电路的一种基本逻辑电路。若当输入均为高电平（1），则输出为低电平（0）；若输入中至少有一个为低电平（0），则输出为高电平（1）。与非门可以看作是与门和非门的叠加。

5. 或非门

或非门（NORgate）是数字逻辑电路中的基本元件，实现逻辑或非功能。有多个输入端，1 个输出端，多输入或非门可由 2 输入或非门和反相器构成。只有当两个输入 A 和 B 为低电平（逻辑 0）时输出为高电平（逻辑 1）。也可以理解为任意输入为高电平（逻辑 1），输出为低电平（逻辑 0）。

6. 异或门

异或门（Exclusive-ORgate，简称 XORgate，又称 EORgate、ExORgate）是数字逻辑中实现逻辑异或的逻辑门。有多个输入端、1 个输出端，多输入异或可由 2 输入异或门构成。若两个输入的电平相异，则输出为高电平 1；若两个输入的电平相同，则输出为低电平 0。即：如果两个输入不同，则异或门输出高电平。

7. 同或门

同或门（XNORgate 或 equivalencegate）也称为异或非门，是数字逻辑电路的基本单元，有 2 个输入端、1 个输出端。当 2 个输入端中有且只有一个是低电平（逻辑 0）时，输出为低电平。即：当输入电平相同时，输出为高电平（逻辑 1）。

各逻辑门的表达式与真值表如表 3-2-1 所示。

表 3-2-1 逻辑门的表达式与真值表

名称	逻辑表达式	逻辑符号	真值表					逻辑运算规则
与门	$F = AB$	A —&— F, B	A	0	0	1	1	有 0 得 0
			B	0	1	0	1	
			F	0	0	0	1	全 1 得 1
或门	$F = A + B$	A —≥1— F, B	A	0	0	1	1	有 1 得 1
			B	0	1	0	1	
			F	0	1	1	1	全 0 得 0
非门	$F = \overline{A}$	A —1○— F	A	0	1			有 0 得 1
			F	1	0			有 1 得 0
与非门	$F = \overline{AB}$	A —&○— F, B	A	0	0	1	1	有 0 得 1
			B	0	1	0	1	
			F	1	1	1	0	全 1 得 0
或非门	$F = \overline{A + B}$	A —≥1○— F, B	A	0	0	1	1	有 1 得 0
			B	0	1	0	1	
			F	1	0	0	0	全 0 得 1
与或非门	$F = \overline{AB + CD}$	A,B,C,D —&/≥1○— F	A	0	0	⋯	1	AB 或 CD 有一组或两组全是 1 结果得 0
			B	0	0	⋯	1	
			C	0	0	⋯	1	
			D	0	0	⋯	1	其余输出全得 1
			F	0	1		0	
异或门	$F = A \oplus B$ $= \overline{A}B + A\overline{B}$	A —=1— F, B	A	0	0	1	1	不同得 1
			B	0	1	0	1	
			F	0	1	1	0	相同得 0
同或门	$F = A \odot B$ $= \overline{AB} + AB$	A —=1○— F, B	A	0	0	1	1	不同得 0
			B	0	1	0	1	
			F	1	0	0	1	相同得 1

三、软件控件

1. LabVIEW8.5 软件布尔控件

布尔控件可用于创建按钮、开关和指示灯。布尔控件用于输入并显示布尔值（TRUE/FALSE）。图 3-2-2 所示为布尔控件子选板。

单选按钮控件向用户提供一个列表，每次只能从中选择一项。如允许不选择任何项，右键单击该控件，然后在弹出的快捷菜单中选择允许不选。

数值控件是输入和显示数值数据的最简单方式。对这些前面板对象可在水平方向上调整大小，以显示更多位数。

2. LabVIEW2018 软件数值控件

为数值控件输入一个新的数值时，工具栏上会出现确定输入按钮，提醒用户只有按下回车键，或在数字显示框外单击鼠标，或单击确定输入按钮时，新数值才会替换旧数值。VI 运行时，LabVIEW 将一直处于等待状态，直到用户进行上述某一操作从而确认新数值。例如，将数字显示框中的数值改为 135 时，VI 不会接收 1 或 13，而是接收完整的 135。

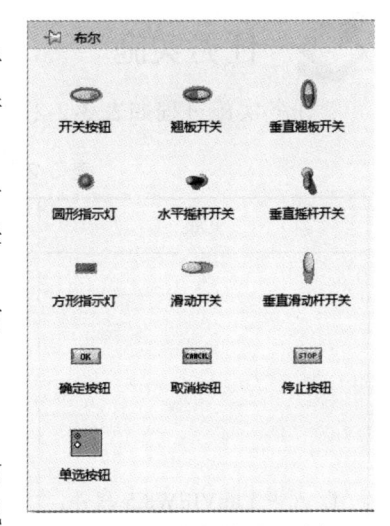

图 3-2-2　布尔控件子选板

默认状态下，LabVIEW 的数字显示和存储与计算器类似。数值控件一般最多显示 6 位数字，超过 6 位则自动转换为以科学记数法表示。右键单击数值对象，从快捷菜单中选择显示格式，打开数值属性对话框的显示格式选项卡，从中可配置 LabVIEW，在切换到科学记数法之前所显示的数字位数。图 3-2-3 所示为数值控件子选板。

图 3-2-3　数值控件子选板

数值控件有多种表示方法：单击数值控件放置于前面板上，用鼠标右键单击该控件，在弹出的快捷菜单中选择"表示法"，弹出的子菜单是数值控件的所有的表示法。

任务实施

任务实施过程如表 3-2-2、表 3-2-3 所示。

表 3-2-2 虚拟温度计的设计前面板设计使用步骤

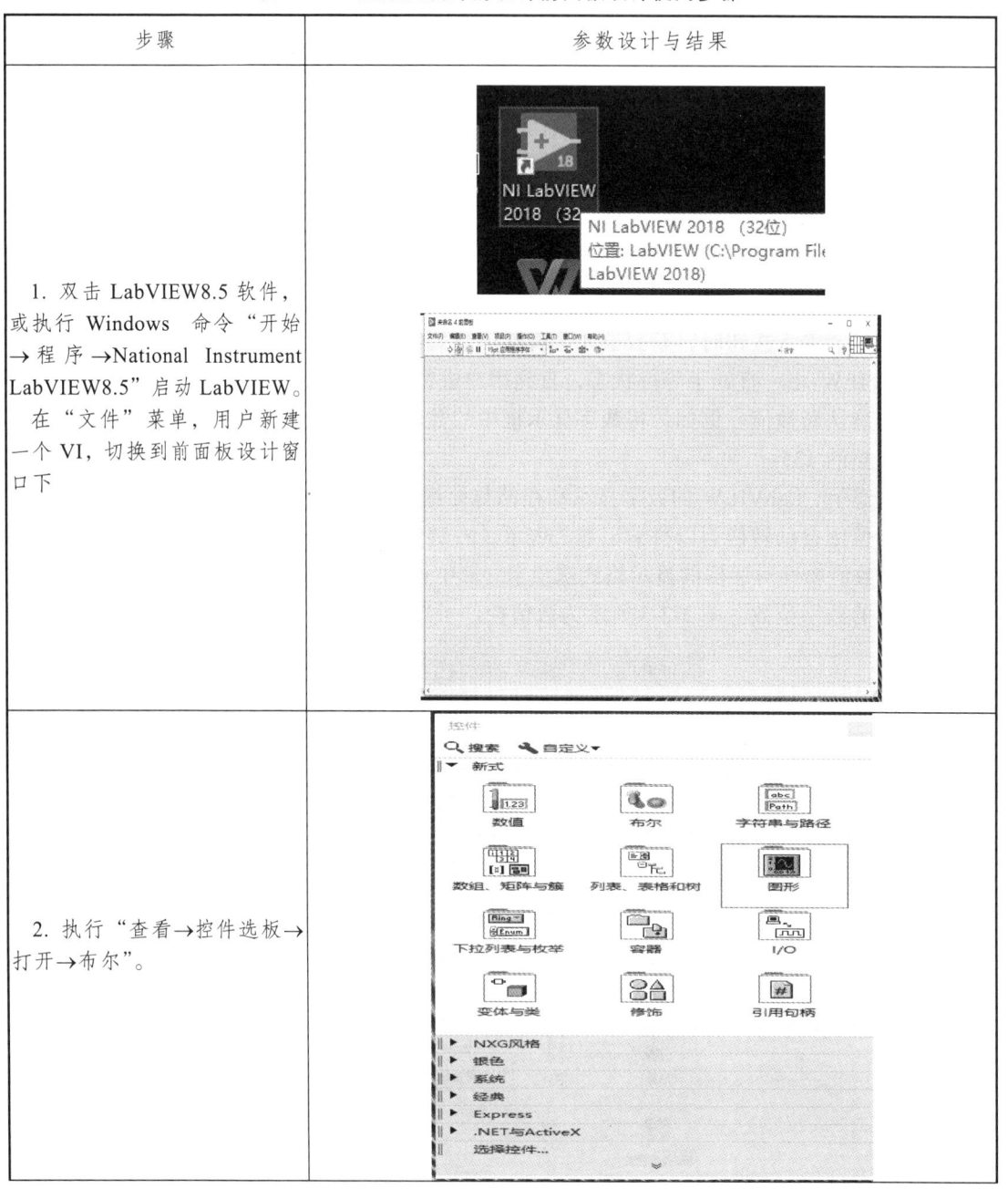

步骤	参数设计与结果
1. 双击 LabVIEW8.5 软件，或执行 Windows 命令"开始→程序→National Instrument LabVIEW8.5"启动 LabVIEW。在"文件"菜单，用户新建一个 VI，切换到前面板设计窗口下	
2. 执行"查看→控件选板→打开→布尔"。	

续表

步骤	参数设计与结果
3. 放置布尔控件，找出"滑动开关"，单击鼠标左键，此时光标变为手形，将光标移到前面板设计区，在适当的位置单击鼠标左键，此时可以看到前面板上放置了一个"布尔"型的滑动开关按钮	控件面板显示：搜索、自定义、新式、布尔，包含开关按钮、翘板开关、垂直翘板开关、圆形指示灯、水平摇杆开关、垂直摇杆开关、方形指示灯、滑动开关、垂直滑杆开关、确定按钮、取消按钮、停止按钮、单选按钮
4. 将文本标签"布尔"改为"温标选择"。在工具选项板的 A 按钮，在左边输入"华氏"，右边输入"摄氏"	移动光标到文本标签"布尔"上，双击鼠标左键，此时标签被选中，并且文本被高亮显示，此时可以对文本内容进行编辑，修改为"温标选择"，移动光标到工具选项板的 A 按钮上，单击鼠标左键选中该按钮。移动光标到前面板水平按钮"真"位置，单击鼠标左键，即可对文本进行编辑，编辑该文本的字符串为"摄氏"，相同的方法，在水平开关按钮"假"的位置放置文本字符串并编辑"华氏"，修改后的水平开关按钮如图所示 温标选择　华氏　摄氏
5. 从"控件选板"中，选择"新式"选项板下的"数值"子选项板中的"液罐"控件，放置到前面板上	水平进度条　水平刻度条　旋钮　转盘　仪表　量表　液罐　温度计

235

续表

步骤	参数设计与结果
6. 移动光标到"液罐",将其修改为"传感器电压输出:mV"。 将"液罐"控件的最大标尺设置为"4000",最小标尺设置为"2500"	移动光标到"液罐"上双击鼠标左键选中标签并修改为"传感器电压输出:mV"。用同样的方法修改"液罐"控件的最大标尺为"4000",最小标尺为"2500"。移动光标到"液罐"上,单击鼠标右键,执行"显示项→数值显示"命令,允许数字显示油罐中液体的多少。修改后的液罐如图所示 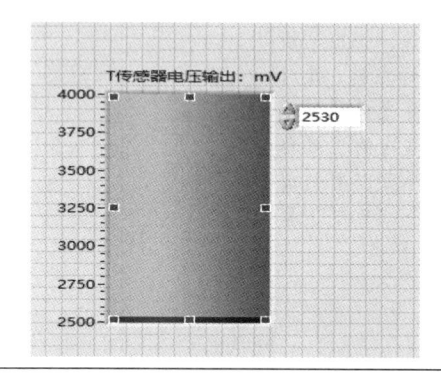
7. 从"控件选板→新式→数值"选项板下选择"温度计"控件,放置到前面板上	修改温度计的最大标尺为"250",与液罐控件修改方式类似,允许温度计的数字显示,修改后的温度计如图所示。 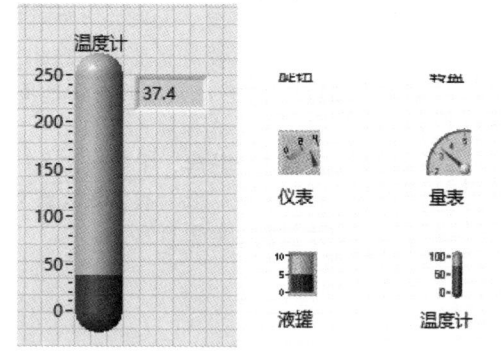
8. 适当调整空间的布局,完成前面板设计	

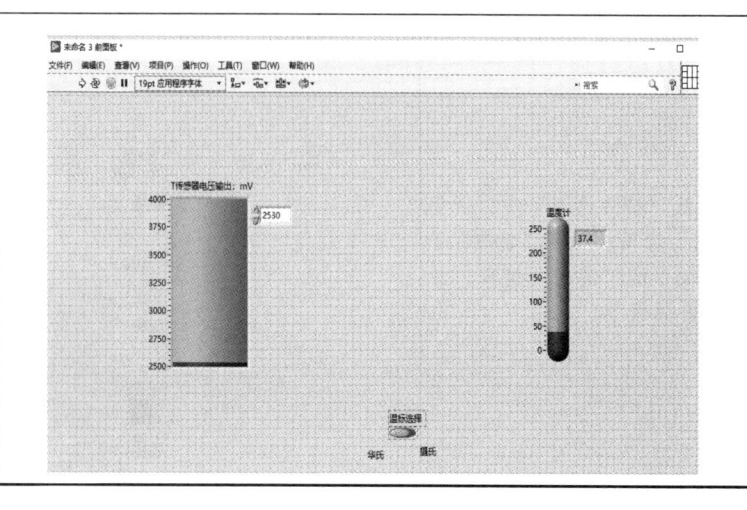

236

表 3-2-3　虚拟温度计的设计程序板设计使用步骤

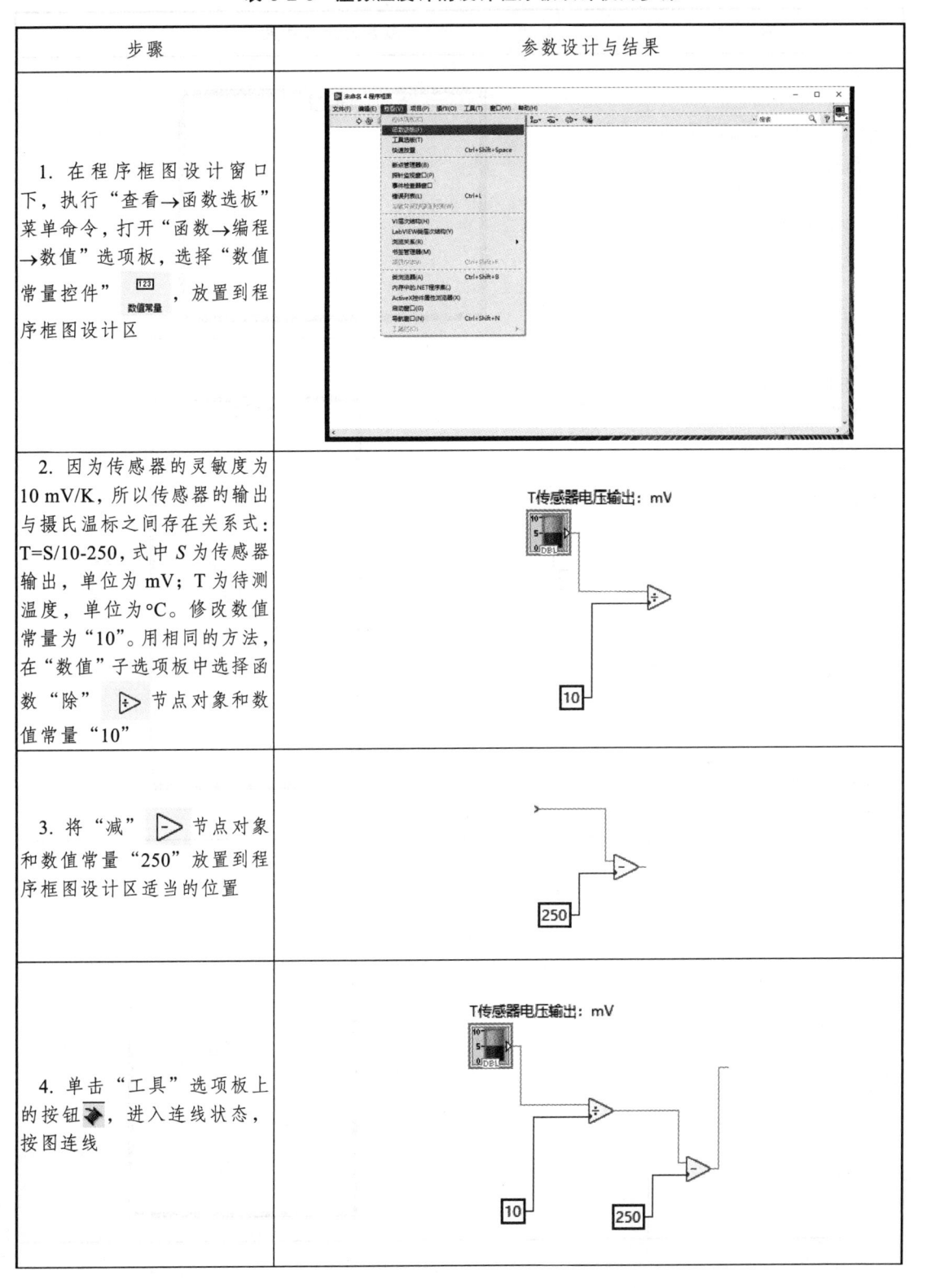

步骤	参数设计与结果
1. 在程序框图设计窗口下，执行"查看→函数选板"菜单命令，打开"函数→编程→数值"选项板，选择"数值常量控件"，放置到程序框图设计区	
2. 因为传感器的灵敏度为 10 mV/K，所以传感器的输出与摄氏温标之间存在关系式：T=S/10-250，式中 S 为传感器输出，单位为 mV；T 为待测温度，单位为 °C。修改数值常量为"10"。用相同的方法，在"数值"子选项板中选择函数"除" 节点对象和数值常量"10"	
3. 将"减" 节点对象和数值常量"250"放置到程序框图设计区适当的位置	
4. 单击"工具"选项板上的按钮，进入连线状态，按图连线	

续表

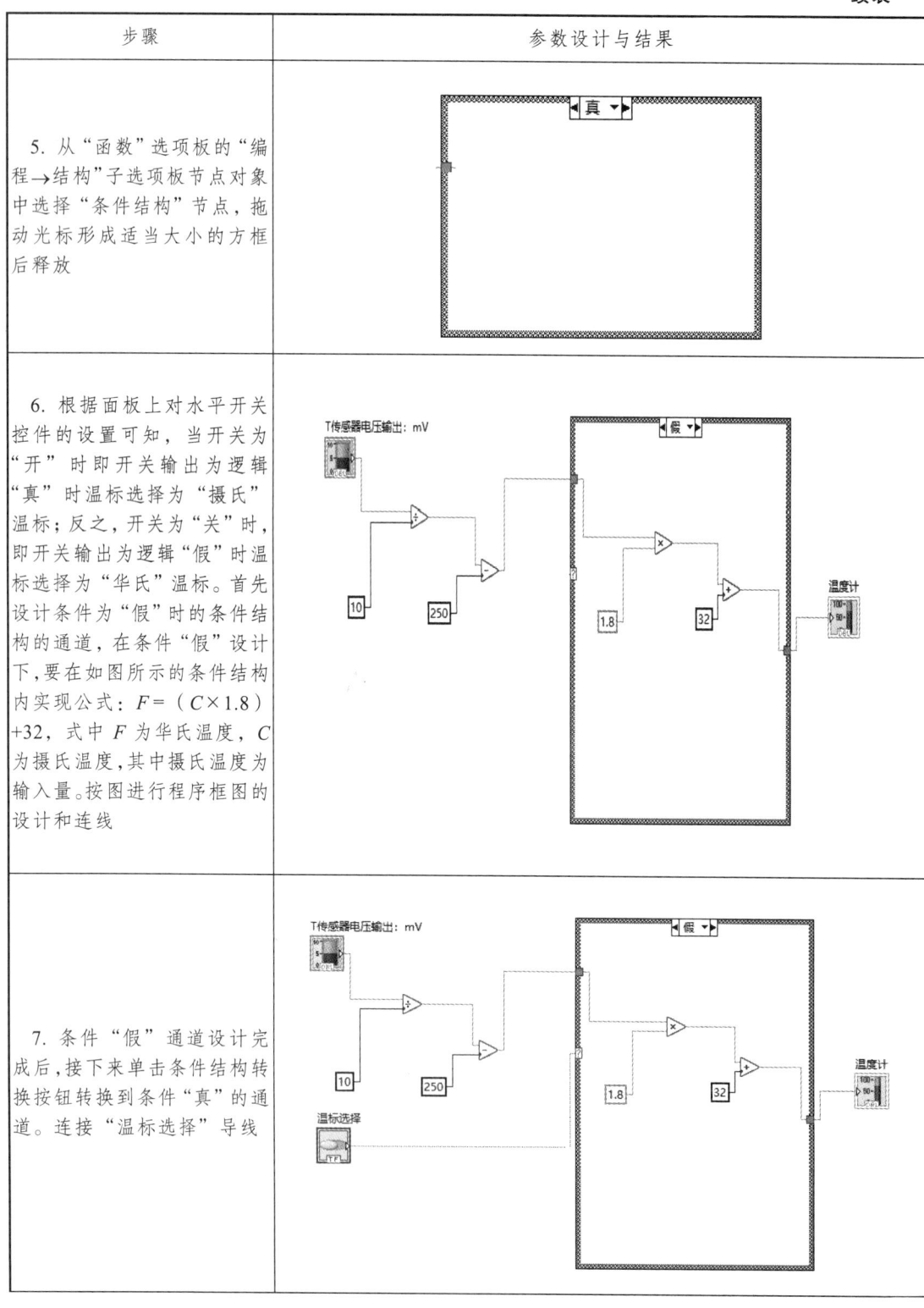

步骤	参数设计与结果
5. 从"函数"选项板的"编程→结构"子选项板节点对象中选择"条件结构"节点,拖动光标形成适当大小的方框后释放	
6. 根据面板上对水平开关控件的设置可知,当开关为"开"时即开关输出为逻辑"真"时温标选择为"摄氏"温标;反之,开关为"关"时,即开关输出为逻辑"假"时温标选择为"华氏"温标。首先设计条件为"假"时的条件结构的通道,在条件"假"设计下,要在如图所示的条件结构内实现公式:$F=(C\times 1.8)+32$,式中 F 为华氏温度,C 为摄氏温度,其中摄氏温度为输入量。按图进行程序框图的设计和连线	
7. 条件"假"通道设计完成后,接下来单击条件结构转换按钮转换到条件"真"的通道。连接"温标选择"导线	

续表

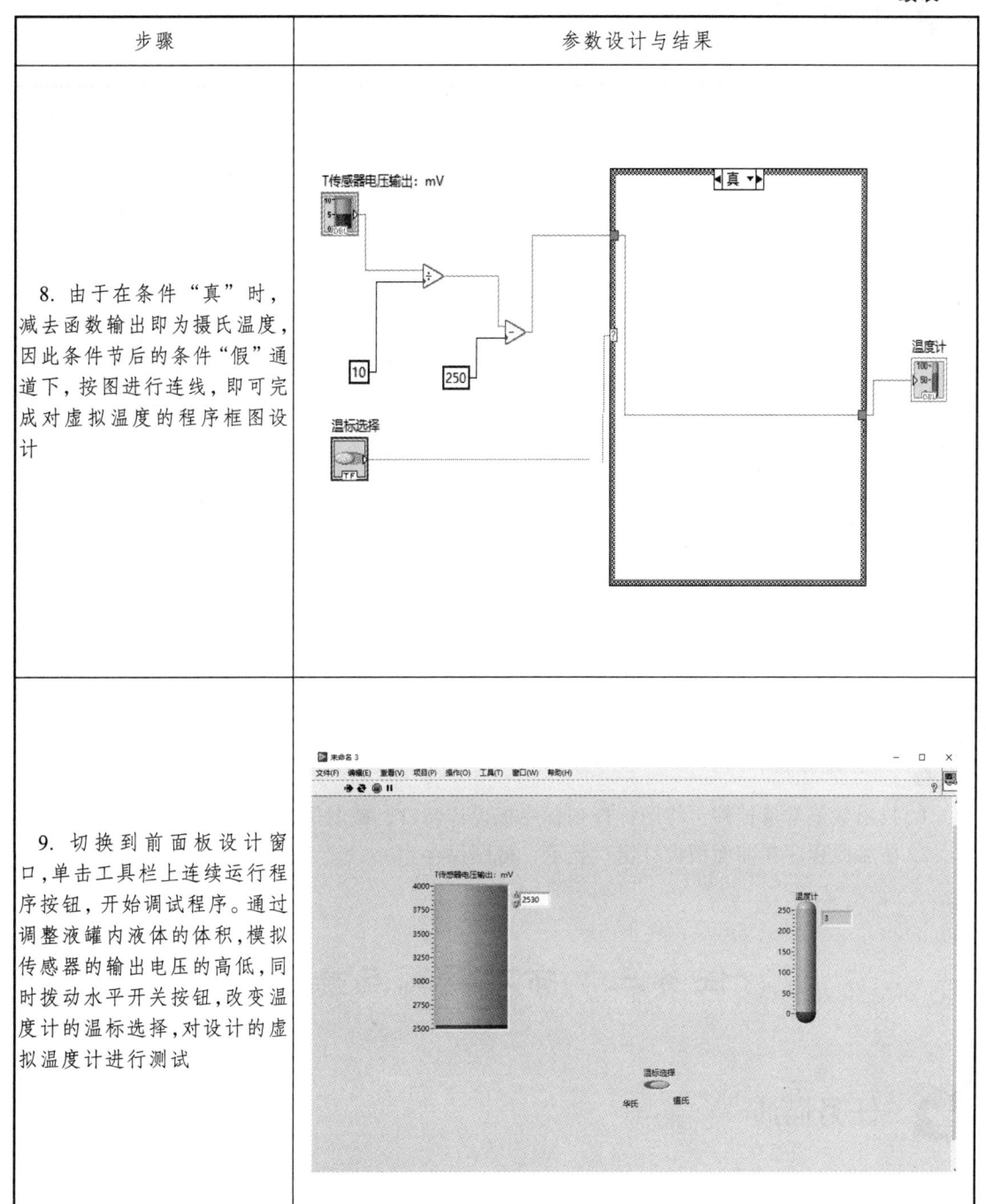

步骤	参数设计与结果
8. 由于在条件"真"时，减去函数输出即为摄氏温度，因此条件节后的条件"假"通道下，按图进行连线，即可完成对虚拟温度的程序框图设计	
9. 切换到前面板设计窗口，单击工具栏上连续运行程序按钮，开始调试程序。通过调整液罐内液体的体积，模拟传感器的输出电压的高低，同时拨动水平开关按钮，改变温度计的温标选择，对设计的虚拟温度计进行测试	

任务评价

项目	标准	自我评价 50%	小组评价 30%	教师评价 20%
步骤完成情况	1. 正确完成步骤得 50 分； 2. 每错 1 处扣 10 分，扣完为止			
操作熟练度	1. 班级前 20%上交结果者得 10 分； 2. 每滞后 20%扣 2 分，扣完为止			
协作精神	有交流、讨论顺畅得 5 分			
纪律观念	听课安静、爱护设备得 5 分			
学习主动性	认真思考、积极回答问题得 5 分			
知识应用情况	关键知识点内化得 5 分			
完成任务中引以自豪的做法	能用快捷键、思路简捷有效得 10 分			
指导他人	解决别人问题得 10 分			
小计				
总评				

任务测评

1. 找出数值常量控件，将图标拖到程序板设计窗口，截图保存。
2. 仿真此程序在前面板设计窗口显示，截图保存。

任务三 布尔运算点操作

任务描述

1. 任务概述

通过对 8 位无符号整数之间的逻辑运算，以及布尔常量与布尔变量之间的逻辑运算，熟悉布尔运算节点的操作和特性。

2. 任务目标

（1）熟悉 LabVIEW2018 软件界面，熟练掌握各个选项板的操作。

（2）了解布尔运算规则。

（3）了解布尔代数。

3. 任务界面

本任务使用界面如图 3-3-1 所示。

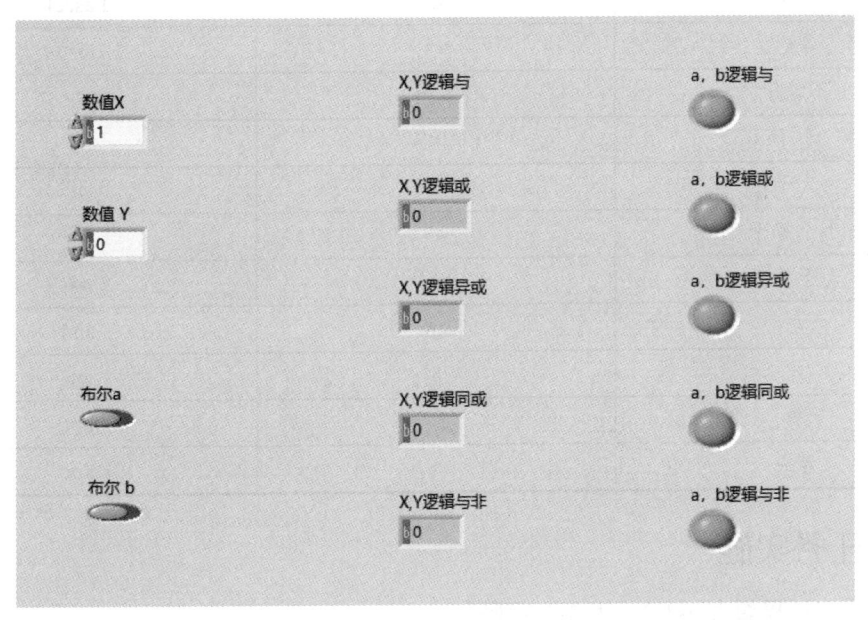

图 3-3-1　任务界面

知识链接

一、布尔运算

布尔运算又称逻辑运算。布尔用数学方法研究逻辑问题，成功地建立了逻辑演算。他用等式表示判断，把推理看作等式的变换。这种变换的有效性不依赖人们对符号的解释，只依赖于符号的组合规律。这一逻辑理论人们常称它为布尔代数。20 世纪 30 年代，逻辑代数在电路系统上获得应用，随后，由于电子技术与计算机的发展，出现各种复杂的大系统，它们的变换规律也遵守布尔所揭示的规律。

其表示方法为：

"∨"表示"或"；

"∧"表示"且"；

"﹁"表示"非"；

"＝"表示"等价"；

1 和 0 表示"真"和"假"。

（还有一种表示："＋"表示"或"，"·"表示"与"。）

二、常用逻辑运算的计算机语言表达（见表 3-3-1）

表 3-3-1 逻辑运算表达

逻辑运算作用	语言 C	语言 Pascal
等于	==	=
不等于	!=	<>
小于	<	<
大于	>	>
小于等于	<=	<=
大于等于	>=	>=
与	&&	and
或	||	or
非	!	not
异或	^	xor

任务实施

任务实施过程如表 3-3-2、表 3-3-3 所示。

表 3-3-2 布尔运算点操作前面板设计使用步骤

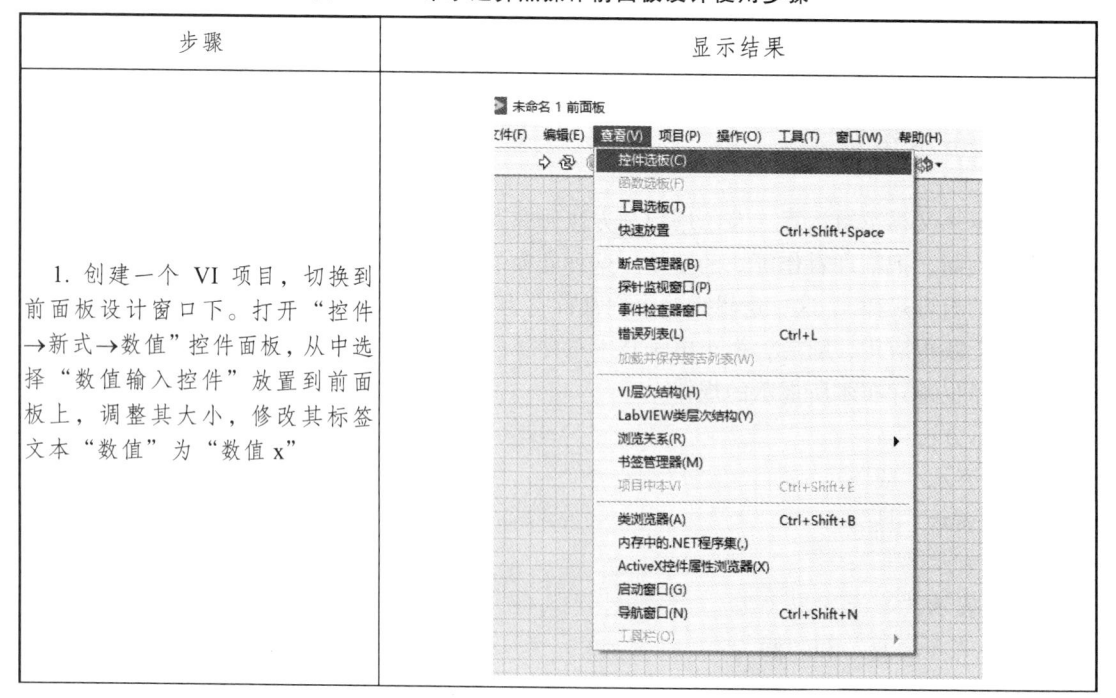

步骤	显示结果
1. 创建一个 VI 项目，切换到前面板设计窗口下。打开"控件→新式→数值"控件面板，从中选择"数值输入控件"放置到前面板上，调整其大小，修改其标签文本"数值"为"数值 x"	

续表

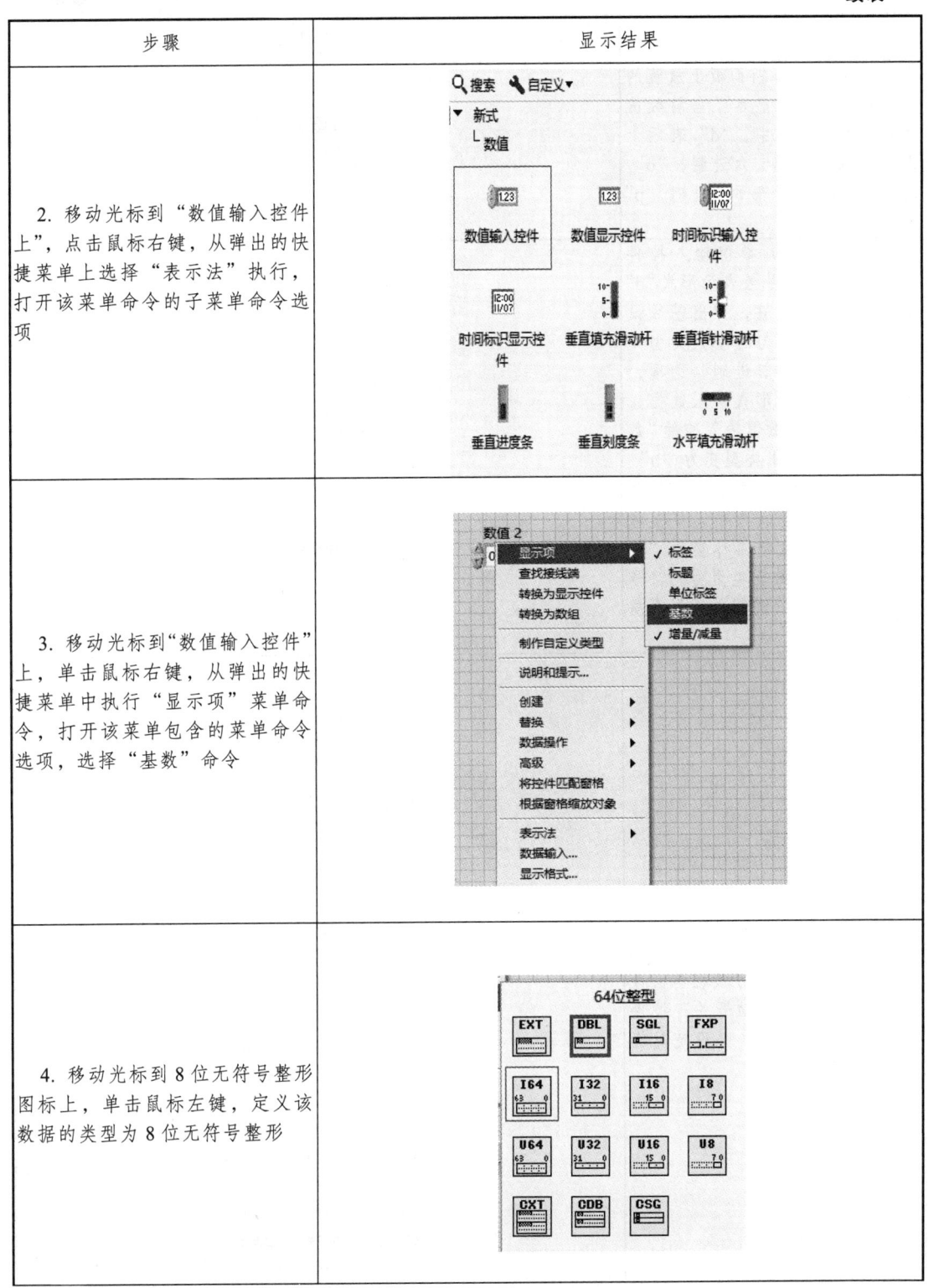

步骤	显示结果
2. 移动光标到"数值输入控件上",点击鼠标右键,从弹出的快捷菜单上选择"表示法"执行,打开该菜单命令的子菜单命令选项	
3. 移动光标到"数值输入控件"上,单击鼠标右键,从弹出的快捷菜单中执行"显示项"菜单命令,打开该菜单包含的菜单命令选项,选择"基数"命令	
4. 移动光标到8位无符号整形图标上,单击鼠标左键,定义该数据的类型为8位无符号整形	

243

续表

步骤	显示结果
5. 可以看到，前面板上放置的数值输入控件上显示了当前数值的基本类型。其中，"d"表示十进制，"x"表示十六进制，"o"表示八进制，"b"表示二进制，"p"表示 SI 符号	
6. 移动光标到数值输入控件"数值 x"控件的基数表示形式"d"上，单击鼠标左键，弹出基数设定快捷键菜单。勾选基数类型设定快捷菜单的"二进制"选项，选择以二进制的形式输入数据。此时，前面板上数值输入控件"数值 x"控件的技术类型变为"b"	
7. 在前面板上放置另一个数值输入控件，调整其大小，并参考前面的步骤，设定其标签为"数值 y"，设定其数据类型为无符号 8 为整形，并以二进制数的形式显示	
8. 打开"控制→新式→布尔"控制选项板，选择"滑动开关"控件对象，放置到前面板上，适当调整其大小，并设定其标签为"布尔 a"，用同样的方式在前面板上放置另一个"滑动开关"控件对象，调整其大小，并设定其标签为"布尔 b"	

续表

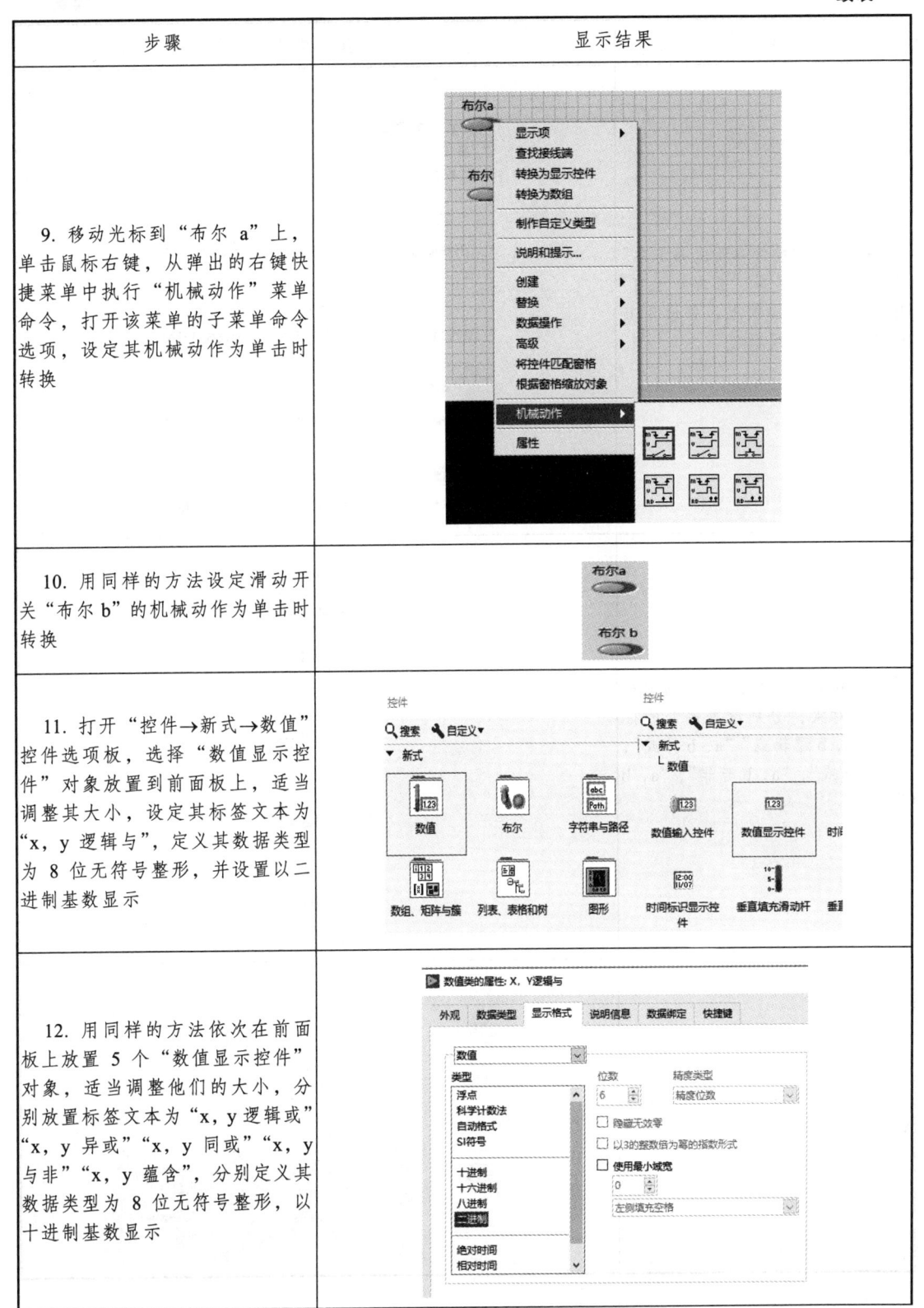

步骤	显示结果
9. 移动光标到"布尔 a"上，单击鼠标右键，从弹出的右键快捷菜单中执行"机械动作"菜单命令，打开该菜单的子菜单命令选项，设定其机械动作为单击时转换	
10. 用同样的方法设定滑动开关"布尔 b"的机械动作为单击时转换	
11. 打开"控件→新式→数值"控件选项板，选择"数值显示控件"对象放置到前面板上，适当调整其大小，设定其标签文本为"x，y 逻辑与"，定义其数据类型为 8 位无符号整形，并设置以二进制基数显示	
12. 用同样的方法依次在前面板上放置 5 个"数值显示控件"对象，适当调整他们的大小，分别放置标签文本为"x，y 逻辑或""x，y 异或""x，y 同或""x，y 与非""x，y 蕴含"，分别定义其数据类型为 8 位无符号整形，以十进制基数显示	

续表

步骤	显示结果
13. 打开"控件→新式→布尔"控件选项板,选择"圆形指示灯"对象放置到前面板上,并设定其标签为"a,b逻辑与"	
14. 用同样的方法放置"圆形指示灯"对象,分别设置他们的标签为"a,b逻辑或""a,b异或","a,b同或","a,b与非","a,b蕴含"	
15. 完成前面板的设计,保存VI	

246

表 3-3-3　布尔运算点操作程序板设计使用步骤

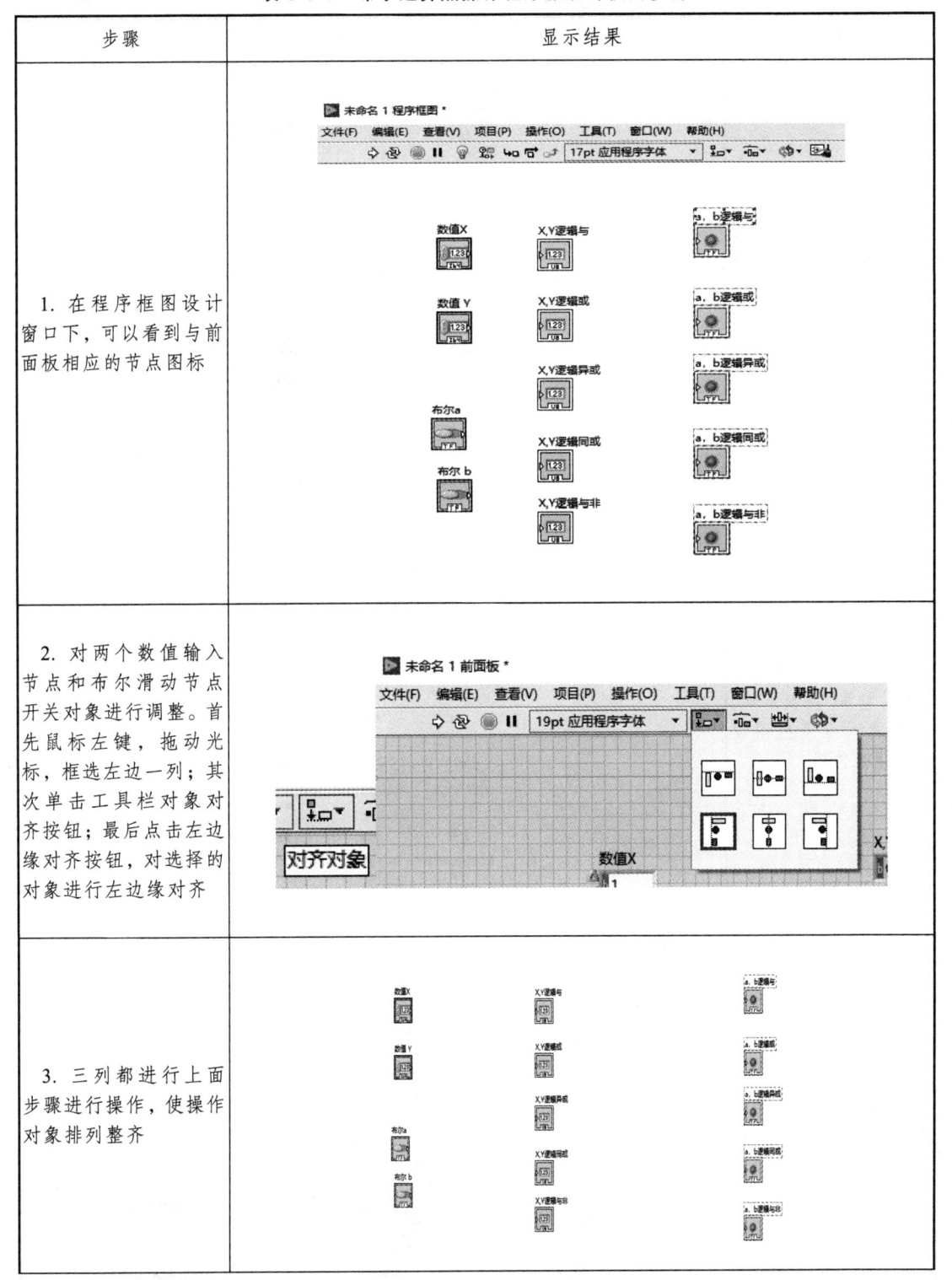

步骤	显示结果
1. 在程序框图设计窗口下，可以看到与前面板相应的节点图标	
2. 对两个数值输入节点和布尔滑动节点开关对象进行调整。首先鼠标左键，拖动光标，框选左边一列；其次单击工具栏对象对齐按钮；最后点击左边缘对齐按钮，对选择的对象进行左边缘对齐	
3. 三列都进行上面步骤进行操作，使操作对象排列整齐	

247

续表

步骤	显示结果
4. 打开"函数→编程→布尔"函数选项板	编程 结构　数组　簇、类与变体 数值　布尔　字符串 比较　定时　对话框与用户界面 文件I/O　波形　应用程序控制 同步　图形与声音　报表生成
5. 从"布尔"选项板选择"与、或、异或、同或、与非"函数节点，分别放入程序框图设计区适应位置	编程 └布尔 与　或　异或 非　复合运算　与非 或非　同或　蕴含 数组元素与操作　数组元素或操作　数值至布尔数组转换 布尔数组至数值转换　布尔值至(0,1)转换　真常量 假常量
6. 根据上面步骤程序，框图节点对象分布如图所示	数值X, 数值Y, 布尔a, 布尔b; X,Y逻辑与; X,Y逻辑或; X,Y逻辑异或; X,Y逻辑同或; X,Y逻辑与非; a,b逻辑与; a,b逻辑或; a,b逻辑异或; a,b逻辑同或; a,b逻辑与非

248

续表

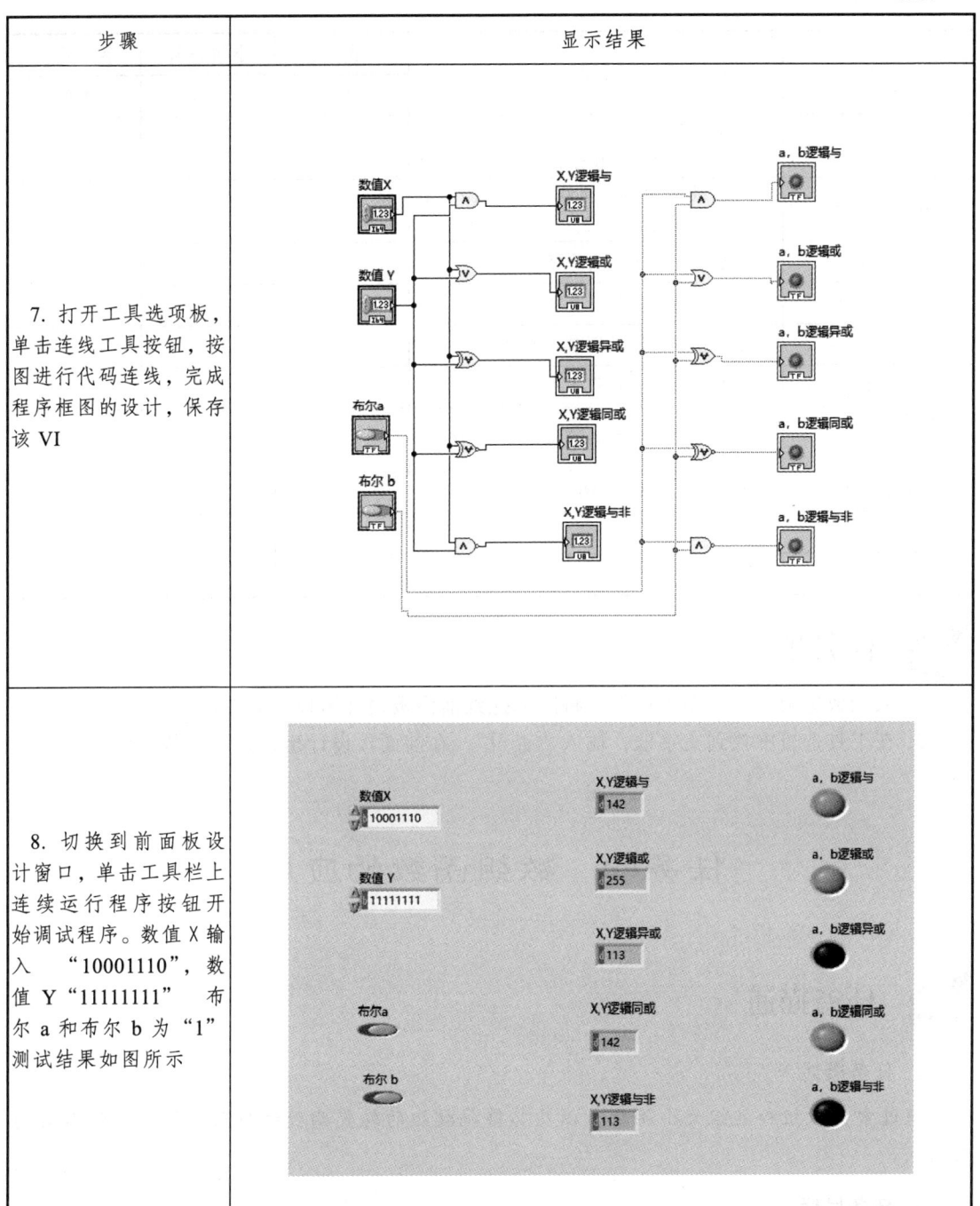

步骤	显示结果
7. 打开工具选项板，单击连线工具按钮，按图进行代码连线，完成程序框图的设计，保存该VI	
8. 切换到前面板设计窗口，单击工具栏上连续运行程序按钮开始调试程序。数值X输入"10001110"，数值Y"11111111" 布尔a和布尔b为"1" 测试结果如图所示	

任务评价

项目	标准	自我评价 50%	小组评价 30%	教师评价 20%
步骤完成情况	1. 正确完成步骤得 50 分； 2. 每错 1 处扣 10 分，扣完为止			
操作熟练度	1. 班级前 20%上交结果者得 10 分； 2. 每滞后 20%扣 2 分，扣完为止			
协作精神	有交流、讨论顺畅得 5 分			
纪律观念	听课安静、爱护设备得 5 分			
学习主动性	认真思考、积极回答问题得 5 分			
知识应用情况	关键知识点内化得 5 分			
完成任务中引以自豪的做法	能用快捷键、思路简捷有效得 10 分			
指导他人	解决别人问题得 10 分			
小计				
总评				

任务测评

1. 从函数选板里找出布尔控件，将图标拖到前面板设计窗口，截图保存。
2. 在工具选板中找到文字框，输入"查看"，在前面板设计窗口显示，截图保存。

任务四　数组函数的应用

任务描述

1. 任务概述

通过索引数组和数组大小函数，以及二维码数组的转置函数的应用，练习数组函数的应用。

2. 任务目标

（1）熟悉 LabVIEW2018 软件界面，熟练掌握各个选项板的操作。
（2）了解布尔运算规则。
（3）了解布尔代数。

3. 任务界面

本任务界面如图 3-4-1 所示。

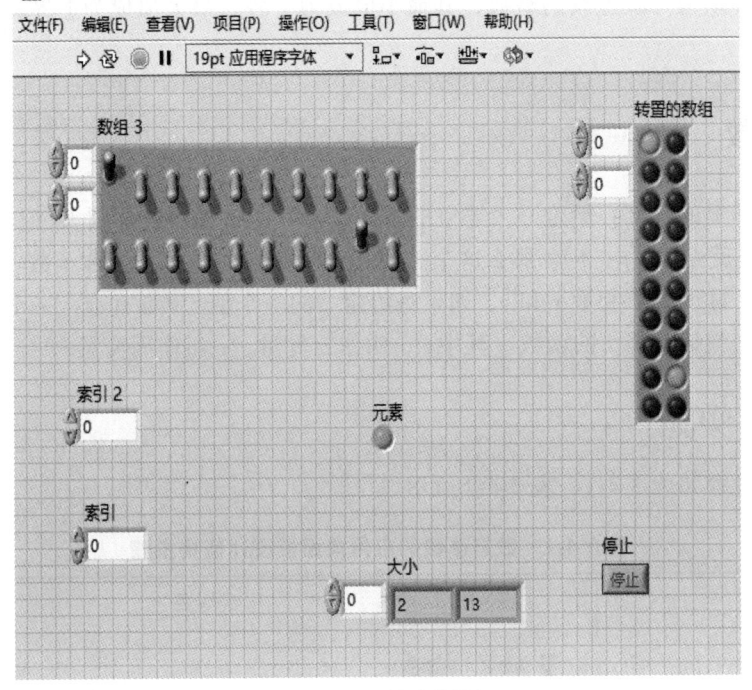

图 3-4-1 任务界面

知识链接

一、数组函数的运用

数组（Array）是有序的元素序列。若将有限个类型相同的变量的集合命名，那么这个名称为数组名。组成数组的各个变量称为数组的分量，也称为数组的元素，有时也称为下标变量。用于区分数组的各个元素的数字编号称为下标。数组是在程序设计中，为了处理方便，把具有相同类型的若干元素按有序的形式组织起来的一种形式。这些有序排列的同类数据元素的集合称为数组。

数组是用于储存多个相同类型数据的集合。

（1）数组是相同数据类型的元素的集合。

（2）数组中各元素的存储是有先后顺序的，它们在内存中按照这个先后顺序连续存放在一起。

（3）数组元素用整个数组的名字和它自己在数组中的顺序位置来表示。例如，a[0]表示名字为 a 的数组中的第一个元素，a[1]代表数组 a 的第二个元素，以此类推。

对于 VB 的数组，表示数组元素时应注意：

（1）下标要紧跟在数组名后，而且用圆括号括起来（不能用其他括号）。

（2）下标可以是常量、变量或表达式，但其值必须是整数（如果是小数将四舍五入为整数）。

（3）下标必须为一段连续的整数，其最小值成为下界、最大值成为上界。不加说明时下界值默认为1。

二、函数

函数在数学上的定义：给定一个非空的数集 A，对 A 施加对应法则 f，记作 $f(A)$，得到另一数集 B，也就是 $B=f(A)$。那么这个关系式就叫函数关系式，简称函数。

简单来讲，对于两个变量 x 和 y，如果每给定 x 的一个值，y 都有唯一一个确定的值与其对应，那么我们就说 y 是 x 的函数。其中，x 叫作自变量，y 叫作因变量。

任务实施

任务实施过程如表 3-4-1、表 3-4-2 所示。

表 3-4-1 数组函数的应用前面板设计使用步骤

步骤	显示结果
1. 创建一个 VI 项目，切换到前面板设计窗口下。打开"控件→新式→数组，矩阵与簇"控件选项板，选择一个"数组"控件，放置到前面板上	

续表

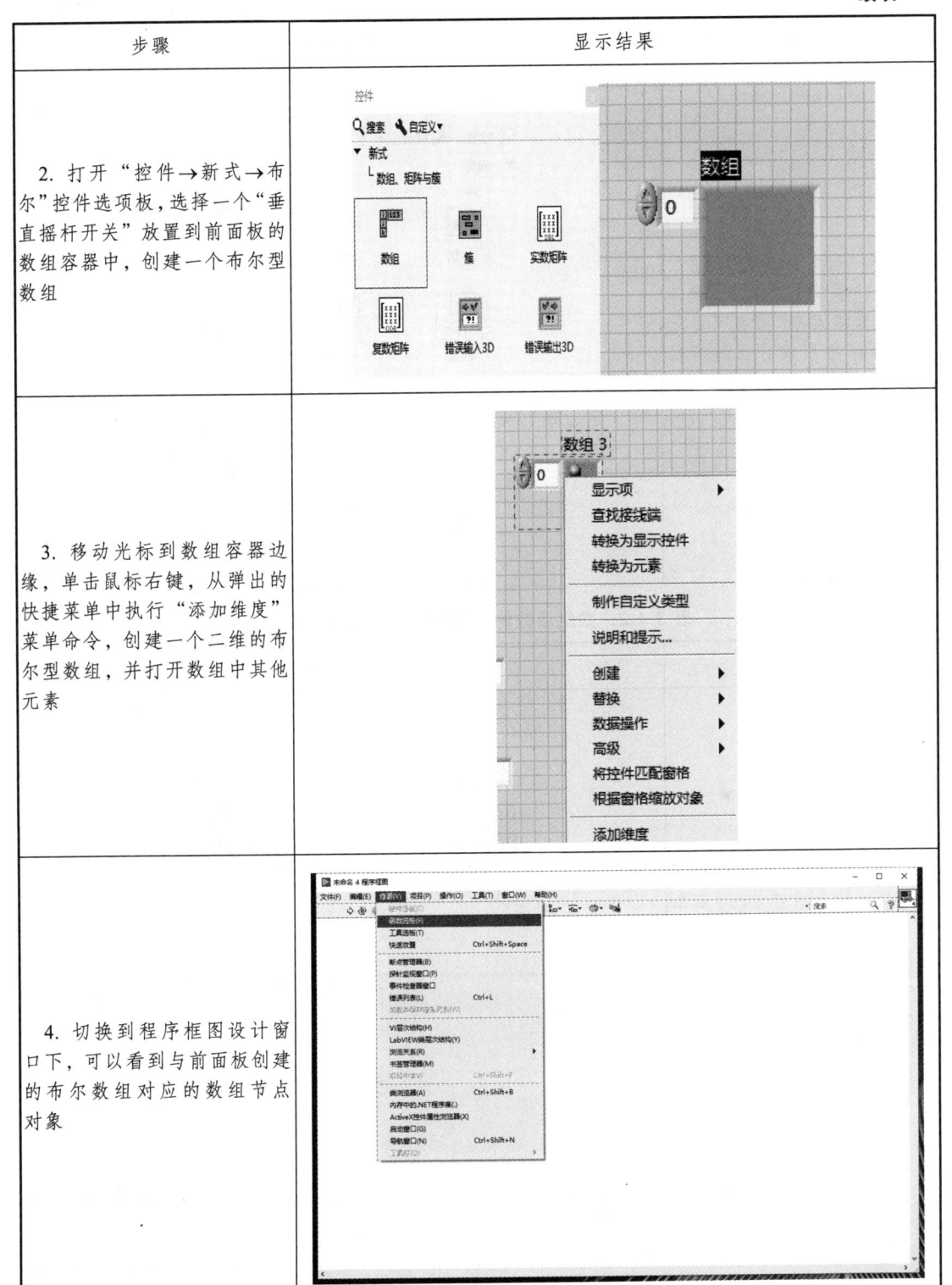

步骤	显示结果
2. 打开"控件→新式→布尔"控件选项板,选择一个"垂直摇杆开关"放置到前面板的数组容器中,创建一个布尔型数组	
3. 移动光标到数组容器边缘,单击鼠标右键,从弹出的快捷菜单中执行"添加维度"菜单命令,创建一个二维的布尔型数组,并打开数组中其他元素	
4. 切换到程序框图设计窗口下,可以看到与前面板创建的布尔数组对应的数组节点对象	

253

续表

步骤	显示结果
5. 从"函数→编程→数组"函数选项板节点对象中,选择一个"数组大小"函数节点放置到程序框图设计区适当位置	（函数选项板：搜索、自定义、编程，包含结构、数组、簇、类与变体、数值、布尔、字符串、比较、定时、对话框与用户界面、文件I/O、波形、应用程序控制）

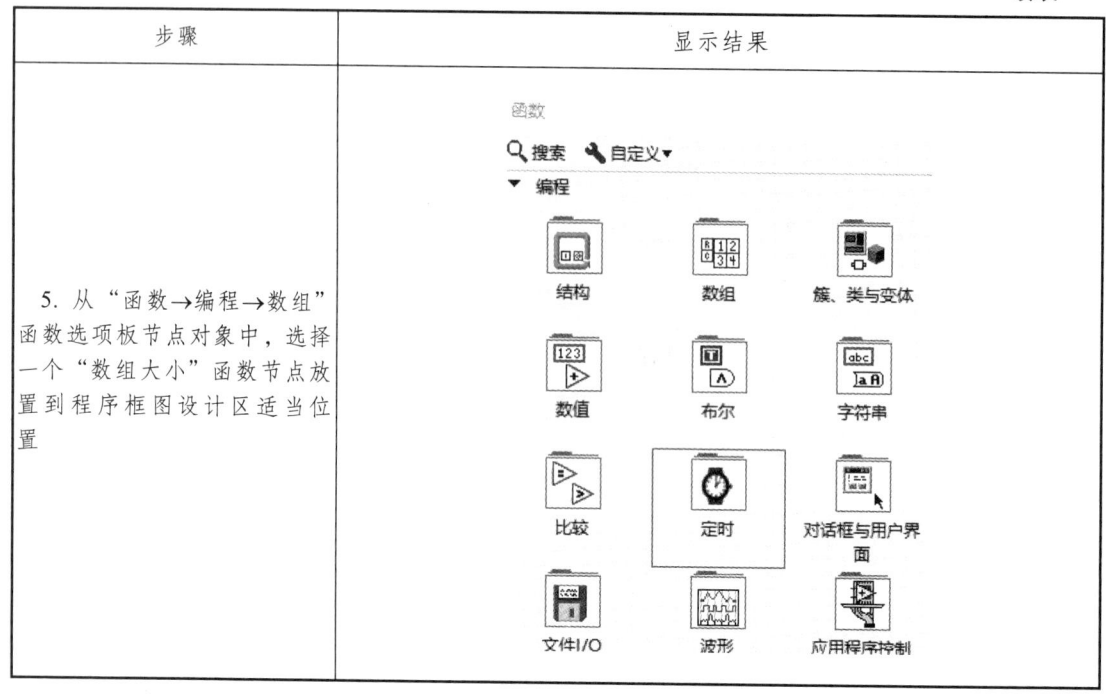

表 3-4-2　数组函数的应用程序板设计使用步骤

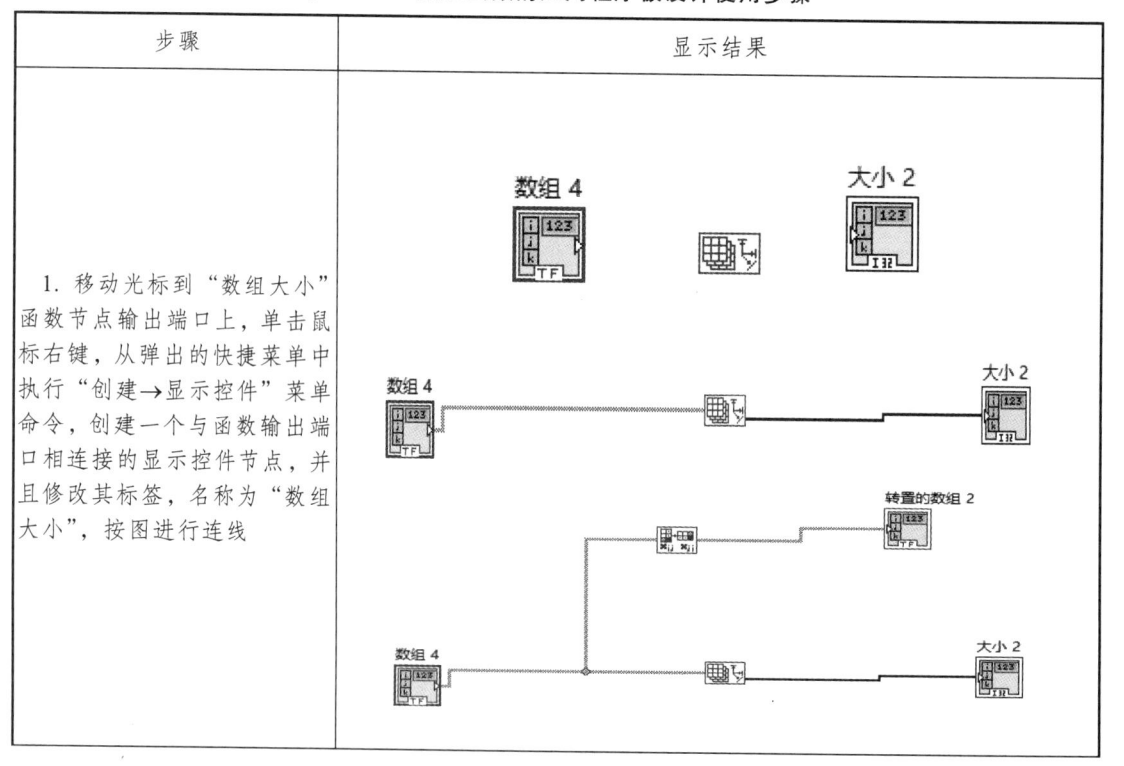

步骤	显示结果
1. 移动光标到"数组大小"函数节点输出端口上,单击鼠标右键,从弹出的快捷菜单中执行"创建→显示控件"菜单命令,创建一个与函数输出端口相连接的显示控件节点,并且修改其标签,名称为"数组大小",按图进行连线	（程序框图示意：数组4、大小2、转置的数组2 等节点连线图）

254

续表

步骤	显示结果
2. 用同样的方法在程序框图区放置"索引数组"和"二维数组专置"函数节点，通过这些函数的输入/输出端口创建相应的输入/显示控件并进行连接	（函数选项板：编程→数组，包含 数组大小、索引数组、替换数组子集、数组插入、删除数组元素、初始化数组、创建数组、数组子集）
3. 从"函数→编程→结构"函数选项板节点对象中，选择一个"While 循环"节点放置到程序框图中，并且在绘制该循环框图时，将图中所有的节点都包含进去	（程序框图：包含数组3、索引、索引2、转置的数组、大小、元素等节点，在 While 循环内）
4. 从"函数→编程→定时"函数选项板节点对象中，选择一个"等待（ms）"节点放置到"While 循环"结构框图内，并且通过"等待（ms）"节点的输入端口创建一个数组常量节点，设置数值常量为"50"，按图完成程序框图设计	（函数选项板：编程→定时，包含 时间计数器、高精度相对秒钟、等待(ms)、等待下一个整数倍毫秒、暂停数据流、获取日期/时间字符串、获取日期/时间(秒)、日期/时间至秒转换、秒至日期/时间转换、转换为时间标识、时间延迟、已用时间）

255

步骤	显示结果
4. 从"函数→编程→定时"函数选项板节点对象中,选择一个"等待(ms)"节点放置到"While循环"结构框图内,并且通过"等待(ms)"节点的输入端口创建一个数组常量节点,设置数值常量为"50",按图完成程序框图设计	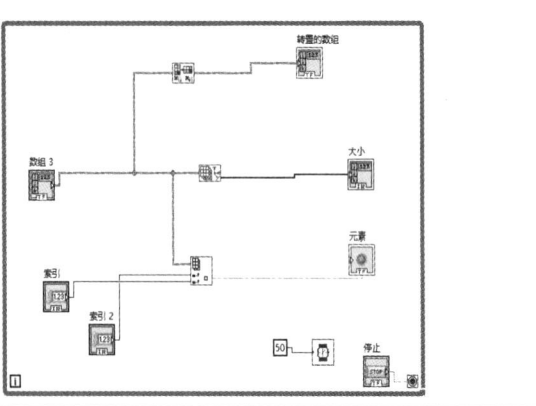
5. 切换到前面板设计窗口下,适当调节各控件的位置和显示范围,单击工具栏上程序运行按钮,开始运行程序。此时可以看到"垂直摇杆控件"数组控件内的开关显示为灰色,移动光标到某个开关上,单击鼠标左键,定义该开关的状态,在该开关之前的所有元素会自动赋值	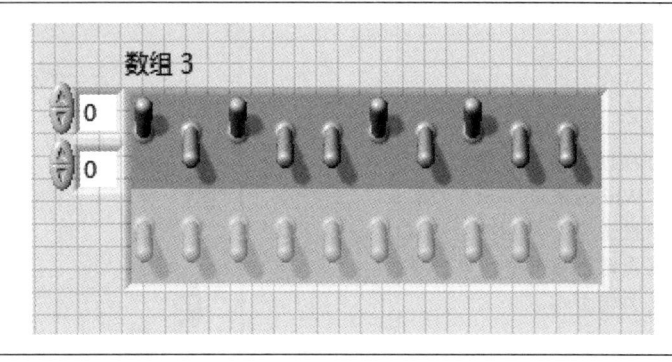
6. 更改数组元素的值,即更改垂直遥控开关的状态,通过索引可以查看数组中某个开关的状态,其中一个测试界面如图所示	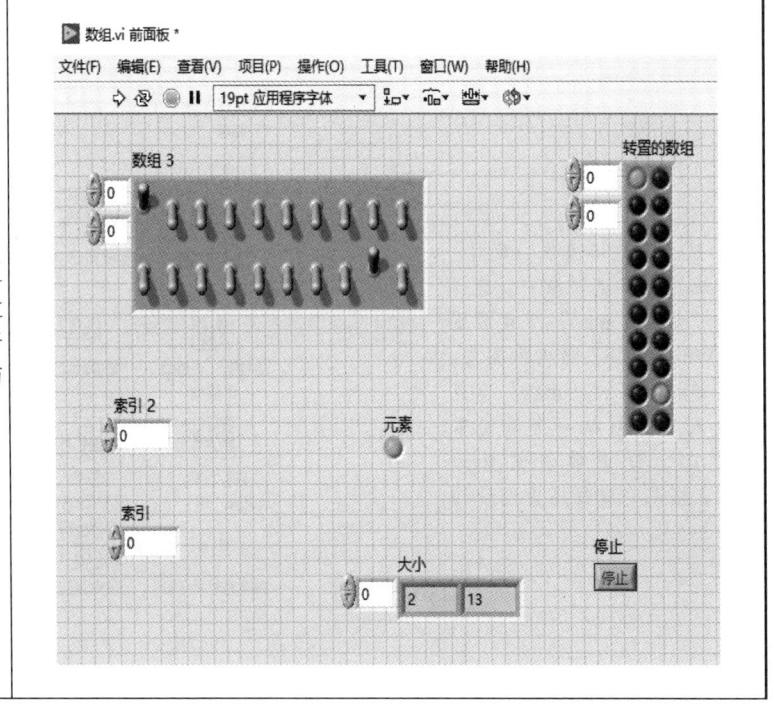

续表

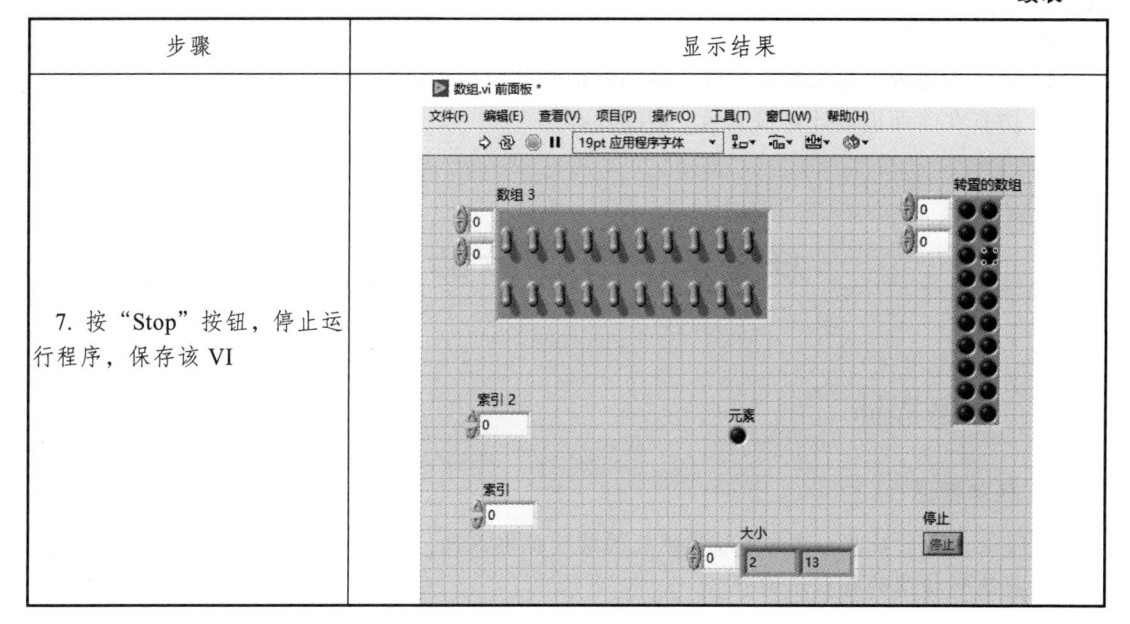

步骤	显示结果
7. 按"Stop"按钮,停止运行程序,保存该 VI	

任务评价

项目	标准	自我评价 50%	小组评价 30%	教师评价 20%
步骤完成情况	1. 正确完成步骤得 50 分; 2. 每错 1 处扣 10 分,扣完为止			
操作熟练度	1. 班级前 20%上交结果者得 10 分; 2. 每滞后 20%扣 2 分,扣完为止			
协作精神	有交流、讨论顺畅得 5 分			
纪律观念	听课安静、爱护设备得 5 分			
学习主动性	认真思考、积极回答问题得 5 分			
知识应用情况	关键知识点内化得 5 分			
完成任务中引以自豪的做法	能用快捷键、思路简捷有效得 10 分			
指导他人	解决别人问题得 10 分			
小计				
总评				

任务测评

1. 从函数选板里找出数组控件,将图标拖到前面板设计窗口,截图保存。
2. 仿真在前面板设计窗口显示,截图保存。

任务五　簇函数的应用

任务描述

1. 任务概述

学习簇函数的应用。通过学习簇函数的解除捆绑函数、捆绑函数和按名称捆绑函数应用,深入了解这种特殊的数据结构。

2. 任务目标

(1)熟悉 LabVIEW2018 软件界面,熟练掌握各个选项板的操作。
(2)学习和运用簇函数的捆绑函数和按名称捆绑函数。

3. 任务界面

本任务的使用界面如图 3-5-1 所示。

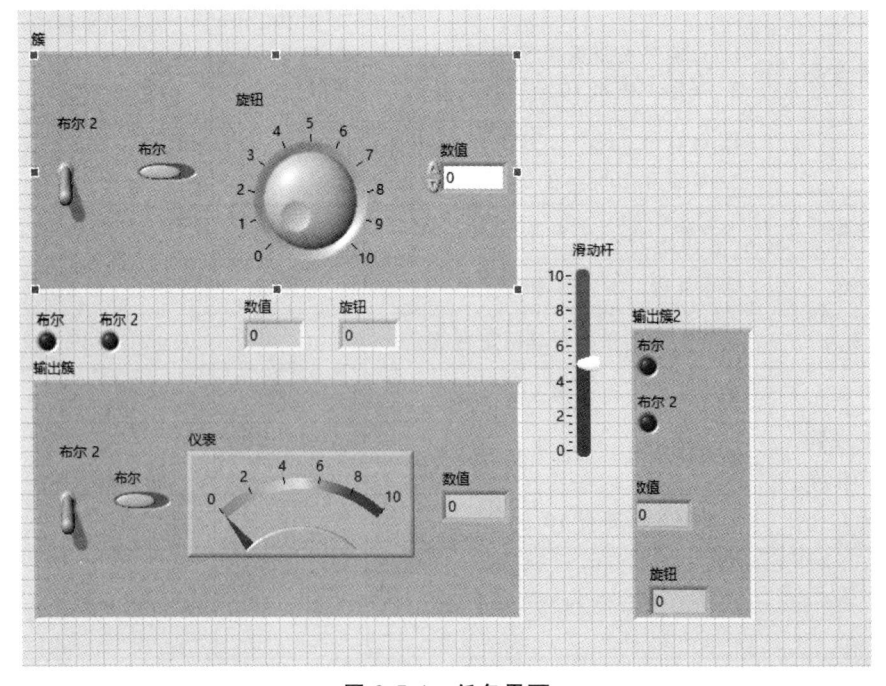

图 3-5-1　任务界面

知识链接

簇（Cluster）是一种数据类型，它的元素可以是不同类型的数据。它类似于 C 语言中的 stuct。使用簇可以把分布在流程图中各个位置的数据元素组合起来，这样可以减少连线的拥挤程度。减少子 VI 的连接端子的数量。

（1）簇类型控件包括：新式、银色、经典等，不同的版本略有不同。簇控件位于：控件选板→新式→数组，矩阵与簇-簇（其中错误输入 3D 和错误输出 3D 也是簇）。簇函数位于：函数选板→函数→编程→簇，类与变体。

（2）刚放置的簇是空集合。簇可以是相同/不相同数据类型的元素的集合，簇中的数据可以是任何数据类型，如数值、布尔、字符串以及引用等。

（3）簇是显示控件还是输入控件取决于数组元素控件为输入控件还是显示控件，输入控件在框图程序中只能输出，显示控件在框图程序中只能接收输入。输入控件和显示控件通过属性可相互转换。操作方法：选中控件右击，在弹出的菜单"转换为显示控件（或常量）"。输入或者显示控件常见的属性还包括：显示项、查找接线端、制作自定义类型、说明和提示等。注意簇属性和元素属性的区别。

任务实施

任务实施过程如表 3-5-1 所示。

表 3-5-1 簇函数的应用前面板设计使用步骤

步骤	显示结果
1. 创建一个 VI 项目，切换到前面板设计窗口。打开"控件→新式→控件，矩阵和簇"选项板，选择控件"簇"，放置到前面板上	簇

续表

步骤	显示结果
2. 适当调节簇容器的大小，按照顺序，依次在簇容器中放置"垂直摇杆开关"控件，"滑动开关""旋钮"和"数值输入控件"，完成簇的创建	
3. 切换到程序框图设计界面下，可以看到与前面板上簇控件相对应的簇节点	
4. 打开"函数→编程→簇、类与变体"选项板，从中选择"解除捆绑"节点，放置到程序框图适当位置	
5. 放置的"解除捆绑"节点的输出默认有2个端口，用连线将"簇"节点和"解除捆绑"节点相连，可以看到"解除捆绑"节点的输出端口变成4个，与"簇"节点的元素相对应	
6. 移动光标到"解除捆绑"节点的输出端附近，可以看到对端口的解释和输出连线端	
7. 分别移动光标到4个输出端口，单击鼠标右键，从弹出的快捷菜单中执行"创建→显示控件"命令，创建与"解除捆绑"节点输出端相连的显示控件	
8. 切换到前面板设计窗口，可以看到通过"解除捆绑"节点输出端口创建的4个显示控件	

续表

步骤	显示结果
9. 切换到程序框图区，在程序框图区放置一个簇的"绑定"节点	
10. 拖动"绑定"节点下边框，使该节点有4个输入端口	
11. 在面板上，放置一个"簇"控件，设置簇的标签为"簇的捆绑"，然后在簇容器中依次放置"垂直摇杆开关""滑动开关""仪表"和"数值显示控件"	
12. 切换到程序设计框图区，可以看到簇的对应节点	
13. 光标移动到簇的节点上，单击鼠标右键，从弹出的快捷菜单中执行"转换为显示节点"菜单命令，将簇节点转换为显示节点并将其名称变成"簇2"	
14. 对一个簇解除捆绑，再对另一个簇进行捆绑	
15. 在前面板放置一个"垂直填充滑动杆"控件	

261

续表

步骤	显示结果
16. 切换到程序框图设计界面，在程序框图设计区放置一个"按名称捆绑"的节点，再进行连线	
17. 把"按名称捆绑"节点输出端口换成"旋钮" 移动光标到"按名称捆绑"节点的输出端口"布尔"上，在弹出的对话框中选择"旋钮"	
18. 把"垂直填充滑动杆"节点和"按名称捆绑"节点的输入端口进行连接，然后移动到"按名称捆绑"节点的输出端口，单击右键，在弹出的快捷菜单中执行"创建→显示控件"菜单命令，创建一个"输出簇"节点	
19. 切换到前面板设计界面，调整各控件位置。单击工具栏上连续运行程序按钮，连续运行程序	

任务评价

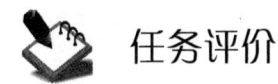

项目	标准	自我评价 50%	小组评价 30%	教师评价 20%
步骤完成情况	1. 正确完成步骤得 50 分； 2. 每错 1 处扣 10 分，扣完为止			
操作熟练度	1. 班级前 20%上交结果者得 10 分； 2. 每滞后 20%扣 2 分，扣完为止			
协作精神	有交流、讨论顺畅得 5 分			
纪律观念	听课安静、爱护设备得 5 分			
学习主动性	认真思考、积极回答问题得 5 分			
知识应用情况	关键知识点内化得 5 分			
完成任务中引以自豪的做法	能用快捷键、思路简捷有效得 10 分			
指导他人	解决别人问题得 10 分			
	小计			
	总评			

任务测评

1. 从前面板设计找出"簇"控件，将图标拖到前面板设计窗口，截图保存。
2. 逐级在前面板设计窗口显示，截图保存。

任务六 文件创建与调用

任务描述

1. 任务概述

通过对 5×3 二维数组进行保存和读取，练习文件 I/O 函数的应用。

2. 任务目标

（1）熟悉 LabVIEW2018 软件界面，熟练掌握各个选项板的操作。

（2）认识和选项 I/O 函数。

3. 任务界面

本任务使用界面如图 3-6-1 所示。

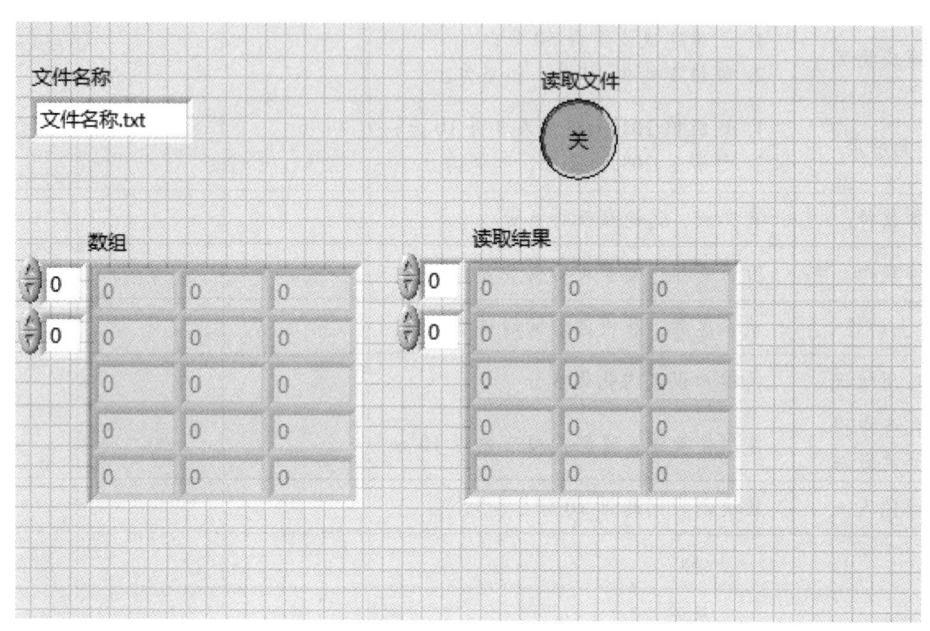

图 3-6-1　任务界面

知识链接

一、文件创建和读取

LabVIEW 也可以像 C 语言等编程语言一样调用子程序，实现子 VI 的创建与调用。

1. 第一步：编写程序

首先编写一个简单的加法程序，目的就是要把这个程序当作子 VI 来调用。

2. 第二步：自定义子 VI 图标

右击前面板或后面板右上角的图标，点击编辑图标，自定义子 VI 的图标。然后我们就可以自己开始创作了。自己画一个图标，点击确定就可以了。

3. 第三步：配置节点

将图标的节点与程序的输入输出节点连接，以实现正常的调用。在前面板右键点击右上角的这个图标，接着在文件菜单中点击"保存为"，保存成 VI 文件即可：

4. 第四步：调用

新建一个新的 VI，然后点击后面板右键，通过选择 VI 选项选择刚刚保存的 VI 实现调用。

二、数据的保存和读取

正常情况下，LabVIEW 操作 INI 文件只能读取和写入布尔、双精度、I32、路径、字符串、U32 六种数据类型，且只能存取单值变量，无法存取数组和簇类型变量，但在具体应用中除了能存取单值变量外，我们也希望将数组类型变量甚至簇类型变量保存到 INI 文件中，能否做到呢？答案是肯定的。

1. 存取数组变量

保存：采取的方法是通过"数组至电子表格字符串转换"函数节点将数组（不管是一维还是二维数组）转换为字符串，然后保存到 INI 文件中。

读取：采取的方法是通过"电子表格字符串至数组转换节点"函数节点将从 INI 文件读出的字符串转换为数组，然后显示在控件中。

2. 存取簇变量

保存：采取的方法是通过"平化至字符串"函数节点将簇变量（簇控件）转换为字符串，然后保存到 INI 文件中。运行此 VI 后，保存到 INI 文件中。

任务实施

任务实施过程如表 3-6-1 所示。

表 3-6-1 文件创建与调用前面板设计使用步骤

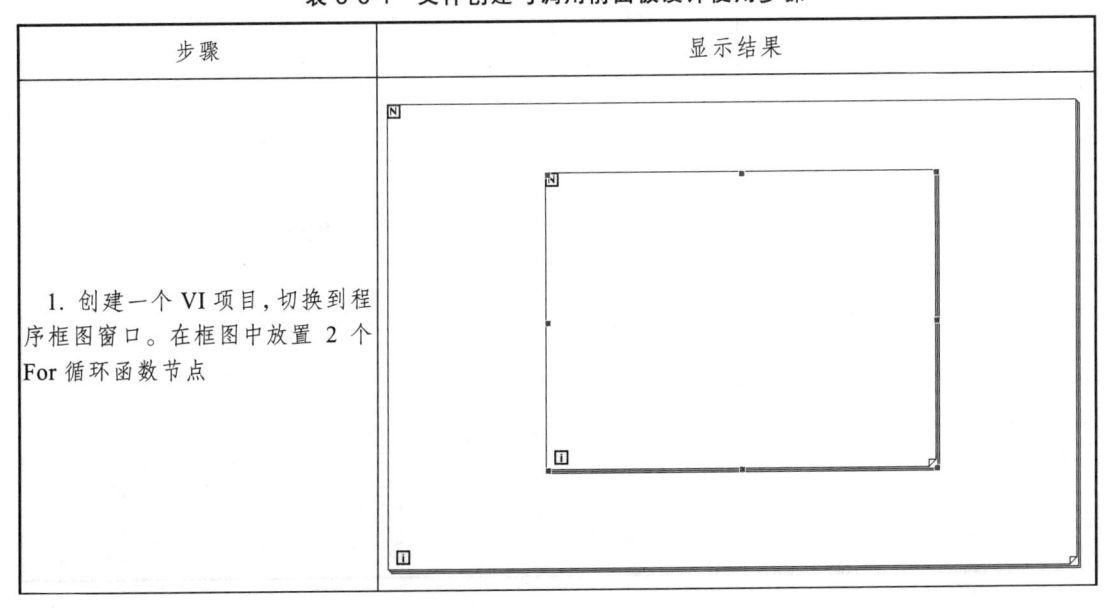

步骤	显示结果
1. 创建一个 VI 项目，切换到程序框图窗口。在框图中放置 2 个 For 循环函数节点	

续表

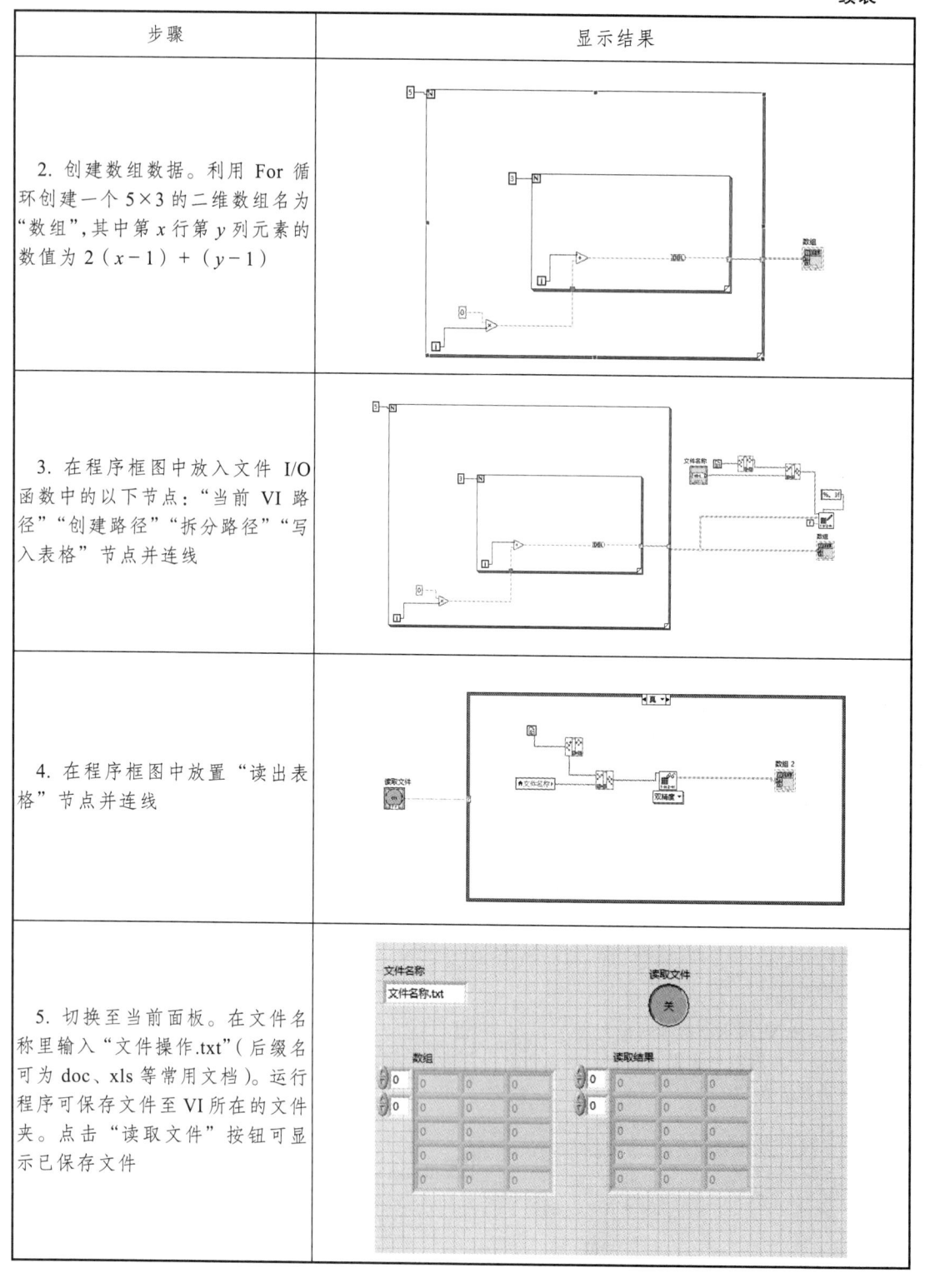

步骤	显示结果
2. 创建数组数据。利用 For 循环创建一个 5×3 的二维数组名为"数组",其中第 x 行第 y 列元素的数值为 $2(x-1)+(y-1)$	
3. 在程序框图中放入文件 I/O 函数中的以下节点:"当前 VI 路径""创建路径""拆分路径""写入表格"节点并连线	
4. 在程序框图中放置"读出表格"节点并连线	
5. 切换至当前面板。在文件名称里输入"文件操作.txt"(后缀名可为 doc、xls 等常用文档)。运行程序可保存文件至 VI 所在的文件夹。点击"读取文件"按钮可显示已保存文件	

266

任务评价

项目	标准	自我评价 50%	小组评价 30%	教师评价 20%
步骤完成情况	1. 正确完成步骤得 50 分； 2. 每错 1 处扣 10 分，扣完为止			
操作熟练度	1. 班级前 20%上交结果者得 10 分； 2. 每滞后 20%扣 2 分，扣完为止			
协作精神	有交流、讨论顺畅得 5 分			
纪律观念	听课安静、爱护设备得 5 分			
学习主动性	认真思考、积极回答问题得 5 分			
知识应用情况	关键知识点内化得 5 分			
完成任务中引以自豪的做法	能用快捷键、思路简捷有效得 10 分			
指导他人	解决别人问题得 10 分			
小计				
总评				

任务测评

1. 从文件夹中读取一个文件，将前面板设计窗口显示数据截图保存。
2. 设计一个 10×3 的 I/O 函数，设计前面板设计窗口，截图保存。

任务七　数字信号发生器

任务描述

1. 任务概述

为了方便用户设计数字信号发生器，将一些常用的 VI 按照功能分别集成到函数选项板上。VI 的引入简化了程序的设计过程，减轻了设计人员的工作量，并提高了设计代码的简洁性和可读性，提高了设计效率。

2. 任务目标

（1）熟悉 LabVIEW2018 软件界面，熟练掌握各个选项板的操作。
（2）认识和学习"While 循环"节点。

3. 任务界面

本任务使用界面如图 3-7-1 所示。

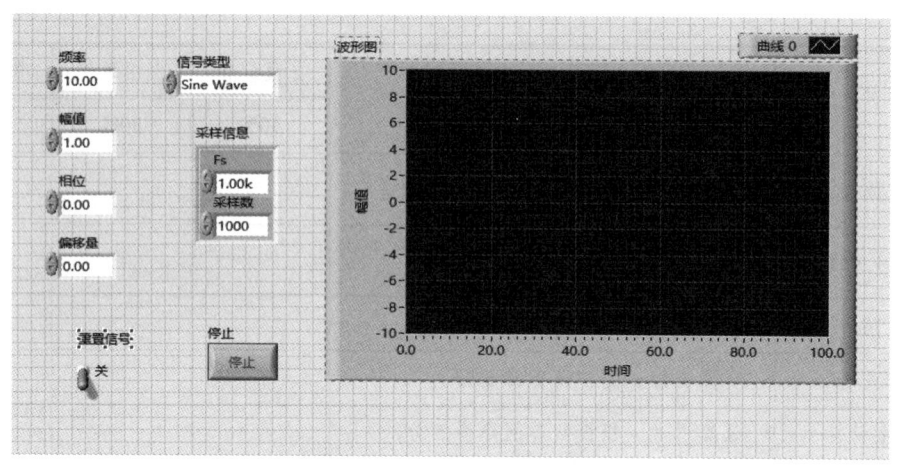

图 3-7-1 数字信号发生器

知识链接

一、数字信号

数字信号指自变量是离散的、因变量也是离散的信号，这种信号的自变量用整数表示，因变量用有限数字中的一个数字来表示。在计算机中，数字信号的大小常用有限位的二进制数表示，例如，字长为 2 位的二进制数可表示 4 种大小的数字信号，它们是 00、01、10 和 11；若信号的变化范围为 -1~1，则这 4 个二进制数可表示 4 段数字范围，即[-1, -0.5)、[-0.5, 0)、[0, 0.5)和[0.5, 1]。

由于数字信号是用两种物理状态来表示 0 和 1 的，故其抵抗材料本身干扰和环境干扰的能力都比模拟信号强很多。在现代的信号处理中，数字信号发挥的作用越来越大，几乎复杂的信号处理都离不开数字信号；或者说，只要能把解决问题的方法用数学公式表示，就能用计算机来处理代表物理量的数字信号。

二、频率

频率指单位时间内完成周期性变化的次数，是描述周期运动频繁程度的量，常用符号 f 或 v 表示，单位为秒分之一，符号为 s。为了纪念德国物理学家赫兹的贡献，人们把频率的单位命名为赫兹，简称"赫"，符号为 Hz。每个物体都有由它本身性质决定的与振幅无关的频率，叫作固有频率。频率概念不仅在力学、声学中应用，在电磁学、光学与无线电技术中也常使用。

三、实验原理

虚拟仪器信号发生器可产生正弦波、方波、三角波、锯齿波等，也可以输入公式产生相应波形，同时还可以添加各种噪声。

1. 正弦波

选择"波形生成"，即正弦波形，它一共有 4 个参数：频率、幅值、相位、直流偏移量。只要把这 4 个参数都设置为变量，就能实现各个参数的调节，进而产生能满足不同要求的波形，达到一个虚拟仪器的功能。其他波形的选择需要用到 case 条件结构。改变"选择器标签"中的数据类型，并添加所需要的条件分支，每一个分支就对应一个波形，并根据这个波形的特点，选择不同的参数。同样，"分支选择器"的数据类型必须与"选择器标签"中的数据类型一致。这样就可以实现正弦波。为了使我们所得到的波形的参数更加准确，可以再添加一个显示控件，这样在调节参数的同时，也可以观测它的值，看是否达到要求。

2. 方波

选择"波形生成"中的方波波形，它一共有 5 个参数：频率、幅值、相位、直流偏移量、占空比。其中，占空比尤其重要，不仅要能调节，而且要准确地显示它的数值。同样，把其他 4 个参数都设置为变量，波形切换需要用到 case 条件结构，"分支选择器"的数据类型必须与"选择器标签"中的数据类型一致。这样既可以实现正弦波，也可以切换到其他的波形。再添加一个显示控件，调节参数的同时，也可以观测它的值。

3. 三角波

选择"波形生成"中的三角波形，它一共有 4 个参数：频率、幅值、相位、直流偏移量。把这 4 个参数都设置为变量，就能实现各个参数的调节。

其他波形的切换方法前面已经提到过。用 case 条件结构，改变"选择器标签"中的数据类型，并添加所需要的条件分支，每一个分支就对应一个波形。"分支选择器"的数据类型必须与"选择器标签"中的数据类型一致。为了使我们所得到的波形的参数更加准确，可以再添加一个显示控件，这样调节参数的同时，也可以观测它的值。

4. 锯齿波

与上面的方法一样，选择"波形生成"中的锯齿波形，一共有 4 个参数：频率、幅值、相位、直流偏移量。把这 4 个参数都设置为变量，就能实现各个参数的调节。再用一个 case 条件结构，让各参数值通过条件结构的通道，并充分利用它的结构特点，每一个分支就对应一个波形。根据这个波形的特点，选择不同的参数。同样，"分支选择器"的数据类型必须与"选择器标签"中的数据类型一致，这样就可以实现锯齿波。为了使我们所得到的波形的参数更加准确，可以再添加 1 个显示控件，这样在调节参数的同时，也可以观测它的值。

5. 公式信号波形的产生

在信号处理模板中的波形生成子模板中选择公式波形，调用一个字符串控件来输入公式，再连接信号波形相关参数控件。

6. 扫频信号

扫频信号就是频率变化的连续正弦波信号。作为待测电路的激励源，它可以有若干种不同的扫频规律，最常见的有线性变化、指数变化、倍频变化等。

7. 多频信号的产生

在信号处理模板中的波形生成子模板中选择混合多频信号发生器。混合多频信号发生器有3个主要端口，分别是频率、幅值和相位。其上各连接一个数组作为输入控件，输出的混合多频信号由数组中的数据来决定。

8. 噪声波形的产生

LabVIEW 有许多噪声信号，子 VI 可以直接调用，和前面信号波形的输出一样，用 case 条件结构循环，在后面板的函数模板的结构子模板中选择条件机构，利用一个下拉列表控件与条件选择端口相连接相应的噪声波形信号的产生。

任务实施

任务实施过程如表 3-7-1 所示。

表 3-7-1　常用数字信号发生器前面板设计使用步骤

步骤	显示结果
1. 创建一个新的 VI，切换到前面板设计窗口	
2. 打开"控件→新式→波形图表"控件选项板，选择"波形图表"控件，并放置在前面板适当位置，调整其大小	

270

续表

步骤	显示结果
3. 切换到程序设计窗口下，可以看到在程序窗口设计区与"波形图表"控件对应的"波形图表"节点	
4. 打开"函数→编程→波形→模拟波形→波形生成"选项板选择"基本函数发生器"	
5. 光标移动到"Frequency"（频率）端口上，单击鼠标右键，从弹出的菜单中执行"创建""输入控件"菜单命令，创建一个与"Frequency"端口相连接的输入控件节点，并完成连线，同时在前面板上创建一个与该节点相对应的输入控件对象	
6. 用同样的方法，分别通过"Amplitude"（幅值）"Phase"（相位）"Sampling Type"（信号类型）"Reset Signal"（重置信号）"Offset"（偏移量）"Sampling Iifo"（采集信息）端口创建数值输入控件，调整位置	
7. 打开"函数""编程""结构"函数选择板，选择"While 循环"节点，放于程序框图	

271

续表

步骤	显示结果
8. 打开"函数""编程""定时"函数选项板,从"定时"函数选项板中选择"等待(ms)"节点放置在"Whlie循环"结构框图中,移动光标到"等待(ms)"节点的"等待时间"端口上,单击鼠标右键,执行"创建""常量"菜单命令,创建常量并修改为"50"	
9. 移动光标到"While 循环"结构图的循环条件上,单击鼠标右键,执行"创建输入控件"菜单命令,创建一个停止按钮节点	
10. 回到前面板设计窗口下,调整输入控件的位置	
11. 测试,完成后保存项目	

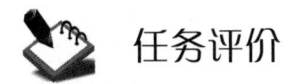

任务评价

项目	标准	自我评价 50%	小组评价 30%	教师评价 20%
步骤完成情况	1. 正确完成步骤得 50 分； 2. 每错 1 处扣 10 分，扣完为止			
操作熟练度	1. 班级前 20%上交结果者得 10 分； 2. 每滞后 20%扣 2 分，扣完为止			
协作精神	有交流、讨论顺畅得 5 分			
纪律观念	听课安静、爱护设备得 5 分			
学习主动性	认真思考、积极回答问题得 5 分			
知识应用情况	关键知识点内化得 5 分			
完成任务中引以自豪的做法	能用快捷键、思路简捷有效得 10 分			
指导他人	解决别人问题得 10 分			
	小计			
	总评			

任务测评

1. 从输入控件中输入 1 kHz 的正弦波形，仿真运行，在前面板设计窗口的波形图显示，截图保存。

2. 用 VI 完成三角波显示功能，截图保存。

参考文献

[1] 盛继华，何景军，黄清锋. 模拟电子技术[M]. 西安：西安交通大学出版社，2018.

[2] 盛继华，何景军，黄清锋. 数字电子技术[M]. 西安：西安交通大学出版社，2018.

[3] 赵广林. 常用电子元器件识别/检测/选用一读通[M]. 北京：电子工业出版社，2008.

[4] 韩雪涛. 电子元器件从入门到精通[M]. 北京：化学工业出版社，2019.

[5] 孙秋野. LabVIEW8.5 快速入门与提高[M]. 西安：西安交通大学出版社，2009.

[6] 陈树学，刘萱. LabVIEW 宝典[M]. 北京：电子工业出版社，2022.

[7] 太淑玲. 印制电路板设计 Altium Designer 15[M]. 北京：北京航空航天大学出版社，2016.

[8] 叶建波. Altium Designer 15 电路设计与制板技术[M]. 北京：清华大学出版社，2016.